Heft 658

DEUTSCHER AUSSCHUSS FÜR STAHLBETON

Zur Deckschichtbildung an feuerverzinkten Betonstählen in chloridhaltigen Mörteln

von

Dr.-Ing. Gino Georg Günther Ebell

1. Auflage 2025

Herausgeber:
Deutscher Ausschuss für Stahlbeton e.V. – DAfStb

DIN Media GmbH

Kurzfassung

In der vorliegenden Dissertation wurde das Korrosionssystem verzinkter Stahl in alkalischen, zementbasierten Feststoffelektrolyten untersucht. Dabei kamen drei Zementarten mit je vier Chloridgehalten zur Anwendung. Neben dem Korrosionssystem lag das Augenmerk ebenso auf einer adäquaten Beschreibung der Elektrolyteigenschaften. Hierzu wurde die Masseänderung, die Änderung des elektrischen Mörtelwiderstandes und des IR-Drop über die Zeit sowie die Porosität und die Porenwasserzusammensetzung, um nur einige Kenngrößen zu nennen, untersucht.

Das Hauptaugenmerk ruht jedoch auf der Beschreibung des Korrosionssystems verzinkter Stahl in Mörtel. Dazu wurden die gebildeten Deckschichten und deren Einfluss auf den Korrosionsfortschritt in Abhängigkeit von der Zementart und des Chloridgehaltes sowie die daraus resultierenden elektrochemischen Kennwerte bestimmt.

Die aus den Untersuchungen hervorgehenden Ergebnisse ermöglichen es, die Korrosionssysteme in Abhängigkeit vom Chloridgehalt oder von geometrischen Inhomogenitäten, im Phasengrenzbereich Mörtel/verzinkter Stahl zu differenzieren. Dabei konnte unabhängig von den verwendeten Zementen eine Klassifizierung der Korrosionssysteme über den Phasenwinkel $\varphi_{0,1\ Hz}$ erfolgen. Klassifiziert wurden durchtrittskontrollierte und diffusionskontrollierte Korrosionssysteme, Mischsysteme, Übergangssysteme und Korrosionssysteme mit Spaltgeometrie.

Für diese Korrosionssysteme konnte festgestellt werden, welche Deckschichten maßgebenden Einfluss auf die Ausbildung eines durchtrittskontrollierten Korrosionssystems haben. Dazu gehören das bereits bekannte Simonkolleit und eine Deckschichtvariante, die bisher noch nicht in der Literatur als Deckschicht an verzinktem Betonstahl in Mörtel oder Beton beschrieben wurde.

Für die Mischsysteme erfolgte eine Darstellung der anteiligen Bedeckung mit Simonkolleit, um den Übergang zu einem durchtrittskontrollierten Korrosionssystem zu beschreiben.

Neben der Klassifizierung der Korrosionssysteme kann über die Bestimmung des Phasenwinkels bei 0,1 Hz jedem Korrosionssystem nun auch ein spezifischer B-Wert zugewiesen werden. In Kombination mit der für diese Korrosionssysteme angepassten LPR-Messungen zur Bestimmung des Polarisationswiderstandes können Korrosionsraten ohne signifikante Beeinflussung des Korrosionssystems bestimmt werden.

Abstract

This dissertation investigates the corrosion system of galvanized steel in alkaline cement-based solid electrolytes. Three different types of cement, each with four chloride contents, were used. In addition to the corrosion system, attention was also paid to an adequate description of the electrolyte properties. For this purpose, the change in mass, the change in electrical mortar resistance, the porosity, the pore water composition, and the IR drop, to name just a few parameters, were investigated.

However, the focus rests on the description of the corrosion system of galvanized steel in mortar. The interaction of the formed surface layers and their influence on the corrosion progress were investigated depending on the cement and chloride content that was used as well as the resulting electrochemical parameters.

The results obtained from these investigations made it possible to differentiate the corrosion systems depending on the chloride content or geometric inhomogeneities in the phase boundary area mortar/galvanized steel. It was possible to classify the corrosion systems using the phase angle of 0.1 Hz, irrespective of the kind of cement that was used. The classified corrosion systems were penetration-controlled and diffusion-controlled corrosion systems, mixed systems, transition systems, and corrosion systems with gap geometry.

For these corrosion systems, it was possible to determine which surface layers have a decisive influence on the formation of a penetration-controlled corrosion system. These include the already-known Simonkolleit and a top-layer variant that has not yet been described in the literature as a top layer on galvanized reinforcing steel in mortar or concrete.

For the mixed systems, a representation of the proportional coverage with Simonkolleit was made in order to describe the transition to a penetration-controlled corrosion system.

In addition to the classification into corrosion systems, a specific B-value can now be assigned to a corrosion system by means of the determination of the phase angle at 0.1 Hz. In combination with adapted LPR measurements for these corrosion systems, by means of which the polarization resistance can be determined, corrosion rates can be determined as a result without significantly influencing the corrosion system.

Verwendete Abkürzungen und Symbole

E	Potential	*V*
E^0	Standardpotential	*V*
E^0_{SHE}	Standardpotential der Wasserstoffelektrode ≙ 0 V	*V*
$E^0_{Ag/AgCl\_sat.}$	Standardpotential der gesättigten Silber/Silberchlorid-Elektrode ≙ +197 mV vs. SHE	*V*
Ag/AgCl_sat.	gesättigte Silber/Silberchlorid-Elektrode	-
R	Allgemeine Gaskonstante (8,314472)	$J \cdot mol^{-1} \cdot K^{-1}$
T	Absolute Temperatur	*K*
z	Anzahl umgesetzter Elektronen	-
F	Faraday Konstante (96.485,339)	$C \cdot mol^{-1}$
α_{Ox}	Konzentration der oxidierten Spezies	-
α_{Red}	Konzentration der reduzierten Spezies	-
G	freie Enthalpie	*J*
ΔG	freie Reaktionsenthalpie	$J \cdot mol^{-1}$
ΔG^0	freie Standard-Reaktionsenthalpie	$J \cdot mol^{-1}$
Δm	Masseverlust	*G*
ρ	Spezifischer elektrischer Mörtelwiderstand	$\Omega\,cm$
R_{El}	Gemessener elektrische Mörtelwiderstand	Ω
A	Elektrodenfläche	m^2
l	Abstand zwischen zwei Elektroden	*m*
Δd	Dickenreduktion eines metallenen Werkstoffes	μm
ρ_{Zn}	Rohdichte für Zink (7,14)	$g \cdot cm^{-3}$
l	Leitfähigkeit	$\mu s \cdot cm^{-1}$
c_i	Ionenkonzentration	$Mol \cdot l^{-1}$
$\bar{c}_i$	Ausgangsionenkonzentration	$Mol \cdot l^{-1}$
t	Zeit	*s*
i	Stromdichte	$A \cdot m^{-2}$

ν_i	Stöchiometrischer Faktor der an einer chemischen Reaktion beteiligten Stoffe i	-
D_i	Diffusionskoeffizient der Spezies i	$m^2 \cdot s^{-1}$
i_a	anodische Korrosionsstromdichte	$A \cdot m^{-2}$
i_k	kathodische Korrosionsstromdichte	$A \cdot m^{-2}$
i_{corr}	Korrosionsstromdichte	$A \cdot m^{-2}$
E_{corr}	freies Korrosionspotential	V
R_p	Polarisationswiderstand	$\Omega \cdot cm^2$
LPR	linearer Polarisationswiderstand (elektrochemisches Messverfahren)	-
R_D	Durchtrittswiderstand	$\Omega \cdot cm^2$
R_d	Diffusionswiderstand	$\Omega \cdot cm^2$
R_r	Reaktionswiderstand	$\Omega \cdot cm^2$
R_k	Kristallisationswiderstand	mV
C_r	kapazitiver Anteil des Reaktionswiderstands	F
C_k	kapazitiver Anteil des Kristallisationswiderstands	F
ΔE	Potentialdifferenz	mV
Δi	Stromdichtedifferenz	$A \cdot m^{-2}$
IR-Drop	Spannungsabfall über den elektrischen Widerstand als Systemeigenschaft	Ω
IR	Strom-Widerstandsbeziehung zur Kompensation von Polarisationsmessungen	-
I	Strom	A
SPK	Stromdichte-Potentialkurve aus potentiodynamischer Polarisation	-
i_0	Austauschstromdichte	$A \cdot m^{-2}$
i_d	Diffusionsgrenzstromdichte	$A \cdot m^{-2}$
α_a	Ladungstransferkoeffizient der Oxidationsreaktion	-
η	Überspannung	mV
Me	Metall	-
MMO	Mixed Metal Oxide – Titanmischoxidgitter	-
β_z	Tafelsteigung der Oxidationsreaktion	mV

β_m	Tafelsteigung der Reduktionsreaktion	*mV*
B	Proportionalitätskonstante	*mV*
EIS	elektrochemische Impedanzspektroskopie	-
C_{Dl}	kapazitiver Anteil der Doppelschicht	*F*
ω	Kreisfrequenz mit $\omega = 2 \cdot p \cdot f$ (Erregerfrequenz f)	*Hz*
C_{sD}	Kapazität des starren Anteils der Doppelschicht	*F*
C_{dD}	Kapazität des diffusen Anteils der Doppelschicht	*F*
C_d	Kapazität des diffusen Anteils der Deckschicht	*F*
φ	Phasenwinkel	°
φ_{nHz}	Phasenwinkel bei der Frequenz n	°
e	Spanungsverlauf bei einer EIS-Messung in Abhängigkeit der Frequenz	*V*
Z'	Realwiderstand	Ω
$\dot{E}$	Potential als Vektor im Einheitskreis (Ehk)	*V*
$\dot{I}_R$	Polarisationsstrom (real) ohne kapazitive Beeinflussung (im Ehk)	*A*
-j	Imaginärzahl	-
Z''	Imaginärwiderstand	Ω
Z	Impedanz	Ω
$\dot{I}_C$	Polarisationsstrom mit kapazitivem Einfluss (im Ehk)	*A*
R_M bzw. R_S	Elektrolytwiderstand als Systemwiderstand keine spez. Angabe	Ω
R_{ct}	Durchtrittswiderstand äquivalent zu R_D	$\Omega \cdot cm^2$
CPE	Constant-phase-Element mit α als Variable der Wirkweise zwischen Kondensator (-1) bis Spule (+1)	$S \cdot s^{\alpha}$
R_f	Polarisationswiderstand der Deckschicht	$\Omega \cdot cm^2$
R_{pore}	Porenwiderstand einer porösen Deckschicht	$\Omega \cdot cm^2$
Q_{fn}	Kapazitiver Anteil des jeweiligen Deckschichtbestandteils	*F*
Q_{ct}	Kapazitiver Anteil der Durchtrittsreaktion, nicht vorhanden und als C_{Dl} zu werten	*F*
Q_{dl}	Kapazität der Doppelschicht äquivalent zu C_{Dl}	*F*
φ_{nHz}	Phasenwinkel bei der Frequenz n	°

Q_{rust}	Kapazitiver Anteil der Korrosionsprodukte	*F*
W	Warburgimpedanz	$\Omega \cdot s^{-1/2}$
R_{p-D}	Durchtrittskontrollierter Polarisationswiderstand	$\Omega \cdot cm^2$
R_{p-d}	Diffusionskontrollierter Polarisationswiderstand	$\Omega \cdot cm^2$
A_D	Fläche der Elektrode unter Durchtrittskontrolle	cm^2
A_d	Fläche der Elektrode unter Diffusionskontrolle	cm^2

Inhaltsverzeichnis

1 Einleitung

1.1 Problemstellung und Zielsetzung

Unter Voraussetzung der richtigen Lage des Betonstahls in einem Bauwerk bietet die Kombination von Stahl und Beton hervorragende mechanisch technologische Eigenschaften. Die aus der Beanspruchung bzw. dem Eigengewicht resultierenden Lasten, die auf ein Stahlbetonbauteil bzw. -bauwerk einwirken, haben in einem biegebeanspruchten Bauteil Zug- und Druckspannungen, die sich über den Querschnitt verteilen, zur Folge. Dabei werden die Zugspannungen durch den Betonstahl und die Druckspannungen durch den Beton aufgenommen.

Da die Nutzungsdauer eines Bauwerks häufig durch Korrosion des Betonstahls und daraus resultierender Schäden limitiert ist, ist die Lage des Betonstahls nicht nur für die Aufnahme der Kräfte in einem Bauteil essenziell, sondern auch für den Korrosionsschutz des Betonstahls. Grundlegend schützt der alkalische Beton mit pH-Werten > 12 den darin befindlichen Betonstahl vor Korrosion. Genauer gesagt befindet sich der Betonstahl, aufgrund des pH-Wertes und der sich bildenden fest anhaftenden Deckschichten, an der Grenzfläche Stahl/Beton in einem nahezu thermodynamischen Gleichgewicht, ist der Betonstahl in einem passiven Zustand. Eine Depassivierung des Betonstahls kann A) durch eine Änderung des thermodynamischen Gleichgewichts oder B) durch Angriff und Zerstörung der Deckschicht, beispielsweise durch korrosive Medien, erfolgen.

Die Alkalität des Betons wird durch die atmosphärische Exposition beeinflusst. Eine Wechselwirkung aus CO_2 und Feuchtigkeit führt zur Karbonatisierung des Betons und beschreibt Depassivierungsvariante A. Dabei wird Calciumhydroxid zu Calciumkarbonat und Wasser [1]. Die Karbonatisierungsreaktion hat eine Verringerung des pH-Werts auf Werte < 9 zur Folge. Erreicht die Karbonatisierungsfront den Betonstahl, ist das thermodynamische Gleichgewicht nicht mehr gegeben und der Betonstahl depassiviert. Die Zeit, die bis zur Depassivierung des Betonstahls vergeht, beschreibt Tuutti in seinem Diagramm [2] als Initiierung. Gemeint ist die Initiierungsphase der Korrosion, nach der das Einsetzen von Korrosionsreaktionen aufgrund der Depassivierung des Betonstahls erfolgt. Dabei wird nicht unterschieden, wodurch die Depassivierung initiiert wird.

Die Variante B) betrachtet das Eindringen von korrosiven Medien in den alkalischen Beton. Maßgebend sind hier Halogenide wie Chlor-Ionen, auch Chlorid genannt. Dabei muss ein Schwellenwert überschritten werden, um eine Depassivierung des Betonstahls zu ermöglichen. Dieser Schwellenwert wird als kritischer Korrosion auslösender Chloridgehalt bezeichnet (C_{crit}) [3-5].

Die Variante A) und B) unterscheiden sich nicht nur in der Initiierung der Korrosion, sondern auch in der Art der Korrosion. Während bei der Variante A) infolge Karbonatisierung eine flächige homogene Korrosion erfolgt, bilden sich bei der Variante B) sogenannte Lokalelemente aus. Die durch Chlorid induzierte Lochkorrosion bildet eine lokale Anode aus, die umgebenden passiven Betonstahloberflächen bilden die Kathoden aus. Dieses Korrosionselement wird aufgrund der örtlichen Trennung von Anoden und Kathoden als Makroelement bezeichnet [6]. Die lokale Korrosionserscheinung birgt, im Gegensatz zur flächigen Korrosionserscheinung, die Gefahr einer hohen lokalen Querschnittsminderung des Betonstahls.

Sowohl die Variante A) als auch die Variante B) werden normativ bei der Auslegung der Betondeckung, abhängig von der Exposition und von der Anforderungsklasse, gemäß DIN EN 1992-1-1/NA [7] berücksichtigt. Die Einhaltung der Betondeckung für die Expositionsklassen XC (C-carbonation) stellt eine ausreichende Nutzungsdauer des Bauteils gegenüber Karbonatisierung sicher. Für die Depassivierung des Betonstahls gemäß Variante B) sind zwei Expositionsklassen nach DIN EN 1992-1-1 [8] normativ geregelt, dabei wird der Ursprung der Halogenide betrachtet.

Die Expositionsklasse XD (D – deicing salt) betrachtet einen Angriff des Betonstahls durch Einwirken von Tausalzen, die Expositionsklasse XS (S-see water) einen Angriff durch Chloride aus Meerwasser.

Um die Nutzungsdauer eines Bauwerks zu verlängern wäre es naheliegend die Betondeckung x-beliebig zu erhöhen, aufgrund der zu erwartenden Rissbildung bietet dies jedoch keinen Mehrwert. Um den Diffusionswiderstand gegenüber den angreifenden Medien zu erhöhen, wäre die Verwendung einer höheren Betondruckfestigkeitsklasse denkbar [9]. Dies geht meist mit der Verwendung höherer Zementgehalte einher, was unter wirtschaftlichen Aspekten nicht unbedingt zielführend ist.

Wenn der Korrosionsschutz durch Variationen der Betonzusammensetzung nicht signifikant erhöht werden kann, so ist es möglich diesen durch Epoxidharzbeschichtungen zu erhöhen, deren Anwendung z. B. in [10-12] untersucht wurde. Der Einsatz nichtrostender Betonstähle ist ebenfalls möglich, deren Anwendung wurde z. B. in [13-18] untersucht. Beide Möglichkeiten können Schädigungsmechanismen nach den Varianten A) und B) entgegenwirken. Während bei der Verwendung eines regulären B500 Betonstahls die Lage des Betonstahls die Dauerhaftigkeit des Bauwerks beeinflusst, so ist dies bei epoxidharzbeschichteten oder nichtrostenden Betonstählen nicht zwangsläufig gegeben. Bei den nichtrostenden Stählen ist die kritische Korrosion auslösende Chloridgehalt abhängig von der Legierungszusammensetzung, im Speziellen vom Chromgehalt, und der daraus resultierenden Chromoxidschicht. Untersuchungen hierzu wurden unter anderem von [14-19] durchgeführt. Hier wurde ebenso wie für den unlegierten Betonstahl eine Abhängigkeit des C_{crit} vom pH-Wert festgestellt, genauer gesagt vom Verhältnis Cl^-/OH^- [3, 20]. Bei nichtrostenden Stählen mit niedrigem Chromgehalt konnte beobachtet werden, dass mit sinkendem pH-Wert geringere C_{crit} erreicht werden [21].

Die Verwendung von epoxidharzbeschichteten Betonstählen ist unter baupraktischen Bedingungen überaus planungs- und arbeitsintensiv. Bügel, Biegungen und anderes müssen im Vorfeld beschichtet werden. Biegen oder Ablängen des beschichteten Betonstahls auf der Baustelle hat zwangsläufig eine Beschädigung der Beschichtung zur Folge und muss zwingend ausgebessert werden. Chromhaltige Legierungen zur Herstellung von nichtrostenden Betonstählen mit einem Chromgehalt größer 10 M. % können je nach aktuellem Preis und Gehalt der Legierungselemente (z. B. Cr, Ni) kostenintensiv sein. Darüber hinaus kann bei einigen nichtrostenden Stählen eine unter baustellenpraktischen Bedingungen hergestellte Schweißnaht den erhöhten Korrosionsschutz relativieren [21].

Eine weitere Möglichkeit, um die Nutzungsdauer zu erhöhen, bietet der Einsatz von feuerverzinkten Betonstählen. Unter atmosphärischen Bedingungen gibt es für feuerverzinkten Stahl mannigfaltige Anwendungsgebiete. Die Kombination Zink und hochalkalische Medien erscheint, bei Betrachtung der im Jahr 1932 durch Roetheli, Cox und Littreal erschienen Veröffentlichung zur Korrosionsaktivität von Zink in Abhängigkeit des pH-Wertes [22], zunächst aber nicht unbedingt zielführend. Die im Frischbeton zu erwartenden pH-Werte liegen über dem von gesättigter Calciumhydroxid-Lösung (pH 12,5), somit in einem Bereich, in dem die Korrosionsgeschwindigkeit gemäß Roetheli et al deutlich zunimmt. Untersuchungen von [23] haben bei Verwendung eines CEM I zur Herstellung eines Mörtels, an Zementleimproben, nach wenigen Tagen pH-Werte in Höhe von ca. 13,4 ergeben.

Eine Erhöhung der Nutzungsdauer von Stahlbetonbauwerken bei Verwendung feuerverzinkter Betonstähle scheint auf Basis der bisher geschilderten Erkenntnisse nicht gegeben. Es darf jedoch nicht außer Acht gelassen werden, dass sich, ähnlich wie beim unverzinkten Betonstahl, auch an feuerverzinktem Betonstahl Deckschichten bilden. Die sich bildenden Deckschichten sind abhängig von der Zusammensetzung des Porenwassers. Deckschichten in chloridfreien Betonen, die unter Verwendung von CEM I, II oder III hergestellt worden sind, können nach [24] und [25, 26] aus Zinkoxid (ZnO), Zinkhydroxid ($ZnOH_2$) und Calciumhydroxozinkat ($Ca(Zn(OH)_3)_2 \cdot 2H_2O$) bestehen. Untersuchungen an verzinkten Betonstählen aus chloridhaltigen Betonproben haben weitere Korrosionsprodukte hervorgebracht. Gemäß [27] konnte an allen untersuchten chloridhaltigen Proben Simonkolleit ($Zn_5(OH)_8Cl_2 \cdot H_2O$) nachgewiesen werden.

Die Bestimmung spezifischer elektrochemischer Parameter im Mörtel/Beton ist bei zu erwartender Variation der Deckschichtzusammensetzung und zusätzlichen Unwegsamkeiten aufgrund der Betonstahlgeometrie ein schwieriges bzw. nahezu aussichtsloses und nicht verifizierbares Unterfangen. Die Deckschichtzusammensetzung und -ausbildung spiegelt die Summe der einwirkenden Parameter wider. Maßgebend ist hier der Elektrolyt, wobei die zu ermittelnden elektrochemischen Kenngrößen überschaubar sind. Hier gilt es den spezifischen Widerstand und den Spannungsabfall (IR-Drop) über den Elektrolyten zu bestimmen. Die Einflussfaktoren auf diese beiden Kenngrößen sind jedoch sehr umfangreich.

Die elektrochemischen Parameter zur Beschreibung der Deckschicht bzw. der auf Basis der vorhandenen Deckschicht auftretenden Hemmung des Korrosionsfortschritts sind ebenfalls nur wenige. Maßgebend sind hier die Korrosionsstromdichte und der Polarisationswiderstand sowie daraus abzuleitende Bezugsgrößen wie z. B. der B-Wert. Auch hier spielt die Elektrolytzusammensetzung eine maßgebende Rolle.

Ziel dieser Arbeit ist es, die Wechselwirkung der Deckschichtausbildung in Abhängigkeit vom Elektrolyten und von dessen Zusammensetzung zu beschreiben, wobei ein besonderer Fokus auf den Einfluss darin enthaltener Halogenide liegt. Dabei gilt es den Elektrolyten bestmöglich zu beschreiben, da die Angabe von Zusammensetzungsparametern eines Mörtels oder Betons bei weitem nicht ausreichen, um Ergebnisse mit anderen Autoren vergleichen zu können. Darüber hinaus gilt es einen Messaufbau zu entwickeln, der es ermöglicht, die gebildete Deckschicht in ihrer gerichteten kristallinen Struktur auf der Elektrodenoberfläche unter nahezu identischen Phasengrenzbedingungen, im Hinblick auf das Einbetten in Mörtel oder Beton, zu untersuchen und maßgebende Faktoren für den Korrosionsfortschritt von Zink in calciumhaltigen alkalischen Feststoffelektrolyten zu determinieren.

1.2 Aufbau der Arbeit

Diese Arbeit wird in 6 Kapiteln dargestellt, die folgende Inhalte umfassen.

Kapitel 1 umfasst die Einleitung in das Themengebiet Beton und Betonstahl mit Blick auf Korrosionsproblematiken und die Verwendung von feuerverzinktem Betonstahl sowie den Versuch, Korrosionsmechanismen und spezifische korrosionsrelevante Kennwerte für eben diesen zu ermitteln.

Kapitel 2 generiert dem Leser ein umfassendes Bild zu korrosions- und deckschichtspezifischen Prozessen von feuerverzinktem Betonstahl in alkalischen Medien. Dabei wird der aktuelle Wissensstand zu diesem Themenkomplex dargestellt. Beginnend bei der Thermodynamik über die Kinetik wird die Möglichkeit erörtert, wie sich die relevanten Korrosionsprozesse und daraus resultierende Deckschichtbildungen auf Basis des aktuellen Wissensstandes spezifisch beschreiben lassen.

Kapitel 3 beschreibt Voruntersuchungen und zeigt den Werdegang der vor dieser Arbeit durchgeführten Untersuchungen auf. Diese Ergebnisse und daraus resultierende Erkenntnisse haben den Aufbau und die Verfahrensweise innerhalb dieser Arbeit signifikant geprägt. Die daraus resultierenden Probendesigns und Messaufbauten, die für die Erstellung dieser Arbeit verwendet wurden, sind zur Beantwortung der grundlegenden Fragestellungen nach Art und Ausbildung der sich bildenden Deckschichten an feuerverzinkten Betonstählen in Mörtel entwickelt worden. Die für die Ermittlung der relevanten Kennwerte benötigten Untersuchungsverfahren werden ebenfalls explizit beschrieben. Dabei wird das Hauptaugenmerk nicht nur auf die Ermittlung der korrosionsspezifischen Parameter und der Deckschichtbildung gelegt, sondern auch auf die maßgebende Beeinflussung durch den Elektrolyten. Aufgrund der Art und Zusammensetzung sowie dessen Eigenschaften muss der Elektrolyt als Triebkraft für Korrosionsprozesse, die zur Deckschichtbildung führen, verstanden werden. Dabei ist die Deckschichtzusammensetzung ebenfalls abhängig von den im Elektrolyten enthaltenen Ionen.

Kapitel 4 führt die im Rahmen dieser Arbeit ermittelten Ergebnisse auf. Dabei wird mit der Triebkraft begonnen. Es wurde die Möglichkeit genutzt, die aus der Sicht des Verfassers relevanten Parameter des Elektrolyten umfänglich zu bestimmen. Hierzu gehören Untersuchungen zur Ermittlung der Zementzusammensetzung, der Wechselwirkung und Auswirkungen auf die Hydratationswärme und das Porengefüge durch Chloridzugabe sowie die dadurch geänderte Porenlösungszusammensetzung. Die Ermittlung des spezifischen Elektrolytwiderstandes sowie dem systembedingten Spannungsabfall über den Elektrolytwiderstand an den jeweiligen Proben erfolgte ebenso wie die Bestimmung der Chloridverteilung über den Querschnitt der Referenzproben. Die Bestimmung der spezifischen Kennwerte zur Beschreibung der Deckschichtausbildung und deren Beeinflussung von Korrosionsprozessen wurden an den Mörtelproben vorgenommen und unter Verwendung neuartiger Messzellen, die die Möglichkeit bieten, Deckschichten an der Probenoberfläche messtechnisch in „natürlich“ gewachsener Form bestimmen zu können anstatt aufgemahlene oder abgeschabte Deckschichten aus der Phasengrenze verzinkter Betonstahl / Beton zu untersuchen.

Kapitel 5 beinhaltet die Diskussion der ermittelten Ergebnisse und die Darstellung daraus resultierender Erkenntnisse und Modellansätze.

Kapitel 6 beinhaltet eine Zusammenfassung und einen Ausblick auf interessante weitergehende Fragestellungen und differenzierte Untersuchungen.

Kapitel 1

Einleitung

Problemstellung, Zielsetzung und Aufbau der Arbeit

Kapitel 2

Grundlagen

Thermodynamik und Kinetik der Korrosion von Zink

Elektrochemie, Deckschichten und Beeinflussung des Elektrolyten durch Cl und Zn

Kapitel 3

Experimentelles

Voruntersuchungen, Lösungsversuche und Probenentwicklung

Probekörper, Mörtelzusammensetzung und angewandte Untersuchungsverfahren

Kapitel 4

Ergebnisse

Werkstoff-, Überzugs- und Bindemittelzusammensetzung

Zementleim- und Mörtelchrakterisierung

Elektrochemische Messungen der Mörtelserien und der Messzellen

Quantifizierung der gebildeten Deckschichten

Kapitel 5

Diskussion

Elektrolyt
Zusammensetzung - Wechselwirkungen - elektrischer Widerstand

Deckschichtbildung und deren Einflussnahme auf den Korrosionsprozess

Kapitel 6

Zusammenfassung und Ausblick

Elektrochemische Messverfahren, die zur Beschreibung
diffusionskontrollierter Systeme optimieren und kombiniert werden können

Standardisierte Untersuchungen zur Beschreibung des verwendeten
Feststoffelektrolyten für Korrosionsuntersuchungen

2 Grundlagen

2.1 Korrosion elektrochemischer Art

Die Korrosion elektrochemischer Art beschreibt die Änderung eines Werkstoffes infolge thermodynamischer und kinetischer Prozesse. Die Triebkraft der Korrosion basiert auf dem Bestreben eines, durch energieintensive Herstellung gewonnenen, metallenen Werkstoffes in seinen ursprünglichen oxydischen Zustand zurückzukehren. Bei der Verwendung zementbasierter Feststoffelektrolyte, wie Mörtel oder Beton, können die in Lösung gegangenen Metallionen, der verwendeten Metalle, im Rahmen der Hydratation der jeweiligen Zemente, zu einer Beeinflussung der Phasenbildung beitragen. Eine solche Wechselwirkung kann einen signifikanten Einfluss auf die Phasengrenzausbildung Metall-Zementstein haben.

2.2 Thermodynamische Betrachtung der Korrosion von Zink

In der Thermodynamik der Korrosion beschreibt die freie Enthalpie G, unter Voraussetzung eines konstanten Druckes, konstanten Volumens und konstanter Temperatur, ob eine Reaktion spontan abläuft oder nicht [28]. Die Beschreibung einer Korrosionsreaktion oder der Bildung von Korrosionsprodukten bei gleichbleibendem Volumen hat in der Praxis jedoch nur geringe Bedeutung. Der Reaktionsablauf unter Bezugnahme auf die Häufigkeit einer Reaktion kann mittels der freien Reaktionsenthalpie ΔG bezeichnet werden und entspricht der freien Reaktionsenergie. Kaesche [28] schreibt hierzu, dass ein negatives Vorzeichen der freien Reaktionsenthalpie darstellt, dass eine Reaktion spontan in eine Richtung erfolgt. Das Gleichgewicht ist dadurch definiert, dass ΔG gegen null strebt. Anders betrachtet, je größer der Betrag von ΔG wird, desto weiter ist es vom Gleichgewichtszustand entfernt. Unter Standardbedingungen betrachtet, wird die freie Standard-Reaktionsenthalpie als ΔG^0 angegeben. Der Bezug zwischen einem gemessenen Potential und der freien Reaktionsenthalpie kann über die Zellspannung dargestellt werden [29]. Unter Hinzuziehung der Nernstgleichung (1) kann die freie Reaktionsenthalpie unter Einbeziehung der Konzentration eines Redoxpaares betrachtet werden oder wie in (2) unter Einbeziehung des pH-Wertes.

$$E = E^0 + \frac{R \cdot T}{z \cdot F} \cdot ln \frac{\alpha_{Ox}}{\alpha_{Red}} \tag{1}$$

$$-\frac{\Delta G}{n \cdot F} = E^0 - 2{,}303 \cdot \frac{R \cdot T}{F} \cdot pH \tag{2}$$

Für Zink ergibt sich aus dem Redoxpaar nach (3) ein Standardpotential $E^0_{Zn/Zn^{2+}}$(4). Die freie Standard-Reaktionsenthalpie nach (5) beträgt unter der Annahme $E^0_{(pH6)}$ den in (6) dargestellten Wert.

$$Zn/Zn^{2+} \tag{3}$$

$$E^0_{Zn/Zn^{2+}} = -763\ mV_{SHE} \tag{4}$$

$$\Delta G^0 = -z \cdot F \cdot E^0 \tag{5}$$

$$\Delta G^0 = -147{,}2\ kJmol^{-1} \tag{6}$$

Die anodische Teilreaktion der Korrosionsreaktion von Zink bildet die Grundlage für das zuvor genannte Redoxpaar und ist in (7) dargestellt.

$$Zn \rightarrow Zn^{2+} + 2e^{-} \quad (7)$$

Die kathodische Teilreaktion kann, in Abhängigkeit vom pH-Wert des Elektrolyten respektive des Korrosionspotentials nach (8) oder (9) erfolgen. Die verkürzte Schreibweise der kathodischen Teilreaktion unter Sauerstoffreduktion (8) ist hier für pH-Werte > 5 dargestellt.

$$\frac{1}{2}O^2 + H_2O + 2e^{-} \rightarrow 2OH^{-} \quad (8)$$

$$2H^{+} + 2e^{-} \rightarrow H_2 \quad (9)$$

Die freie Standard-Reaktionsenthalpie der Summenreaktion unter Entstehung von Wasserstoff entspricht der unter (6) genannten, da Wasserstoff zu Null eingeht. Die Summenreaktion der anodischen Teilreaktion und der kathodischen Teilreaktion unter Reduktion von Sauerstoff (10) hingegen hat eine deutlich negativere freie Standard-Reaktionsenthalpie in Höhe von $\Delta G^0 = -384{,}5\ kJmol^{-1}$.

$$Zn + \frac{1}{2}O^2 + H_2O \rightarrow Zn(OH)_2 \quad (10)$$

Nach Kaesche ist die thermodynamische Kraft der Korrosionsreaktion unabhängig vom pH-Wert des Elektrolyten, so bald $Zn(OH)_2$ auftritt. Nach [22] ist ein Einfluss des Zinkhydroxidfilms nur bis zu einem pH-Wert von 12,5 gegeben, tatsächlich ist der Übergang der Löslichkeit des Zinkhydroxid keine starre pH-Wertgrenze, vielmehr hängt die Löslichkeit von Zinkhydroxid von der Zinkionen-Zinkkomplexsättigung der Lösung und dem pH-Wert ab [30].

Unter Variation der pH-Werte hat Pourbaix das Korrosionspotential verschiedener Metalle und ihrer Verbindungen in [30] über den pH-Wert dargestellt. Darüber hinaus wird in Abb.1 der Bereich der Sauerstoffentwicklung durch Linie a und der Bereich der Wasserstoffentwicklung aus thermodynamischer Betrachtung mit Linie b angegeben. Der Bereich zwischen diesen beiden Linien stellt den möglichen Potentialbereich zwischen einer sauerstofffreien bzw. sauerstoffgesättigten Lösung dar und wird zu einem späteren Zeitpunkt anhand der Teilstromkurven der Summenstromkurve der Sauerstoffelektrode erörtert.

Das in Abb. 1 dargestellte Pourbaixdiagramm beinhaltet das Vorhandensein von Zinkhydroxid ($Zn(OH)_2$), genauer gesagt das Vorhandensein von ε-$Zn(OH)_2$. Zinkhydroxid kann in verschiedenen kristallinen Strukturen auftreten. Im Pourbaixdiagramm ist ε-$Zn(OH)_2$ aufgrund der geringsten Löslichkeit einbezogen worden, amorphes Zinkhydroxid hat die höchste Löslichkeit. Der blassgrau dargestellte Bereich in Abb. 1 nimmt in der Intensität mit steigendem und sinkendem pH-Wert ab. Entgegengesetzt verhält es sich mit den benötigten Zinkionen, die zur Aufrechterhaltung einer stabilen Deckschicht aus Zinkhydroxid in Lösungen vorhanden sein müssen. Der grau hinterlegte Bereich in Abb. 1 spiegelt den pH-Wertbereich von Betonporenlösung wider und dient der Orientierung für in Mörtel zu erwartende Gleichgewichtsbedingungen bzw. Korrosionsreaktionen.

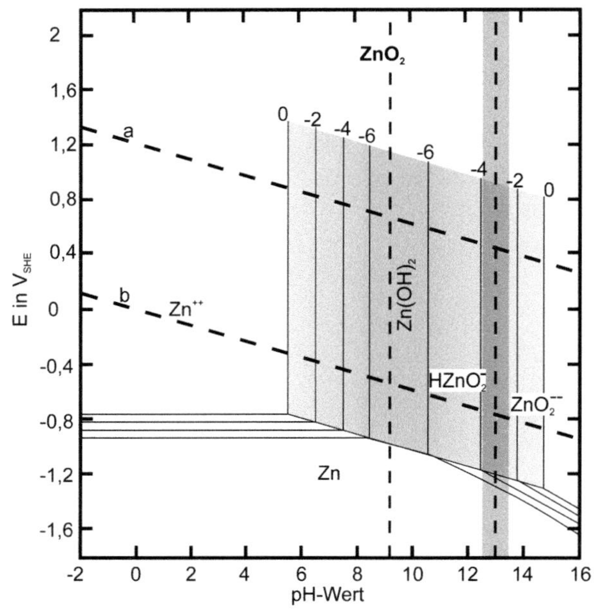

Abb. 1: Pourbaixdiagramm für Zink in wässriger Lösung bei T =25°C und 1013 mbar atmosphärischen Druck, Blassgrau dargestellter Bereich in dem ε-$Zn(OH)_2$ in Abhängigkeit von $log[(Zn^{++}) + (HZnO_2^{-}) + (ZnO_2^{--})]$ in der Lösung vorkommt, Grau hinterlegter pH-Wertbereich zwischen 12,5 und 13,5 illustriert den pH-Wert-Bereich von Betonporenlösung

Fig. 1: Pourbaix diagram for zinc in aqueous solution at T =25°C and 1013 mbar atmospheric pressure, pale-gray illustrates the range in which ε-$Zn(OH)_2$ occurs in the solution as a function of $log[(Zn^{++}) + (HZnO_2^{-}) + (ZnO_2^{--})]$ the gray pH-value range between 12.5 and 13.5 illustrates the pH-value range of concrete pore solution

Zink gehört zu den amphoteren Metallen, das bedeutet das sich Zink, genauer gesagt Zinkoxid und -hydroxid sowohl in sauren als auch in alkalischen Lösungen löst. Dargestellt hat Roetheli et al. das bereits 1932 [22]. Abb. 2 zeigt den korrosionsbedingten Masseverlust, dieser strebt bei pH 10 gegen 0, was auf der Bildung von Zinkhydroxid basiert, und beschreibt den grau dargestellten Bereich des pH-Wertes in Abb. 1.

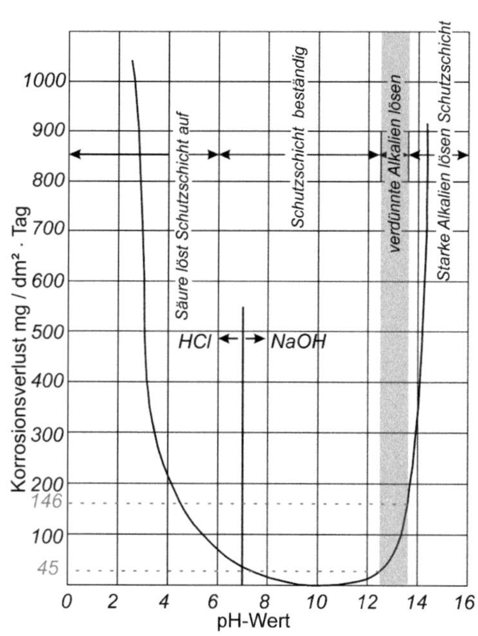

Abb. 2: „Badewannenkurve" Masseverlust über den pH-Wert nach Roetheli et al., grauer pH-Wertbereich illustriert den pH-Wert-Bereich von Betonporenlösung

Fig. 2: "Bathtub curve" mass loss over the pH-value according to Roetheli et al., gray pH-value range illustrates the pH-value range of concrete pore solution

Ab pH-Wert 9 steigt der Masseverlust mit sinkendem pH-Wert langsam an, bis der Masseverlust bei pH-Werten kleiner 5 signifikant ansteigt. Anders als im Pourbaixdiagramm kommen hier weitere in wässriger Lösung schlecht lösliche Deckschichten hinzu wie Zinkkarbonat ($ZnCO_3$), das sowohl in niedrigen pH-Werten aber auch in alkalischen Lösungen löslich ist.

Bei einer Überschreitung des pH-Wertes von 12,5 steigt der Masseverlust in Abb. 2 signifikant. Fulton und Swineheart haben die Löslichkeit von kristallinem Zinkhydroxid untersucht und beschreiben die Löslichkeit bezogen auf die Molarität von Natriumhydroxid und Salzsäure in [31]. Die Löslichkeit von Zinkhydroxid steigt nahezu exponentiell mit zunehmender NaOH-Konzentration an. Dieses Verhalten wurde in [30] grafisch dargestellt, hier jedoch in Abhängigkeit von der gelösten Zinkionenspezies, siehe Abb. 3.

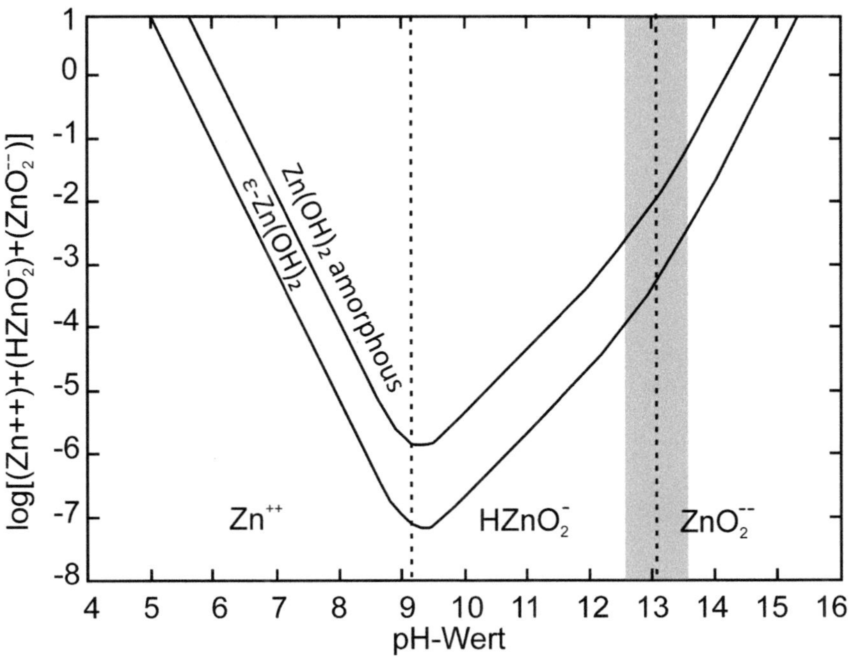

Abb. 3: Beständigkeit von ε-$Zn(OH)_2$ in Abhängigkeit von Zinkionen, Bizinkat und Zinkat nach [30], grau pH-Wertbereich illustriert den pH-Wert-Bereich von Betonporenlösung

Fig. 3: Resistance of ε-$Zn(OH)_2$ as a function of zinc ions, bizincate and zincate according to [30], gray pH-value range illustrates the pH-value range of concrete pore solution

Die Schnittpunkte bei pH 12,5 und 13,6 in Abb. 2 ergeben einen korrosionsbedingten Masseverlust von 0,45 bis 1,46 mg/cm²d. Der daraus resultierende Schichtdickenverlust ergibt sich aus (11) und beträgt pro Tag zwischen 6,3 und 20 µm.

$$\frac{\Delta m}{\rho_{Zn}} = \Delta d \qquad (11)$$

Δm	= Masseverlust	g
ρ_{Zn}	= Rohdichte Zink 7,14	$g \cdot cm^{-3}$

Bei einem pH-Wert von 13,6 konnte in [32] eine Korrosionsrate in Höhe von 14 µm/d ermittelt werden, das entspricht unter Berücksichtigung, dass die Ergebnisse aus Abb. 2 bei 30 °C ermittelt wurden und in [32] bei 20°C, durchaus dem Erwartungswert.

Diese Erkenntnisse lassen für die Untersuchung der Korrosionsreaktion von verzinkten metallenen Werkstoffen in Mörtel unter thermodynamischer Sicht folgende Rückschlüsse zu:

Die Summenreaktion erfolgt abhängig vom pH-Wert und der sich einstellenden Gleichgewichtssituation. Im pH-Wertbereich für Betonporenlösung kann sich bis zum Erreichen der jeweiligen Ionenkonzentration, wie in Abb. 3 dargestellt, nachfolgende Summenreaktion und daraus resultierende Elektrodenpotentiale für die in (12) und (13) dargestellten Oxidelektroden einstellen [28].

$$E = E^0_{Zn/HZnO_2^-} \tag{12}$$

$$E = E^0_{Zn/ZnO_2^{--}} \tag{13}$$

Ist eine ausreichende Ionenkonzentration erreicht, kommt es zur Ausbildung der Zinkhydroxidschicht, und es stellt sich ein Elektrodenpotential für die Hydroxidelektrode nach (14) ein.

$$E = E^0_{Zn/Zn(OH)_2} \tag{14}$$

Es ist davon auszugehen, dass bei Ausbildung der Zinkhydroxidschicht ein Gleichgewichtszustand erreicht wird, der die zuvor erfolgte Bruttoreaktion zur Bildung von $HZnO_2^-$ bzw. ZnO_2^{--} hemmt. Bode und Oliapuram haben Potentiale von Zinkeinkristallen in wässrigen Elektrolyten in [33] untersucht. Dietrich und Johnston haben in [34] Potentiale der $\mathrm{Zn/Zn(OH)_2}$ Elektrode in NaOH Lösungen ermittelt, die in [33] über den pH-Wert wie in Tabelle 1 dargestellt werden.

Tabelle 1: Potential einer $\mathrm{Zn/Zn(OH)_2}$, NaOH Elektrode (ε-$\mathrm{Zn(OH)_2}$) nach [33]

Table 1: Potential of a $\mathrm{Zn/Zn(OH)_2}$, NaOH electrode (ε-$\mathrm{Zn(OH)_2}$) according to [33]

pH-Wert	Potential E^0_{SHE} in mV	Potential $E^0_{Ag/AgClsat.}$ in mV
12,77	-1155	-1354
13,07	-1174	-1373
13,40	-1193	-1392
13,46	-1198	-1397
13,83	-1223	-1422

Die Potentiale entsprechen den gemessenen Potentialen aus [32, 35-38] in Frischbeton respektiven Mörteln als auch in dort beschriebenen hochalkalischen Lösungen.

Weiter beschreiben Bode und Oliapuram, dass die Zinkionenkonzentration unter Berücksichtigung des Zinkhydroxides und des pH-Wertes über das Löslichkeitsprodukt berechnet werden kann, wie in Tabelle 2 dargestellt.

Tabelle 2: Zinkionenkonzentration bei verschiedenen pH-Werten (ε-$Zn(OH)_2$) nach [33]

Table 2: Zinc ion concentration at different pH-values (ε-$Zn(OH)_2$) according to [33]

pH-Wert	log Gehalt an Zn^{2+} in Mol pro Liter
9	$10^{-6,47}$
10	$10^{-8,47}$
11	$10^{-10,47}$
12	$10^{-12,47}$
13	$10^{-14,47}$
14	$10^{-16,47}$

Nach Sand, wiedergegeben in Vetter [29], lässt sich die Zinkionenkonzentration an der Elektrodenoberfläche bei einer anodischen Stromdichte i und einer Zeit t unter Berücksichtigung der Diffusion berechnen.

$$c_i(0,t) = \bar{c}_i + \frac{2}{\sqrt{\pi}} \cdot \frac{i\nu_i}{nF \cdot \sqrt{D_i}} \cdot \sqrt{t} \tag{15}$$

Über die Zinkionenkonzentration haben Bode und Oliapuram ermittelt, dass bei Kontakt mit einer $1\ \mathrm{M}$ $NH4Cl$-Lösung eine anfängliche Korrosionsstromdichte von $20\ \mathrm{A} \cdot \mathrm{m}^{-2}$ gegeben ist. Nimmt man eine zinkionenfreie Lösung, womit $\overline{C}_i = 0$ ist, konnte errechnet werden, dass in einer Lösung mit pH 8 bereits nach 1 Sekunde das Löslichkeitsprodukt von ε-$Zn(OH)_2$ überschritten wird und es zur Bildung einer Zinkhydroxidschicht auf der Elektrodenoberfläche kommt. Daraus wird deutlich, dass ein gemessenes Potential von Zink in der Lösung nicht das Potential einer Zn/Zn^{2+} Elektrode sein wird. Bezogen auf Betonporenlösung ist das Löslichkeitsprodukt aus Tabelle 2 noch geringer als für pH 8, jedoch bilden sich hier Zinkat und Bizinkat, die die Berechnung der Zeit bis zur Bildung einer Zinkhydroxidschicht deutlich erschweren. Es ist jedoch anzunehmen, dass auch hier innerhalb weniger Sekunden die Bildung einer Zinkhydroxidschicht erfolgt.

2.3 Kinetik der Korrosion von Zink in alkalischen Medien und Deckschichtbildung

2.3.1 Korrosion und Deckschichtbildung von Zink in alkalischen Medien

Untersuchungen zur Beständigkeit von feuerverzinkten Eisenwerkstoffen in Mörteln wurden im „Königlichen Materialprüfamt zu Berlin-Lichterfelde-West" durch Gary bereits in den Jahren 1907 bis 1912 durchgeführt [39]. Feuerverzinkte Eisenstäbe wurden dazu in Mörtelproben eingebunden, die mit verschiedenen Bindemitteln hergestellt und unter variierenden Expositionen bis zu einer Dauer von fünf Jahren ausgelagert wurden. In den Probekörpern wurden drei verzinkte Stäbe eingebettet, die an der Oberseite ohne weitere Schutzmaßnahmen auskragten. Mörtelproben, die fünf Jahre neben Bahngleisen in städtischer Umgebung bewittert wurden, weisen an eben diesen auskragenden Enden der verzinkten Stäbe Korrosionserscheinungen auf, nicht jedoch im Inneren der Probe. Der Einfluss der Exposition in Seewasser (Meerwasser) wurde bereits nach einer Exposition von sechs Monaten durch Weißrostbildung sichtbar.

Der Übergang alkalischer Mörtel zur Atmosphäre birgt die Gefahr der Ausbildung eines Konzentrationselementes, wie dies in verschiedener Form in [6] definiert wird. Aus dem Blickwinkel der Thermodynamik würde der Bereich des verzinkten Stabes im Mörtel die Anode ausbilden, da sich hier das negativere Potential ausbildet. Die Korrosionserscheinungen zeigen jedoch ein gegenteiliges Ergebnis. Der atmosphärisch belastete auskragende Teil weist nach fünf Jahren der Bewitterung flächendeckend Rotrost auf. Maßgebend hierfür sind kinetische Einflüsse auf die Korrosion wie eine Hemmung der kathodischen oder anodischen Teilreaktion und daraus resultierend abweichende Elektrodenpotentiale als aus thermodynamischer Sicht erwartet. Für verzinkten Betonstahl spricht Kaesche in [40] von ausreichender Passivität, definiert ist dies über eine Passivstromdichte, die im Rahmen von Polarisationsversuchen ermittelt wurde. Dabei wird nicht immer klar differenziert, ob Passivität durch eine Gleichgewichtssituation (Thermodynamik) herbeigeführt wird oder durch eine Hemmung einer Teilreaktion (Kinetik). Ein Beispiel für die Hemmung einer Teilreaktion ist die Darstellung der Sauerstoffdiffusionsgrenzstromdichte bei variierenden Sauerstoffgehalten wie in Abb. 4, und die daraus resultierende Korrosionsstromdichte, die in Anlehnung an die Darstellung aus Vetter [29] erstellt wurde.

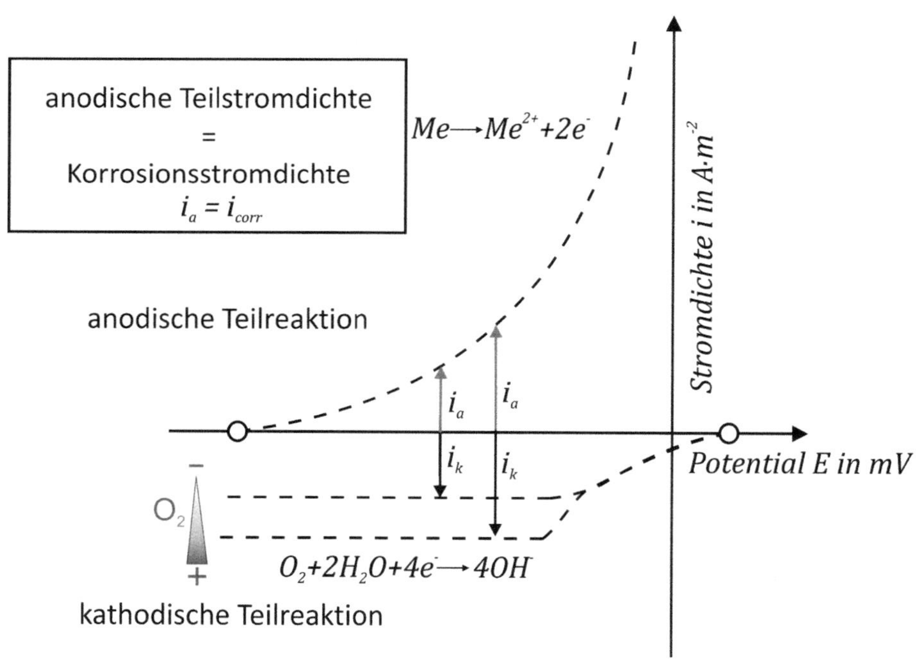

Abb. 4: Sauerstoffreduktion in Abhängigkeit der Konzentration im Bereich des Diffusionsgrenzstromes nach [29]

Fig. 4: Oxygen reduction as a function of the concentration in the area of the diffusion boundary current according to [29]

Der Einfluss des pH-Wertes auf die Korrosionsgeschwindigkeit lässt sich, wie in Abb. 5 nach Kaesche als auch Vetter darstellen. Dabei sinkt die Korrosionsstromdichte mit zunehmendem pH-Wert. Im Bereich der Sauerstoffreduktion kommen zwei verschiedene pH-Wert-abhängige Varianten vor. Bis zu einem pH-Wert von 7 unter der Bildung von Wasser, größer 7 unter der Bildung von Hydroxidionen. Die in Formel (16) und (17) dargestellten Reaktionsgleichungen sind eine verkürzte Schreibweise, in beiden Reaktionsgleichungen erfolgt eine Zwischenstufe unter Bildung von metastabilem H_2O_2. Wie zuvor beschrieben zeichnen sich amphotere Metalle wie Zink durch hohe Korrosionsstromdichten in sauren als auch hochalkalischen Elektrolyten aus. Darüber hinaus konnte bereits beschrieben werden, dass nach dem Kontakt von Zink mit dem Elektrolyten zeitnah eine Deckschicht aus ε-$Zn(OH)_2$ gebildet wird. In hochalkalischen Elektrolyten wie Beton oder Mörtel kann diese Deckschicht durch eine Komplexbildung, bei Zink ist das $Zn(OH)_4^{2-}$, reduziert werden. Dies hat nach Kaesche und Vetter einen Anstieg der Korrosionsstromdichte zur Folge. Anhand von Abb. 5 lässt sich jedoch nicht die geringe Korrosionsstromdichte von Zink im pH-Wertbereich zwischen 9 und 12, aus Abb. 1, erklären. Kaesche schreibt hierzu, dass die Reduktion der Korrosionsstromdichte auf die Ausbildung dichter Schutzschichten zurückzuführen ist.

$$O_2 + 4H^+ + 4e^- \rightarrow 2H_2O \tag{16}$$

$$O_2 + 2H_2O + 4e^- \rightarrow 4OH^- \tag{17}$$

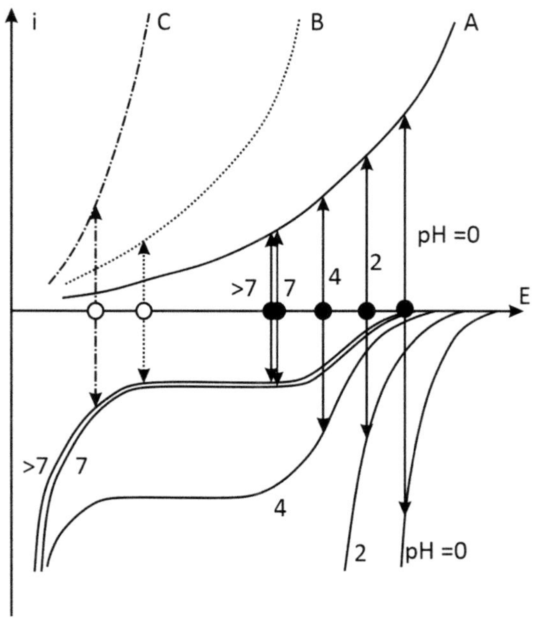

Abb. 5: Die pH-Abhängigkeit des Korrosionsstromes einer unter Wasserstoffentwicklung und Sauerstoffreduktion gleichmäßig korrodierenden Elektrode; anodische Teilstromspannungskurve A bei pH-unabhängigem Mechanismus der Metallauflösung, B und C bei OH^--Katalyse der anodischen Teilreaktion (Komplexbildung) nach Kaesche [28]

Fig. 5: The pH- value dependence of the corrosion current of an electrode corroding uniformly under hydrogen evolution and oxygen reduction; anodic partial current-voltage curve A with a pH-independent mechanism of metal dissolution, B and C with OH^- catalysis of the anodic partial reaction (complex formation) according to Kaesche [28]

Die von Kaesche für verzinkten Betonstahl in Mörtel oder Beton erwähnte „Passivität“ lässt sich aus den bisherigen Erkenntnissen für das Korrosionssystem Zink in hochalkalischen Elektrolyten nicht ableiten. Betrachten wir die Ermittlung der Korrosionsstromdichte eines „passiven“ Korrosionssystems, so kann man diese anhand nachfolgender Gleichung (18) bestimmen. Dabei erschließt sich der Einfluss der in Kaesche beschriebenen „dichten Schutzschicht“ auf die Korrosionsstromdichte, wenn diese Schutzschicht den in (18) dargestellten Diffusionswiderstand (R_d) dominiert und signifikant erhöht. Vetter beschreibt den Diffusionswiderstand basierend auf der Diffusionsüberspannung wie folgt: „Die Diffusionsüberspannung tritt dann auf, wenn bei Stromfluss der Herantransport der zu verbrauchenden Stoffe oder der Abtransport der gebildeten Substanzen gehemmt ist.“. Das Maß der Hemmung ist gemäß Vetter der von Randles und Ershler bei Anwendung der Wechselstromüberspannung eingeführte Diffusionswiderstand. Der nach Vetter [29] aufgeführte Polarisationswiderstand ist somit nicht nur für durchtrittskontrollierte Systeme anzuwenden. Der Polarisationswiderstand setzt sich somit aus Durchtrittswiderstand (R_D), Diffusionswiderstand (R_d), Reaktionswiderstand (R_r) und Kristallisationswiderstand (R_k) zusammen. Dies gilt für den Polarisationswiderstand bei Gleichstrom, also für ein Korrosionssystem.

Unter Anwendung gleichstrombasierter elektrochemischer Messmethoden ist man nicht in der Lage zwischen den, den Polarisationswiderstand ausmachenden Widerständen, differenzieren zu können.

$$\Delta i = \frac{\Delta E}{R_p} = \frac{\Delta E}{R_D + R_d + R_r + R_k} A \cdot m^{-2} \tag{18}$$

Die in Abb. 4 und Abb. 5 dargestellte Korrosionsstromdichte kann aus der in Abb. 6 dargestellten Stromdichte-Potentialbeziehung unter der Verwendung der Butler-Vollmer Gleichung (19) ermittelt werden. Dabei ist η die Überspannung, auch Nernstpotential genannt, wie in (20) dargestellt, und besteht aus der Summe der Überspannungen entsprechend ΔE aus Formel (18).

$$i = i_a + i_k = i_0 \cdot \exp\left(\frac{\alpha_a \cdot z \cdot F \cdot \eta}{R \cdot T}\right) + i_0 \cdot \exp\left(\frac{(1-\alpha_a) \cdot z \cdot F \cdot \eta}{R \cdot T}\right) A \cdot m^{-2} \tag{19}$$

$$\eta = E - E^0 = \Delta E \tag{20}$$

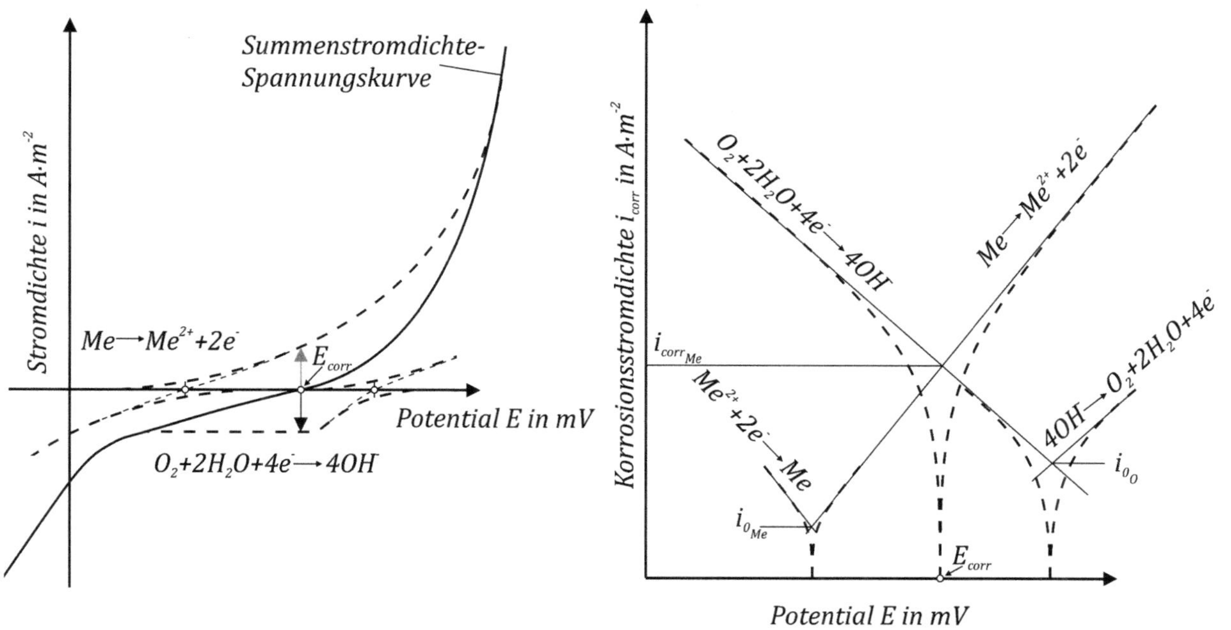

Abb. 6: Stromdichte-Potentialbeziehung, Teilstrom-Potential und Summenstrompotentialkurve links, rechts die zugehörigen Elektrodenreaktionen und die resultierende Metall-Sauerstoffelektrode

Fig. 6: Current density-potential relationship, partial current potential, and total current potential curve on the left, on the right the associated electrode reactions and the resulting metal-oxygen electrode

Das in Abb. 6 dargestellte freie Korrosionspotential E_{corr} befindet sich an der Stelle, an der der Summenstrom eines Korrosionssystems 0 ist. Dieses ist unter Verwendung eines Bezugspunktes wie einer Bezugselektrode zweiter Ordnung messbar.

2.3.2 Elektrochemische Messungen

Aus der Form der Stromdichte-Potentialkurve, die unter potentiodynamischer Polarisation aufgezeichnet wird, wurde durch Stern und Geary 1957 [41] die Stern-Geary-Gleichung veröffentlicht. Diese Gleichung setzt die Steigung des linearen Bereiches um das freie Korrosionspotential in ein Verhältnis mit den Tafelsteigungen. Butler und Armstrong haben einen Linearitätsbereich für nicht korrodierende (inerte) Systeme unter Polarisation von bis zu 20 mV angegeben. Dieser Linearitätsbereich sollte nach Stern und Geary ebenfalls für korrodierende Elektroden verwendet werden. Die Ursprungsformel aus [41] ist in (21) angegeben.

$$\left.\frac{d\varepsilon}{di_x}\right|_{\varepsilon\to 0} = -\frac{\beta_z \cdot \beta_m}{2{,}3 \cdot i_{corr}(\beta_z + \beta_m)} \qquad (21)$$

Dabei ist unter Anwendung von Formel (21) in Kombination mit Abb. 6 $di_x = di_y$, da bei Darstellungen der Stromdichte-Spannungskurven im angelsächsischen Raum die x- und y-Achsen vertauscht werden.

Unter Adaption von Formel (18) und (20) lässt sich die Formel umstellen, in dem man den Betrag des Steigungsverhältnisses $\left.\frac{d\varepsilon}{di_x}\right|_{\varepsilon\to 0}$ als Polarisationswiderstand Rp schreibt.

Das negative Vorzeichen fällt weg, damit kann $\frac{\beta_z \cdot \beta_m}{2{,}3(\beta_z+\beta_m)}$ als B-Wert geschrieben werden und das i_{corr} über den B-Wert und den Polarisationswiderstand errechnet werden (24).

$$\left.\frac{d\varepsilon}{di_x}\right|_{\varepsilon\to 0} = R_p \tag{22}$$

$$R_p = \frac{1}{i_{corr}} \cdot \frac{\beta_z \cdot \beta_m}{2{,}3 \cdot (\beta_z + \beta_m)} = \frac{1}{i_{corr}} \cdot B \tag{23}$$

$$i_{corr} = \frac{B}{R_p} \tag{24}$$

Wird Formel (24) in dieser Form angewandt, muss bei der Ermittlung des Polarisationswiderstandes zwingend der Spannungsabfall über den Elektrolyten aus der linearen Polarisation und für die Ermittlung des B-Wertes aus der Strom-Spannungskurve herausgerechnet werden. Darüber hinaus werden Einflüsse, die in der Diffusion begründet sind und somit einen signifikanten Einfluss auf die Reaktion mit zunehmender Polarisation haben, nicht berücksichtigt. Die Ermittlung des B-Wertes an gemessenen Stromdichte-Spannungskurven wiederum beinhalten einen Einfluss, der aus der Diffusion herrührt. Ist dieser größer als der Einfluss der Durchtrittsreaktion also $R_D < R_d$, so spricht man von einem diffusionskontrolliertem bzw. widerstandskontrolliertem Korrosionssystem.

Kaesche wiederum schreibt, dass die anodische Teilreaktion keinen Diffusionsgrenzstrom aufweisen kann und somit ein Diffusionswiderstand bei der Metallauflösung nicht gegeben sein kann, schließt dabei aber Systeme mit Schichtbildung aus. Kaesche dokumentiert darüber hinaus die Möglichkeit, die relative Beziehung zwischen Durchtritts- und Diffusionshemmung der anodischen Metallauflösung anhand einer umgestellten Butler-Vollmer-Gleichung zu beschreiben.

$$i_{Me} = i_{0Me} \cdot \frac{\exp\left(\frac{\alpha_a \cdot z \cdot F \cdot \eta}{R \cdot T}\right) - \exp\left(\frac{(1-\alpha_a) \cdot z \cdot F \cdot \eta}{R \cdot T}\right)}{1 - \frac{i_{0Me}}{i_{d,Me}} \cdot \exp\left(\frac{(1-\alpha_a) \cdot z \cdot F \cdot \eta}{R \cdot T}\right)} \tag{25}$$

Dabei ist $i_{d,Me}$ die Diffusionsgrenzstromdichte der anodischen Teilreaktion, aus dem sich mit der zugehörigen Diffusionsüberspannung η_d der anodischen Teilreaktion der Diffusionswiderstand R_d nach Umstellung von Formel (18) errechnen lässt, aber unter messtechnischen Bedingungen an deckschichtbildenden Systemen nicht zu ermitteln ist.

Die Bestimmung der Polarisationsimpedanz, also R_p bei Wechselstrombeaufschlagung, bietet die Möglichkeit einen Einfluss der kapazitiven Anteile auf die Polarisationsimpedanz ermitteln zu können. Hierzu wird die elektrochemische Impedanzspektroskopie (EIS) verwendet. Unter Annahme, dass keine chemische Reaktionshemmung vorliegt, kann der Reaktionswiderstand und der Kristallisationswiderstand zu 0 gesetzt werden, die zugehörigen Kapazitäten C_r und C_k streben dann gegen ∞. Somit bleiben der Durchtrittswiderstand, da die Durchtrittsreaktion keine kapazitiven Anteile hat, hier aber die Kapazität der Doppelschicht berücksichtigt wird und die Diffusionsimpedanz nebst kapazitivem Anteil als maßgebende Bestandteile der Polarisationsimpedanz, siehe (26).

$$R_p = R_D + \frac{1}{C_{Dl}} + R_d = \frac{RT}{zF} \cdot \frac{1}{i_0} + \frac{\left(\frac{d\eta}{dt}\right)_{t_0}}{\Delta i} + \frac{RT}{n^2 F^2} \cdot \frac{1}{\sqrt{\omega}} \cdot \sum \frac{v_i^2}{\bar{c}_i \sqrt{D_j}} \tag{26}$$

Die Kapazität der Doppelschicht besteht aus dem Anteil der starren Doppelschicht nach Helmholz und der diffusen Doppelschicht, die nach Gouy die Vorstellung von Helmholz erweitert. Grahame hat den diffusen Anteil und den starren Anteil in Reihe geschaltet, sodass die Gesamtkapazität der starren und diffusen Doppelschicht nach (27) berechnet werden kann.

$$\frac{1}{C_{Dl}} = \frac{1}{C_{sD}} + \frac{1}{C_{dD}} \tag{27}$$

Anders verhält sich das bei der Diffusion. Die auf dem Diffusionswiderstand basierende Phasenverschiebung wurde erstmals durch Warburg im Jahr 1899 beschrieben [42] und verursacht bei homogenen Verhältnissen eine Phasenverschiebung von $\pi/4$ also 45°. Bezogen auf reale Korrosionssysteme mit inhomogenen Deckschichten ist eine Phasenverschiebung von 45° nicht zu erwarten. Dabei stellt sich die Phasenverschiebung von 45° nur ein, wenn die Gleichung nach Formel (28) erfüllt ist [29].

$$\varphi = 45° \Leftrightarrow R_p = \frac{1}{\omega \cdot C_d} \tag{28}$$

Die elektrochemische Impedanzmessung unter potentiostatischer Bedingung basiert auf einer Potentiodynamischen-Wechselspannungspolarisation unter Aufprägen einer sinusförmigen Spannung und einer vorgegebenen Amplitude um das z. B. freie Korrosionspotential E_{corr} herum. Der benötigte Strom und die systembasierte Phasenverschiebung werden dabei als Systemantwort aufgezeichnet und später ausgewertet. Diese Messung erfolgt über ein zuvor gewähltes Frequenzspektrum. Eine Besonderheit bei diesem Messverfahren ist, dass der Spannungsabfall über einen Widerstand durch Variation des aufgeprägten Stromes kompensiert wird und daraus der Widerstand errechnet werden kann. Eine beispielhafte Darstellung für eine Sinuskurve für eine potentiostatische EIS-Messung ist in Abb. 7 dargestellt und zeigt einen Strom, der über einen Widerstand kompensiert wird in Grau gepunktet und einen Strom, der über eine Kapazität kompensiert wird in Schwarz.

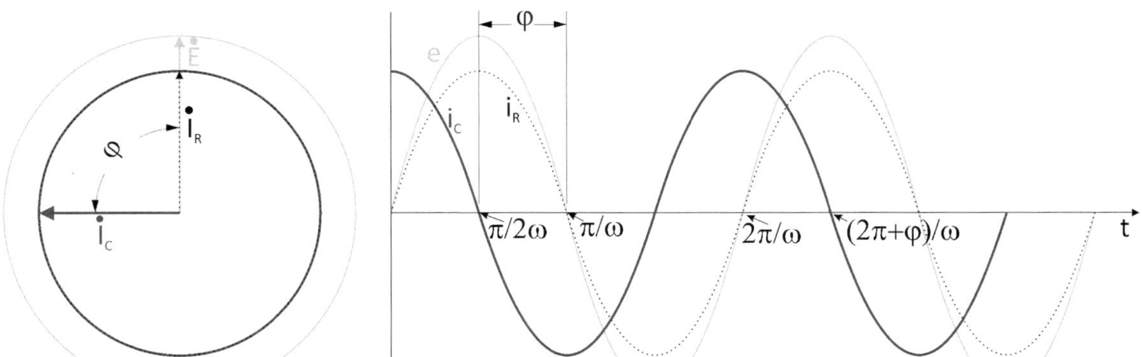

Abb. 7: Schematische Darstellung der Strom-Spannungsbeziehung bei einer potentiostatischen EIS-Messung in Anlehnung an [43, 44]

Fig. 7: Schematic representation of the current-voltage relationship in a potentiostatic EIS measurement, based on [43, 44]

$$e = E \cdot \sin(\omega t) \tag{29}$$

$$i = I \cdot \sin(\omega t + \varphi) \tag{30}$$

Ist ausschließlich ein elektrischer Widerstand gegeben, so ist die Phasenverschiebung $\varphi = 0$. Unter Anwendung des Ohm'schen Gesetzes ergibt sich aus den Vektoren nach (31) die Impedanz Z'.

$$Z' = \frac{\dot{E}}{\dot{I}_R} \tag{31}$$

Ist eine Kapazität gegeben, erfolgt eine Phasenverschiebung um 90° und die Berechnung eines in der Elektrotechnik als Blindwiderstand bekannter Imaginärwiderstand erfolgt nach (32). Mathematisch wird ein Imaginäranteil mit $\sqrt{-1}$ beschrieben und regulär als imaginäre Zahl i geschrieben, in diesem Fall ist j als Imaginärzahl definiert.

$$\sqrt{-1} \cdot \frac{\dot{E}}{\dot{I}_C} = -j \cdot Z'' \tag{32}$$

Die Impedanz Z besteht somit aus einem Realanteil und einem Imaginäranteil und kann als Vektor wie in Abb. 8 dargestellt werden und nach (33) berechnet werden.

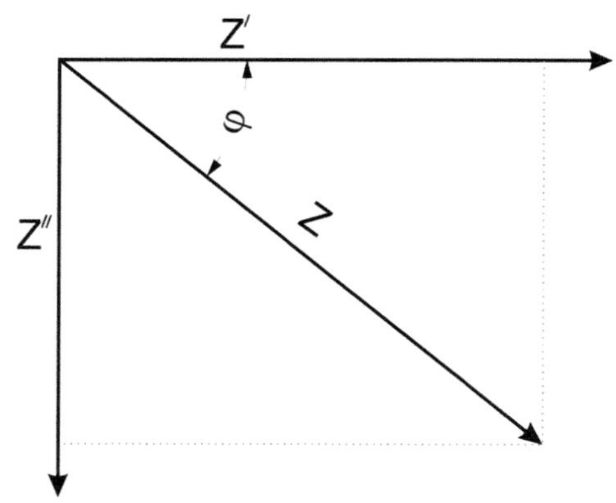

Abb. 8: Darstellung der Impedanz als Vektor Z, bestehend aus Realanteil Z‘ und Imaginäranteil Z“ des gemessenen Widerstandes

Fig. 8: Representation of the impedance as vector Z, consisting of real component Z' and imaginary component Z" of the measured resistance

$$|Z| = [(Z')^2 + (Z'')^2]^{1/2} \tag{33}$$

Anhand des Kurvenverlaufes eines Bode- bzw. Nyquistplots können zielgerichtet Ersatzschaltbilder erstellt werden, die aus Widerständen, Kondensatoren, Diffusionsimpedanzen und imperfekten Kondensatoren (Verlustkapazitäten), die über ein Constant Phase Element (CPE) definiert werden, bestehen. Bei komplexen Deckschichten, die inhomogen über die Fläche der Elektrode verteilt sind, ist die Erstellung eines Ersatzschaltbildes oft nicht möglich.

2.3.3 Elektrochemische Untersuchungen zur Deckschichtbildung an Zink in alkalischen Medien

Untersuchungen mittels elektrochemischer Impedanzspektroskopie (EIS) an Zink in $Ca(OH)_2$ - Lösung, wie durch Ramirez et al. in [45] dargestellt, zeigen einen Zusammenhang zwischen Deckschichtbildung und Phasenverschiebung. Der zeitliche Einfluss auf die Deckschichtbildung und eine daraus resultierende Phasenverschiebung wird (beispielhaft) in Abb. 9 gezeigt. Bei einer Frequenz von 10^{-1} Hz ergibt sich nach 4 Stunden eine Phasenverschiebung von 12° und nach 6 Tagen ca. 75°.

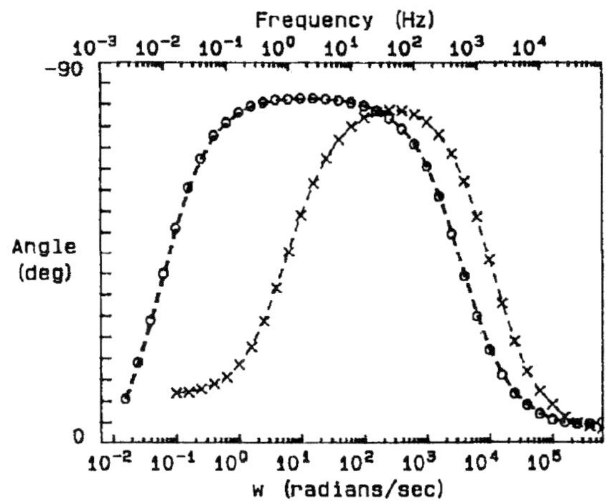

Abb. 9: Impedanz Diagramm für verzinkten Stahl in gesättigter $Ca(OH)_2$ Lösung ohne Zugabe von Additiven nach 4 Stunden (x) und nach 6 Tagen (O) aus [45]

Fig. 9: Impedance diagram for galvanized steel in saturated $Ca(OH)_2$ solution without the addition of additives after 4 hours (x) and after 6 days (O) from [45]

Maeda et al. haben in [46] vergleichende elektrochemische Impedanzuntersuchungen zwischen verzinkten Blechen in Mörtel, in gesättigter $Ca(OH)_2$-Lösung und $NaOH$-Lösung mit pH 12,5 durchgeführt. Auch hier konnte eine zeitliche Änderung des Phasenwinkels und der ermittelten Impedanz über die Zeit festgestellt werden. Dabei sind die Messungen in Mörtel immer mit der Problematik des sich ändernden Elektrolytwiderstandes behaftet, sodass die ermittelte Impedanz ohne Angabe gefitteter Werte nicht interpretierbar ist.

Während in den $Ca(OH)_2$-Lösungsversuchen die zeitliche Entwicklung der Deckschichtbildung durch einen Anstieg der daraus resultierenden Polarisationsimpedanz und des Phasenwinkels deutlich zu erkennen sind, wird in $NaOH$-Lösung keine signifikante Zeitabhängigkeit des Phasenwinkels und der Polarisationsimpedanz beobachtet. Maeda et al. konnten diesen Unterschied mittels röntgendiffraktometrischer Untersuchung (XRD) zur Bestimmung der Deckschichtzusammensetzung auf die Bildung von Calciumhydroxozinkat (CHZ) in gesättigter $Ca(OH)_2$-Lösung zurückführen, während in der $NaOH$-Lösung, wie auch durch Bode et al. beschrieben, $Zn(OH)_2$ gebildet wurde. Darüber hinaus konnte Maeda et al. auch ZnO feststellen. Der Vergleich des Phasenwinkels bei 10^{-3} Hz, zeigt deutlich, dass aufgrund der gebildeten CHZ-Deckschicht eine signifikante Phasenverschiebung beobachtet wird und Deckschichten aus ZnO bzw. $Zn(OH)_2$ diese Phasenverschiebung nach 400 h nicht in dem Maße aufweisen (Abb. 10). Ein geringfügiger Anstieg der Impedanz und des Phasenwinkels über die Zeit ist auch in $NaOH$-Lösung zu verzeichnen.

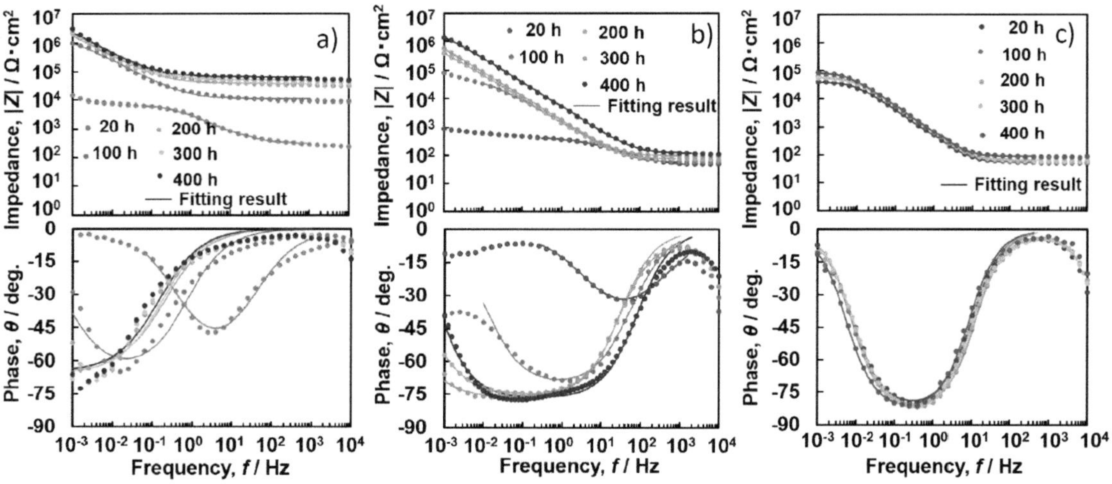

Abb. 10: Impedanz- und Phasenwinkeländerung von verzinkten Proben über die Zeit mit zugehörigem Fit als durchgezogene Linie in: a) Mörtel, b) gesättigter $Ca(OH)_2$-Lösung und c) in $NaOH$-Lösung mit pH 12,5 zusammengefügt aus [46]

Fig. 10: Impedance and phase angle change of galvanized samples over time with corresponding fit as solid lines in: a) mortar, b) saturated $Ca(OH)_2$ solution, and c) in $NaOH$ solution with pH 12.5 combined from [46]

Die Analyse der EIS-Messungen erfolgte mittels Fit unter Anwendung eines einfachen Ersatzschaltbildes wie in Abb. 11 dargestellt. Berücksichtigt wird hier nur der Einfluss des elektrischen Widerstands des Betons bzw. Mörtels oder der Lösung und der Durchtrittswiderstand, hier R_{ct} nebst der Kapazität der Doppelschicht, die hier als sogenanntes „Constant phase element (CPE)“ ausgebildet wurde und eine imperfekte Kapazität darstellt. Anhand des in Abb. 10 gezeigten Vergleichs zwischen Fit (durchgezogene Linie) und gemessenen Daten (Punktfolge) ist die richtige Wahl des Ersatzschaltbildes bei einem weiteren Wendepunkt in der Phasenverschiebung in niedrigen Frequenzbereichen offensichtlich nicht zielführend.

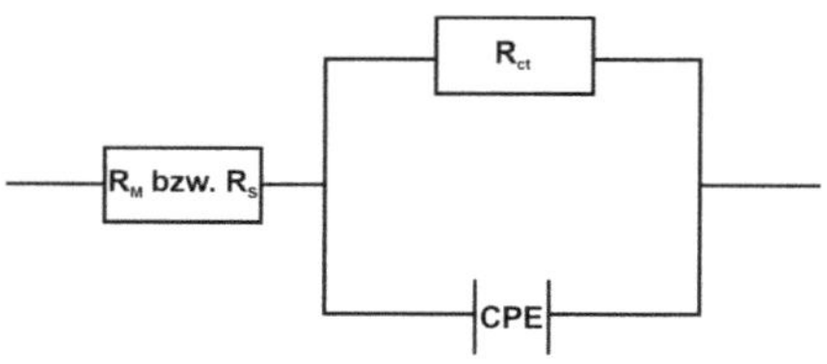

Abb. 11: Ersatzschaltbild nach [46] für Fit und Darstellung des Elektrolytwiderstandes R_M und R_S und des Polarisationswiderstandes R_{ct}

Fig. 11: Equivalent circuit diagram according to [46] for fit and representation of the electrolytic resistance R_M and R_S and the polarization resistance R_{ct}

Zusammenfassend beschreiben Maeda et al., dass die gebildete CHZ-Deckschicht thermodynamisch stabiler ist als ZnO und $Zn(OH)_2$, ebenso das die schützende Deckschicht, anders als an unverzinktem Betonstahl, mehrere µm dick ist. Wie bereits von Bode berichtet wird in [46] festgehalten, dass die Zinkionenkonzentration maßgebend für die Stabilität der Deckschicht ist.

Zheng et al. haben in [47] ebenfalls Untersuchungen in Lösungen durchgeführt. Dabei wurden aber auch künstliche Porenlösungen aus einer Mischung aus $Ca(OH)_2$, $NaOH$ und KOH mit einem pH-Wert von 13,15 (SCP7) und unter Zugabe von $NaSO_4$ für Probe SCP8 verwendet (Abb. 12). Hier stellen sich nach 264 h verschiedene Widerstände gegenüber reiner KOH bzw. $NaOH$-Lösung mit gleichem pH-Wert ein. Die reinen Lösungen basierend auf Kalium- bzw. Natriumhydroxid zeigen vergleichbare Impedanzen und Phasenwinkel bei 10^{-2} Hz, mit deutlich höheren Impedanzen und einem jeweils geringerem Phasenwinkel als die an Betonporenlösung angelehnten Lösungen. Die Bildung von CHZ und $Zn(OH)_2$ konnte ebenso wie in [46] bestätigt werden.

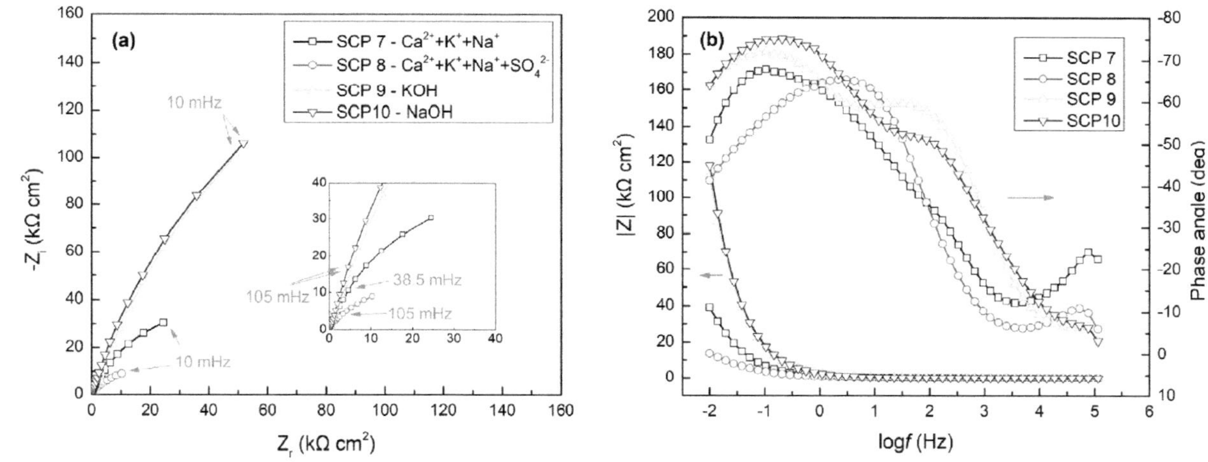

Abb. 12: Nyquist- und Bodeplot von verzinktem Stahl in verschiedenen alkalischen Lösungen nach einer Auslagerungsdauer von 264 h aus [47]

Fig. 12: Nyquist and Bode plot of galvanized steel in various alkaline solutions after an aging period of 264 h from [47]

Die durchgeführten Untersuchungen wurden anschließend mit variierenden Ersatzschaltbildern gefittet. SCP 7 und 8 wurden mit dem in Abb. 13 a) dargestellten Ersatzschaltbild gefittet, dabei wurde ein mehrlagiger Schichtaufbau angenommen. Die Messergebnisse für SCP 9 und 10 wurden mit dem in Abb. 13 b) dargestellten Ersatzschaltbild gefittet, dabei wurde ein Schichtaufbau angenommen, der eine geschlossene Deckschicht jedoch mit inhomogener Schichtdicke widerspiegeln soll. In Abb. 13 wird für R_D die Abkürzung R_{ct} verwendet und für R_d wird R_f verwendet.

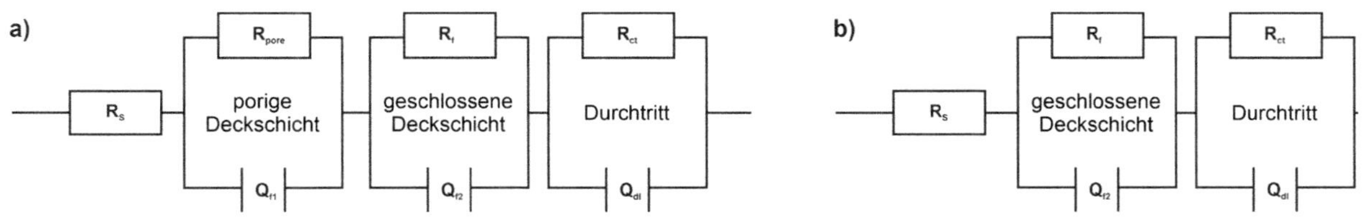

Abb. 13: Ersatzschaltbilder nach [47] a) für ein quasi Schichtsystem, das eine inhomogene Schichtdicke widerspiegeln soll, b) für eine geschlossene homogene Deckschicht

Fig. 13: Equivalent circuit diagrams according to [47] a) for a quasi-layer system, which should reflect an inhomogeneous layer thickness, b) for a closed homogeneous cover layer

Die Polarisationswiderstände der gefitteten Kurven sind in Tabelle 3 aufgeführt. Die in Anlehnung an Betonporenlösung durchgeführten Untersuchungen bringen im Vergleich zu den bisher dargestellten einfachen Lösungen bis zu einer Dekade niedrigere Polarisationswiderstände hervor. Dies steht im Gegensatz zu den in Beton durchgeführten Untersuchungen und den daraus resultierenden Ergebnissen aus der EIS Darstellung aus [46]. Hier sind die Widerstände vergleichbar mit denen aus KOH- und NaOH-Lösung, die frequenzabhängigen Phasenverschiebungen sind ähnlich. In Tabelle 3 sind darüber hinaus noch Polarisationswiderstände dargestellt, die mittels linearer Polarisation (LPR) ermittelt worden sind. Dabei wird ein Polarisationsbereich von -10 mV bis + 10 mV um das E_{corr} gewählt und die Arbeitselektrode mit einer Polarisationsgeschwindigkeit von 0,167 mV/s, beginnend bei - 10 mV vs. E_{corr} polarisiert. Angaben zu einer Kompensation über den Spannungsabfall des Elektrolytwiderstandes wurden nicht gemacht. Dies ist bei Polarisationsmessungen mit Gleichstrombeaufschlagung unerlässlich und wurde bereits in der theoretischen Abhandlung von Stern und Geary aus dem Jahr 1957 [41] behandelt und im Nachgang durch eine Vielzahl weiterer Autoren [48-58] bei Polarisations- und Depolarisationsmessungen berücksichtigt. Eine Überkompensation durch falsche Bestimmung des IR-Drops hat eine Reduktion des Polarisationswiderstandes zur Folge. Darüber hinaus wurde das DE als $E-E_{corr}$ definiert, was bei der Ermittlung des R_p über LPR nicht nachvollziehbar ist und eine Berücksichtigung des kathodischen Astes der Polarisationskurve quasi ausschließt.

Tabelle 3: Aus variierender Porenlösung resultierender Polarisationswiderstand gem. [47], Probenalter 11 d, Werte für den Phasenwinkel und $R_{p\text{-}LPR}$ aus grafischen Darstellungen entnommen

Table 3: Polarization resistance resulting from varying pore solution according to [47], sample age 11 d, values for the phase angle and $R_{p\text{-}LPR}$ taken from graphical representations

Probenbezeichnung	R_p in $k\Omega \cdot cm^2$	$\varphi_{0,1Hz}$ °	$R_{p\text{-}LPR}$ in $k\Omega \cdot cm^2$
SCP 7	62,27	≈65	≈60
SCP 8	49,24	≈55	≈20
SCP 9	561,23	≈70	≈260
SCP 10	465,97	≈75	≈250

Zheng et al. haben in [59] den Einfluss von Chloriden auf die Depassivierung, also den örtlichen Abbau der Deckschicht, in gesättigter $Ca(OH)_2$-Lösung beschrieben. Dabei konnte der Einfluss des Chloridgehalts auf den Polarisationswiderstand nachgewiesen werden. Ab 0,4 M Chlorid in der Lösung bricht die Polarisationsimpedanz ein, der Phasenwinkel zeigt in Abb. 14 bei 10^{-1} Hz jedoch keinen signifikanten Unterschied zu einer chloridfreien Messung, was bedeutet, dass die Deckschicht nur eine örtliche Schädigung erfahren hat. Mittels XRD konnte an abgeschabten Korrosionsprodukten im Bereich vorgefundener Lochkorrosion $Zn_5(OH)_8Cl_2 \cdot H_2O$ (Simonkolleit) festgestellt werden. Im Bereich der Loch-korrosion konnte, mittels Energiedispersiver Röntgenspektroskopie (EDX) in Kombination mit einem Rasterelektronenmikroskop, kein Calcium im Bereich der Lochkorrosion festgestellt werden, was den örtlichen Zusammenbruch der CHZ-Deckschicht bestätigt. Die kritische Chloridkonzentration, um eine Depassivierung der CHZ-basierten Deckschicht an feuerverzinktem Stahl in $Ca(OH)_2$-Lösung einzuleiten, wurde in [59] durch Zheng et al. mit 0,2 M Chlorid angegeben. Diese Feststellung lässt sich aus den in dieser Publikation hinterlegten Messergebnissen nicht ableiten.

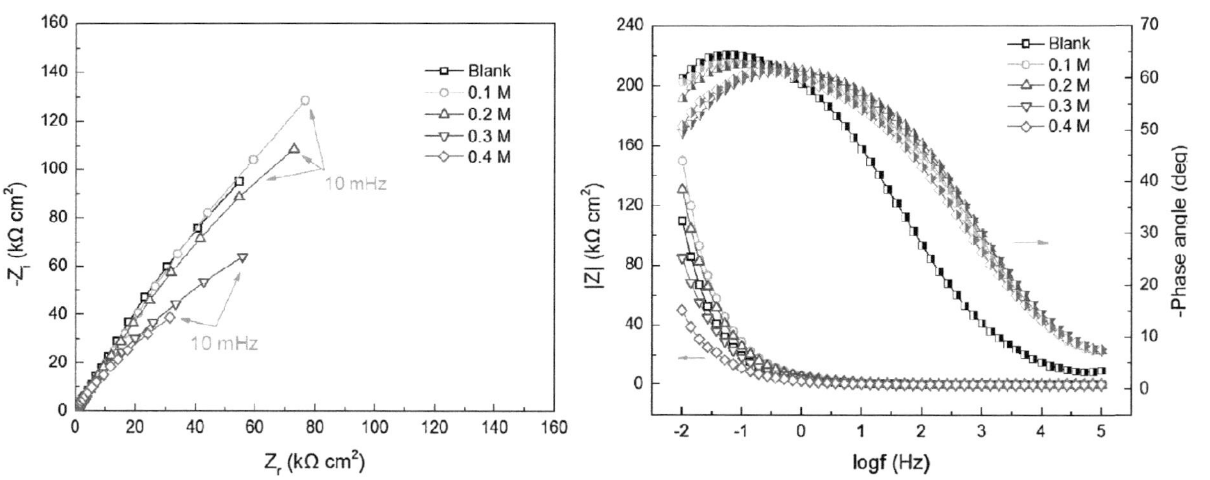

Abb. 14: Nyquist- und Bodeplot von verzinktem Stahl in gesättigter $Ca(OH)_2$ Lösung mit und ohne Chloriden aus [59]

Fig. 14: Nyquist and Bode plot of galvanized steel in saturated $Ca(OH)_2$ solution with and without chlorides from [59]

Zheng et al. [59] haben in Abb. 15 die gefitteten Widerstände für R_D mit R_{ct} bezeichnet und R_d R_f genannt. Diese sind in

Tabelle 4 als R_p zusammengefasst dargestellt. Das Probenalter vor der Chloridzugabe ist mit 20 d angegeben. Um eine ausreichende Deckschicht zu generieren, wurde die Lösung zu Beginn der Untersuchungen über die Dauer von 20 Min mit O_2 gespült. Die zur Ermittlung der Widerstände verwendeten Ersatzschaltbilder sind in Abb. 15 dargestellt. Hier wird eine Warburgimpedanz im Bereich der Durchtrittsreaktion eingebunden, die ein diffusionskontrolliertes System widerspiegelt. Auch hier wurden der LPR bestimmt, ebenfalls mit einem Polarisationsbereich von -10 mV bis + 10 mV um das

E_{corr} und einer Polarisationsgeschwindigkeit von 0,167 mV/s, beginnend bei -10 mV vs. E_{corr}. Angaben zu einer Kompensation über den Spannungsabfall des Elektrolytwiderstandes wurden nicht gemacht.

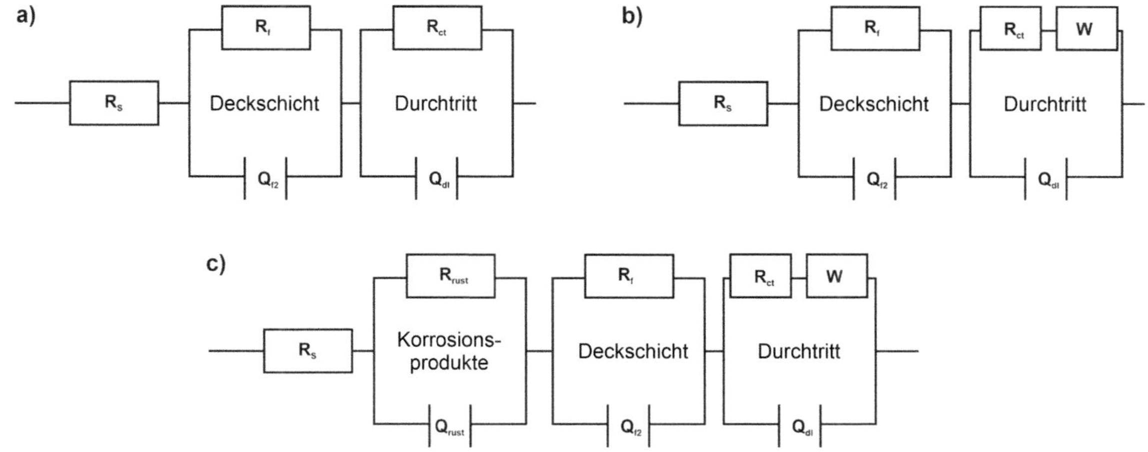

Abb. 15: Ersatzschaltbilder für EIS-Fitting nach [59]

Fig. 15: Equivalent circuit diagrams for EIS fitting according to [59]

Tabelle 4: Einfluss der Chloridzugabe auf den Polarisationswiderstand gem. [59], R_p ist die Σ aus R_d und R_D, Werte für den Phasenwinkel und $R_{p\text{-}LPR}$ aus grafischen Darstellungen entnommen

Table 4: Influence of chloride addition on the polarization resistance according to [59], R_p is the Σ from R_d and R_D, values for the phase angle and $R_{p\text{-}LPR}$ taken from graphical representations

Probenbezeichnung	R_d in $k\Omega \cdot cm^2$	R_D in $k\Omega \cdot cm^2$	R_p in $k\Omega \cdot cm^2$	$\varphi_{0,1Hz°}$	$R_{p\text{-}LPR}$ in $k\Omega \cdot cm^2$
Blank	603,9	8,095	611,995	≈65	≈200
0,1M	1238	3,703	1241,703	≈62	≈300
0,2M	823,3	1,914	825,214	≈60	≈200
0,3M	243,2	0,861	244,061	≈55	≈120
0,4M	196,5	0,464	196,964	≈57	≈75

Die in Tabelle 4 erkennbare Diskrepanz zwischen R_p aus LPR und gefittet aus dem Impedanzspektrum beschreibt der Autor nicht weiter. Die Depassivierung bzw. die Abnahme des R_p mit Zunahme an Chloriden beschreibt er über das „point defect model", das Macdonald et al. in [60] veröffentlicht hat. Cheng et al. haben dieses Model in [61] ebenfalls betrachtet und die Zunahme der Donatordichte, also Fremdatome in der Deckschicht ähnlich wie bei Halbleitern angesetzt, um metastabile Lochkorrosion an passiven Systemen zu beschreiben. Die Autoren haben dieses Model unter der Annahme adaptiert, dass es sich um ein passives System handelt, an dem die Passivschicht lokal abgebaut wird und somit eine Depassivierung einsetzt. Allerdings erklärt das Model nicht die Zunahme des Polarisations-widerstandes mit geringen Chloridgehalten, bei denen eine geringfügige Zunahme der Donatordichte anzunehmen wäre.

Der Polarisationswiderstand wurde durch Zheng et al. in [62] auch für Proben in Mörtel beschrieben. In dieser Untersuchung ging es primär um den Einfluss von Nanosilica auf die Passivierung (Deckschichtausbildung) bei Verwendung von CEM I Portlandzement. Die Referenzserie wurde mit einem CEM I Portlandzement hergestellt, der die in Tabelle 5 aufgeführte Zusammensetzung hat, der Wasser/Zement-Wert für die Mörtelherstellung betrug 0,6. Als Deckschicht wurde ausschließlich CHZ ermittelt.

Tabelle 5: Zementzusammensetzung nach DIN EN 196-2 aus [62]

Table 5: Cement composition according to DIN EN 196-2 from [62]

Zementzusammensetzung in M. %									
MgO	Al_2O_3	SiO_2	CaO	TiO_2	Fe_2O_3	SO_3	MnO	K_2O	LOI*
1,47	3,77	19,37	63,85	0,26	3,08	5,38	0,06	0,69	2,14

*der Glühverlust wurde nach EN 196-2 [63] ermittelt

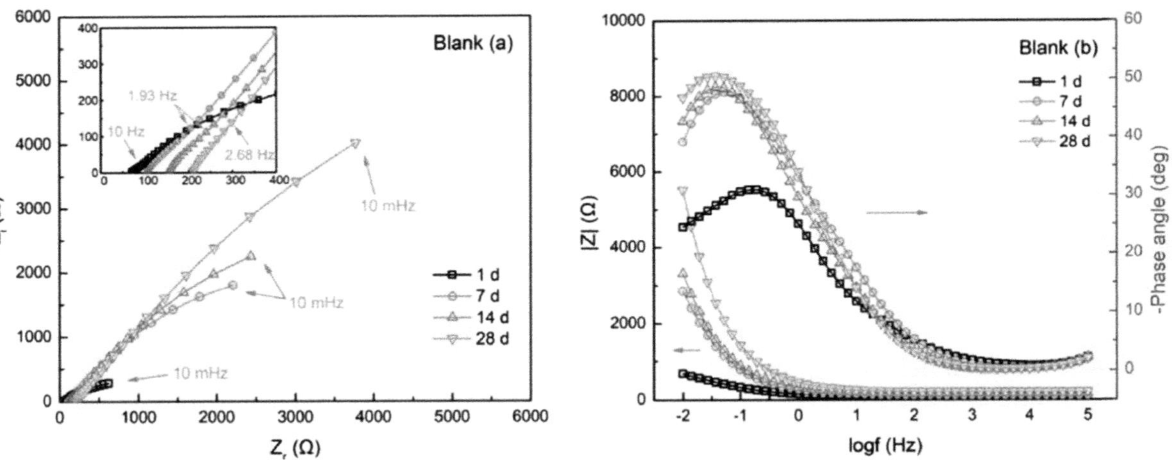

Abb. 16: Nyquist- und Bodeplot von verzinktem Stahl in Mörtel mit wiederkehrenden Untersuchungen bis zu einem Probenalter von 28 Tagen aus [62]

Fig. 16: Nyquist and Bode plot of galvanized steel in mortar with recurring tests up to a sample age of 28 days from [62]

Der aus den EIS-Messungen bestimmte Polarisationswiderstand wurde mit dem in Abb. 17 dargestellten Ersatzschaltbild gefittet, das in verschiedenen Veröffentlichungen für das Fitten der Mörtel-Betonstahl Phasengrenze genutzt wird und in der angewandten Impedanzspektroskopie für die Untersuchung von Beschichtungen als „Porenmodel" bekannt ist. Es wird vielfach für die Bestimmung des Polarisationswiderstandes bei Deckschichten mit Diffusionseinfluss genutzt [13, 64, 65]. In Tabelle 6 sind die Polarisationswiderstände und die Phasenwinkel aus den EIS-Messungen aufgeführt, sowie der LPR. Messbedingungen zur Ermittlung des LPR wie zuvor, eine Kompensation des Spannungs-abfalls über den Elektrolytwiderstand ist erfolgt, jedoch ohne genauere Angaben. Weiterhin gibt der Autor an, dass der R_p nur aus dem anodischen Ast der Polarisationskurve ermittelt wurde, unter Verwendung der Stern-Geary Gleichung. Somit wurde hier nur der anodische Polarisationswiderstand ermittelt, ohne Angabe ob im Linearitätsbereich oder nicht.

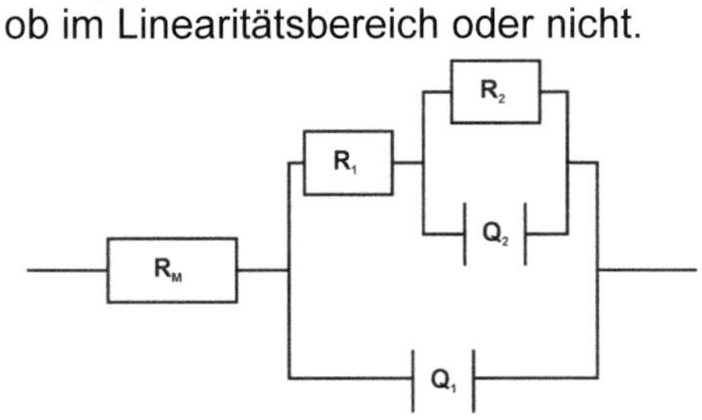

Abb. 17: Ersatzschaltbilder für EIS-Fitting nach [62]

Fig. 17: Equivalent circuit diagrams for EIS fitting according to [62]

Tabelle 6: Entwicklung des Polarisationswiderstandes zwischen 1 und 28 Tagen nach [62], Werte für den Phasenwinkel und $R_{p\text{-}LPR}$ aus grafischen Darstellungen entnommen

Table 6: Development of the polarization resistance between 1 and 28 days according to [62], values for the phase angle and $R_{p\text{-}LPR}$ taken from graphical representations

Probenbezeichnung	R_p in $k\Omega \cdot cm^2$	$\varphi_{0,1Hz}$ °	$R_{p\text{-}LPR}$ in $k\Omega \cdot cm^2$
1 d	21,18	≈30	≈28
7 d	110,34	≈47	≈75
14 d	159,99	≈48	≈95
28 d	421,78	≈50	≈200

Bei Mörtelproben ist neben der Zusammensetzung auch die Lagerungsbedingung maßgebend für die sich einstellende Korrosionsrate. Ramirez et al. haben in [45] Ergebnisse aus [66] von González und Andrade zusammenfassend in Abb. 18 dargestellt und mit eigenen Ergebnissen verglichen. Die Ergebnisse von González und Andrade beinhalten die Auswertung der Korrosionsraten, ermittelt an Proben nach einem Jahr der Auslagerung in zwei verschiedenen Klimaten (50 % r.F. und 100 % r.F.) und partiell getauchten Proben (PI). Die Korrosionsraten wurden anhand von Stromdichte-Potential-kurven unter anschließender Verwendung der Tafel-Gleichung bestimmt und dargestellt. Deutlich ist zu erkennen, dass die Feuchte einen signifikanten Einfluss auf die Korrosionsrate hat.

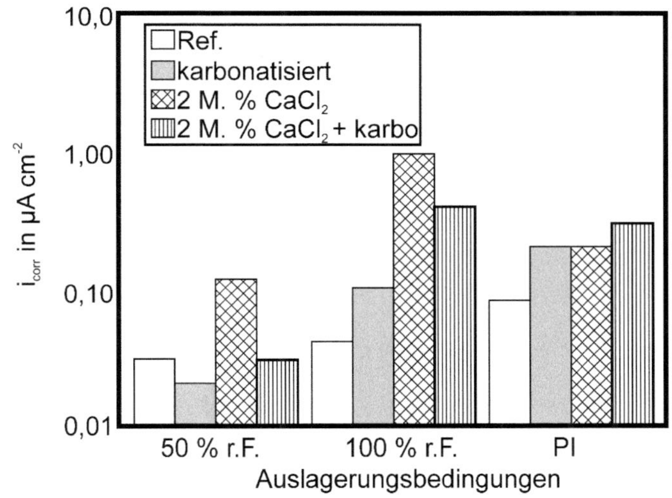

Abb. 18: Feuchteabhängige Korrosionsraten für verzinkten Betonstahl in chloridfreien Referenzproben, chloridhaltigen Proben und karbonatisierten Proben sowie die Kombination aus chloridhaltig und karbonatisiert nach [45]

Fig. 18: Moisture-dependent corrosion rates for galvanized reinforcing steel in chloride-free reference samples, chloride-containing samples and carbonated samples as well as the combination of chloride-containing and carbonated according to [45]

Neben den Korrosionsraten haben González und Andrade auch die B-Werte, wie in Tabelle 7 dargestellt, nach Stern-Geary aus den Tafelsteigungen der Stromdichte-Potentialkurven ermittelt. Bei den verzinkten Serien scheint es signifikante Unterschiede infolge variierender Lagerung zu geben. Die getauchten Proben weisen die kleinsten B-Werte auf. Der Vergleich der Serie Chlorid und karbonatisiert bei 100 % r.F. und PI haben vergleichbare Korrosionsstromdichten, aber Unterschiede beim B-Wert um den Faktor zwei. Bei der Berechnung des Polarisationswiderstandes nach (24) muss hier ebenfalls ein halb so großer R_p bei der Serie RI herauskommen.

Tabelle 7: B-Werte in Abhängigkeit des Feuchteangebotes, Karbonatisierung und Chloridzugabe nach [66]

Table 7: B-values as a function of moisture supply, carbonation and chloride addition according to [66]

Betonstahl	Karbonatisiert	$CaCl_2$ in M. %	Auslagerungsbedingungen	B-Wert in mV
verzinkt	nein	0	50 % relative Luftfeuchte	43
	nein	2		62
	ja	0		51
	ja	2		49
verzinkt	nein	0	100 % relative Luftfeuchte	38
	nein	2		49
	ja	0		61
	ja	2		38
unverzinkt	nein	0	100 % relative Luftfeuchte	65
	nein	2		130
	ja	0		22
	ja	2		16
verzinkt	nein	0	Partiell getaucht	24
	nein	2		32
	ja	0		13
	ja	2		18

González und Andrade diskutieren die unterschiedlich hohen Korrosionsraten bei 100 % r.F. und PI nicht. Leider wurde die hygroskopische Wirkung des Chlorids nicht betrachtet, da keine Masseänderung der Proben dokumentiert wurde. Dies kann aber einen signifikanten Einfluss auf die Feuchteverteilung in den Probekörpern haben. Die Feuchteabgabe wurde von Taher et al. in [67] an wassergesättigten Kalksandsteinproben untersucht, die 0 und 2 M. % $CaCl_2$ enthalten und bei 70 % r.F. ± 5 % gelagert wurden. Die hygroskopische Wirkung bzw. Behinderung des Wassertransports durch Chloride konnte durch einen signifikant geringeren Masseverlust über die Zeit belegt werden.

2.3.4 Deckschichten an Zink in alkalischen Medien

Die Deckschichtbildung an feuerverzinktem Stahl in Beton, wie auch an unverzinktem Stahl in Beton, bedarf einer vorgelagerten Korrosionsreaktion. Die sich in wässrigen Medien ausbildende Deckschicht ist abhängig vom pH-Wert und der in der Lösung befindlichen Ionen. Bode et al. hat in [33] die Berechnung von $Zn/Zn(OH)_2$ Bezugselektroden zweiter Art angeführt. Ähnlich wie Feitknecht et al., dessen Arbeit in [30] teilweise dokumentiert ist, ist die Initialdeckschicht auf Zinkhydroxid zurückzuführen. Die durch Kaesche [28] beschriebene Komplexbildung in hochalkalischen Medien ist in [68] als Ausgangsstufe für die Bildung von CHZ beschrieben. Darauf basierend erfolgt die Bildung von dem in [27, 46, 47, 52, 62, 64, 69-74] als Deckschicht auf Zink in calciumhaltigen alkalischen Lösungen vorgefundenen Calciumhydroxozinkat (CHZ) nach der Reaktionsgleichung aus Formel (34) oder nach (35).

$$2Zn(OH)_4^{2-} + Ca^{2+} + 2H_2O \rightarrow Ca(Zn(OH)_3)_2 \cdot 2H_2O + 2OH^- \quad (34)$$

$$2Zn(OH)_2 + Ca(OH)_2 + 2H_2O \rightarrow Ca(Zn(OH)_3)_2 \cdot 2H_2O \quad (35)$$

In Tabelle 8 sind die in alkalischen oder karbonatisierten Mörteln oder alkalischen Lösungen vorgefundenen Korrosionsprodukte bzw. Deckschichtzusammensetzungen aufgeführt, ebenfalls bei Einwirken von Chlorid.

Tabelle 8: In alkalischen Lösungen, Mörteln und karbonatisierten Mörteln gebildete Zinkkorrosionsprodukte

Table 8: Zinc corrosion products formed in alkaline solutions, mortars and carbonated mortars

Korrosionsprodukt	Formel	Volumenzunahme vs. Zn	Quelle
Calcium-Hydroxozinkat CHZ	$Ca(Zn(OH)_3)_2 \cdot 2H_2O$	/	[27, 46, 47, 52, 62, 64, 69-75]
Zinkoxid (Zinkit)	ZnO	0,5	[27, 46, 75, 76]
Zinkhydroxychlorid (Simonkolleit)	$Zn_5(OH)_8Cl_2 \cdot H_2O$	2,5	[27, 52, 59, 75, 76]
Zinkhydroxid (Wülfingit)	$\varepsilon - Zn(OH)_2$	/	[27, 46, 75]
Hydrozinkit	$Zn_5(CO)_3(OH)_6$	/	[75, 76]
Hydrozinkit hydratisiert	$Zn_4(CO)_3(OH)_6 \cdot H_2O$	/	[76]
Zinkkarbonat	$ZnCO_3$	/	[75]

Röntgendiffraktometrische Untersuchungen, die an Korrosionsprodukten von in Beton eingebetteten Betonstählen erfolgten, wurden ausschließlich an abgeschabten, aufgemahlenen Korrosionsprodukten durchgeführt oder aber an aufgemahlenem Zementstein bzw. Mörtel aus dem Phasengrenzbereich.

Sofern Chloride in ausreichender Konzentration vorhanden sind, bilden sich partiell Deckschichten, die im Wesentlichen aus Simonkolleit bestehen. Zehng schreibt in [59], dass an aktiv korrodierenden Proben, die nach seiner Interpretation Lochkorrosion aufweisen, die Deckschicht überwiegend aus $Zn_5(OH)_8Cl_2 \cdot H_2O$ besteht. Belaid hat in [27] dokumentiert, dass er mit variierender Zinkschichtdicke entweder nur ZnO und $Zn_5(OH)_8Cl_2 \cdot H_2O$ vorgefunden hat oder bei Proben mit einer Zinkschichtdicke > 100 µm zusätzlich ε-$Zn(OH)_2$. Im Fall von chloridhaltigem, karbonatisierten Mörtel hat Roventi et al. in [75] $ZnCO_3$ und $Zn_5(OH)_8Cl_2 \cdot H_2O$ vorgefunden, Calciumhydroxozinkat ist nicht mehr nachweisbar.

Ähnlich wie von Fulton und Swinehart wurde von Ziegler und Johnson [77] die Löslichkeit von Calciumhydroxozinkat (CHZ) bei variierenden Calciumgehalten und pH-Werten untersucht. In Abb. 19 ist die Zn-Gesamtlöslichkeit in Abhängigkeit vom pH-Wert dargestellt. Der Calciumanteil wird über eine Zugabe von C-S-H(I)-Lösung nach [78] eingestellt. Hier wird deutlich, dass in Betonporenlösung, bei pH-Werten größer 12,3, die gebildete CHZ-Deckschicht deutlich stabiler ist als die Zinkhydroxid-Schicht. Bei den Untersuchungen wurde ebenfalls festgestellt, dass es eine Phasenbildung zwischen CSH und Zn gibt. Der in Grau dargestellte Bereich spiegelt den pH-Wertbereich von alkalischer Betonporenlösung ohne Einfluss von Karbonatisierung wider, die gestrichelte Linie den pH-Wert der Versuchslösung C-S-H(I). Sollte der Beton karbonatisieren, wird sich unterhalb von einem pH-Wert von 11,7 keine thermodynamisch stabile CHZ-Schicht ausbilden, da unterhalb dieses pH-Wertes für die Bildung von Zinkhydroxid eine geringere Zinkionenkonzentration in der Lösung benötigt wird als für die Bildung von CHZ-Schichten. Erst oberhalb des pH-Wertes von 11,7 wird für die Bildung von Zinkhydroxid mehr gelöstes Zn benötigt als für die Bildung von CHZ, somit bildet sich vornehmlich CHZ. Dies ist auch der Grund, warum Roventi et al. in [75] bei karbonatisierten Proben keine CHZ-Schicht mehr vorfinden konnten. Die vorhandene Zinkhydroxidschicht wurde bei Zutritt von CO_2 im Phasengrenzbereich karbonatisiert und es wurden Zinkkarbonatschichten, wie sie in Tabelle 8 aufgeführt sind, gebildet.

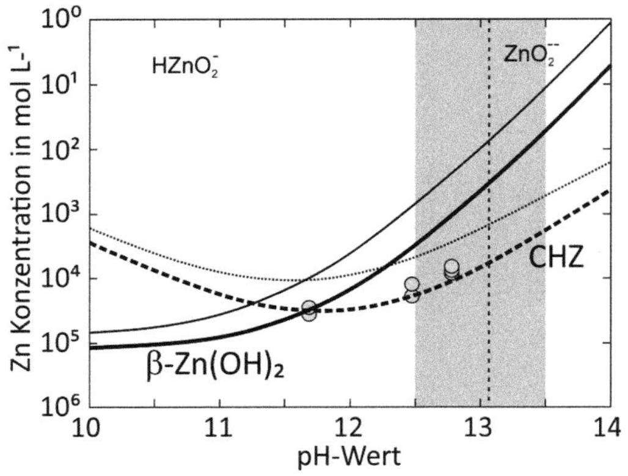

Abb. 19: Graue Kreise: Gelöste Zn-Konzentration bei Gleichgewichtsbedingung in der Versuchslösung mit Zn und C-S-H(I) in Abhängigkeit vom pH-Wert, dicke Linien berechnetes Gleichgewicht für Versuchsbedingungen, dünne Linien errechnetes Gleichgewicht für Porenwasser, in Anlehnung an [77, 78] grauer Bereich, pH-Wert-Bereich für Mörtel-Betonporenwasser / gestrichelte Linie pH-Wert 13,14 der CSH(I)-Lösung

Fig. 19: Gray circles: Dissolved Zn concentration at equilibrium condition in the test solution with Zn and C-S-H(I) as a function of pH-value, thick lines calculated equilibrium for test conditions, thin lines calculated equilibrium for pore water, based on [77, 78] gray area, pH-value range for mortar-concrete pore water / dashed line pH value 13.14 of CSH(I) solution

Wird Zink in Beton, Mörtel oder Zementstein eingebettet, hat die Erstarrung des Zementsteins einen Einfluss auf die Diffusion und somit auf die Konzentration von gelöstem Zink im Phasengrenzbereich Zink-Zementstein bzw. -Mörtel oder -Beton. Dass die Diffusion einen Einfluss auf die Deckschichtbildung und einen daraus resultierenden Potentialanstieg hat, wurde bereits von Ebell et al. in [36] festgestellt. Untersuchungen mit variierendem W/Z-Wert haben eine längere Potentialverweilzeit in Bereichen der Wasserstoffentwicklung mit zunehmendem W/Z-Wert ergeben.

2.3.5 Wechselwirkung zwischen Zinkdeckschichtbildung und Erstarrungsprozess in der Frischbetonphase

Neben dem W/Z-Wert, der einen signifikanten Einfluss auf die Porosität des erhärteten zementbasierten Elektrolyten hat, ist der Erstarrungsprozess des Zementsteins auf Basis der Hydratphasenbildung ebenfalls maßgebend für die Änderung des Diffusionswiderstandes. Die Zugabe von ZnO hat in Abhängigkeit der Zugabemenge einen Einfluss auf den Erstarrungsbeginn. Im Jahr 1965 hat Lieber bereits in [79] über die verzögernde Wirkung von Zinkoxid auf den Erstarrungsprozess berichtet. In der in Anlehnung an [79] erstellten Abb. 20 ist der Erstarrungsbeginn in Abhängigkeit von der Zugabemenge an ZnO dargestellt. Bereits bei 0,3 M. % erfolgt der Erstarrungsbeginn frühestens nach 20 h und spätestens nach 60 h, was einen signifikanten Einfluss auf den Diffusionswiderstand im Phasengrenzbereich Zink-Beton hat, und die Deckschichtbildung verzögert wird.

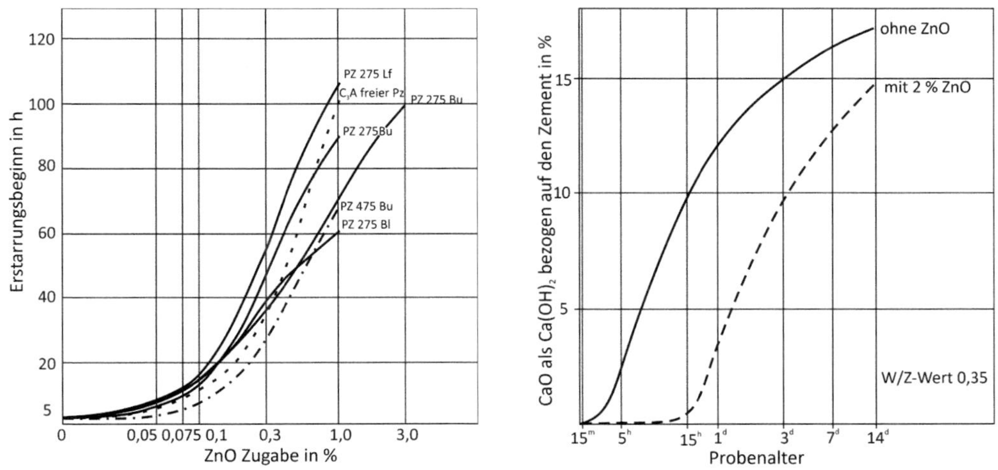

Abb. 20: Links, Erstarrungsbeginn in Abhängigkeit von variierenden ZnO-Gehalten nach Lieber [79] und rechts verzögerte Bildung von $Ca(OH)_2$ durch ZnO-Zugabe

Fig. 20: Left, the onset of solidification as a function of varying ZnO contents according to Lieber [79] and right, delayed formation of $Ca(OH)_2$ due to ZnO addition

Neben der Wirkung als Verzögerer bilden sich nach Lieber Hydratphasen aus, die Zink einbinden. Lieber hat hierbei in [80] eine Festigkeitssteigerung der mit Zn versetzten Zemente festgestellt. Begründet wird dies mit der Ausbildung überwiegend langfaseriger Hydratationsprodukte. In [81] wird beschrieben, dass die Verzögerung auf einer Wechselwirkung mit Alit (C_3S) basiert. Vorerst wird die Hydratation von Alit blockiert, die Dauer der Verzögerung ist abhängig von der Menge beider Reaktionspartner, hier Calciumhydroxozinkat und Alit, sowie der Mahlfeinheit als reaktiver Oberfläche. Die Bildung des Calciumhydroxids wird ebenfalls durch die Zugabe von ZnO beeinflusst, in Abb. 20 rechts ist eine schematische Darstellung nach [79] gegeben. Die Bildung von Calciumhydroxozinkat kann somit bei hohen ZnO-Konzentrationen signifikant verzögert eintreten.

Šiler et al. haben den Einfluss von Zink durch Zugabe von ZnO und $ZnCl_2$ auf das Erstarrungsverhalten untersucht. Die Ermittlung des Hydratationswärmeverlaufes mittels kalorimetrischer Messungen, also die Bestimmung des Wärmeflusses, ist dabei der Hauptbestandteil der in [82] durchgeführten Untersuchungen, siehe Abb. 21. Wie auch bei Lieber und Kordina [81] konnte bei der Zugabe von ZnO durch Šiler ein verzögerter Abbindebeginn im Vergleich zur Referenz (CEM I 42,5 R) festgestellt werden. Die Angaben zur Zugabe von $ZnCl_2$ oder ZnO beziehen sich immer auf M. % Zn durch Zugabe der jeweiligen Menge ZnO oder $ZnCl_2$. Die Zugabe von 0,05 und 0,1 % M. Zn ergibt nahezu identische Ergebnisse. Eine beschleunigende Wirkung durch Cl^- ist bei diesen Zugabemengen nicht ersichtlich, jedoch die verzögernde Wirkung des Zn.

Bei dem Vergleich der Zugabe von 0,5 % Zn in Form von ZnO und 0,5 % Zn in Form von $ZnCl_2$ fällt auf, dass eine erstarrungsbeschleunigende Wirkung des Cl^- dominiert. Gemäß Šiler konnte aus messtechnischen Gründen kein belastbares Ergebnis für die Zugabe von 1 % Zn in Form von $ZnCl_2$ ermittelt werden.

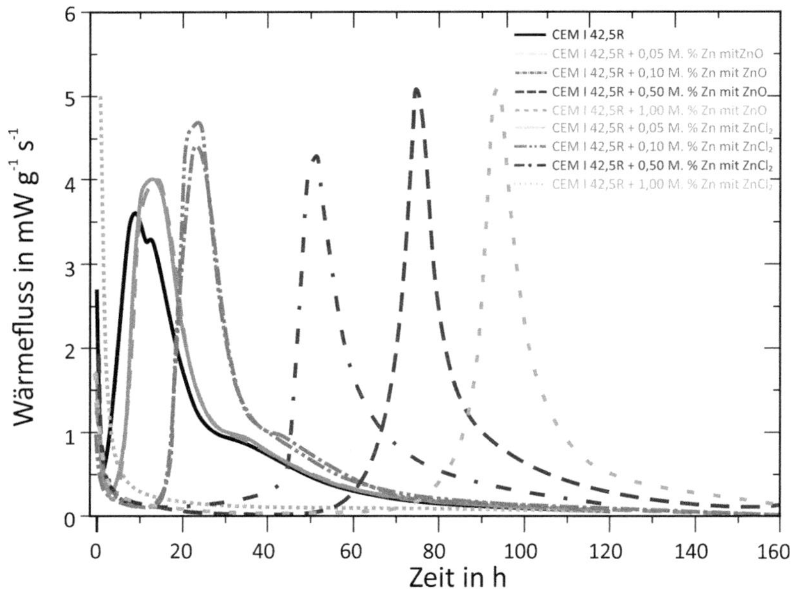

Abb. 21: Beeinflussung des Erstarrungsbeginns durch Zugabe von ZnO bzw. $ZnCl_2$ nach [82]

Fig. 21: Influencing the onset of solidification by adding ZnO or $ZnCl_2$ according to [82]

2.3.6 Einfluss der Chloridzugabe auf den Erstarrungsprozess und die Porosität

Die Bildung friedelscher bzw. kuzelscher Salze ist bekannt und wurde vielfach untersucht [83-89] und wirkt entgegen der verzögernden Wirkung von Zn, kann diese aber nicht beeinflussen, da Alit nicht an der Ausbildung friedelscher Salze beteiligt ist. Hier kommt eine Afm-Phase zum Tragen, genauer gesagt Monosulfat.

Dabei erfolgt nach [86] die Bildung friedelschen Salzes bei direkter Zugabe von $NaCl$ nach Formel (37). Wenn chloridhaltige Wässer in Kontakt mit ausgehärtetem Zementstein kommen und Chloride in die Zementsteinmatrix penetrieren, erfolgt die Bildung friedelschen Salzes nach Formel (38). In beiden Formeln wird die Kurzschreibweise für Calciumaluminat nach (36) verwendet.

Calciumaluminat $3CaO \cdot Al_2O_3$ Kurzschreibweise ist C_3A (36)

$$C_3A + 2NaCl + Ca(OH)_2 + 10H_2O \rightarrow C_3A \cdot CaCl_2 \cdot 10H_2O + 2Na^+ + 2(OH)^- \tag{37}$$

$$C_3A + CaSO_4 + 12H_2O + 2NaCl \rightarrow C_3A \cdot CaCl_2 \cdot 10H_2O + 2Na^+ + SO_4^{2-} + 2H_20 \tag{38}$$

Friedelsches Salz ist wie auch in [90] beschrieben ein sogenanntes geschichtetes Doppelhydroxid, das in Zusammenhang mit den Afm-Phasen wie in den Formeln (37) und (38) oder aber auch wie in [91] gem. Formel (39) beschrieben wird. Dabei sind die zuvor aufgeführten Formeln Reaktionsprodukte aus friedelschem Salz und Afm-Phasen unter Bildung von Wasser. Aus der Bildung friedelscher Salze ergibt sich eine Reduktion von OH^--Ionen.

$$Ca_2Al(OH)_6Cl \cdot 2H_2O \tag{39}$$

Nach [86] wird durch die Chloridzugabemenge auch die Bildung von Ettringit beeinflusst. Bei Zugabe von Chlorid in das Zugabewasser ist die Bildung von Monosulfat-Phasen, abhängig vom Cl^--Gehalt, nicht zwangsläufig gegeben, da der freie SO_4-Gehalt steigt. Die Bildung von friedelschem Salz nach Formel (37) hat unter Betrachtung der Formel (38) zwangsläufig einen Anstieg des freien SO_4-Gehalts in der Betonporenlösung während der Hydratation zur Folge. Ebenso eine Reduktion von C_3A, das aber auch für die Bildung von Ettringit benötigt wird. Eine Wechselwirkung zwischen erhöhter und reduzierter Ettringitbildung muss somit vom Chlorid- und C_3A-Gehalt des Zementes abhängig sein.

In [84] wird der Einfluss der Bildung friedelscher Salze auf die Hydratationswärme, ebenfalls mittels kalorimetrischer Untersuchungen, dargestellt. Die dokumentierte Zementzusammensetzung deutet auf die Verwendung eines CEM I bzw. CEM II hin. In Abb. 22 ist der höhere spezifische Wärmefluss dargestellt, der auf einen Hydratationswärmeanstieg nach Zugabe von 1 M. % NaCl schließen lässt. Neben dem deutlich höheren Peak ist der Anstieg der Hydratationswärme steiler, somit erfolgt die Hydratphasenbildung beschleunigt.

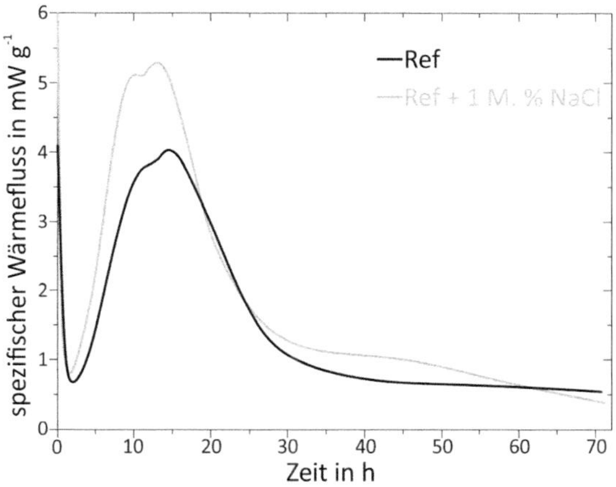

Abb. 22: Spezifischer Wärmefluss vergleichend mit und ohne Zugabe von Chlorid im Zugabewasser nach [84]

Fig. 22: Specific heat flow comparing with and without the addition of chloride into the added water according to [84]

In [92] haben Lago et al. Zugabewasser mit verschieden hohen Chloridzugabemengen hergestellt, dabei wurden 5, 10, 15 und 20 % NaCl hinzugegeben. Bei einem W/Z-Wert von 0,46 unter Verwendung eines Portlandzementes wurde der Hydratationswärmeverlauf bei verschiedenen Chloridzugabemengen über eine Kalorimetermessung dokumentiert. In Abb. 20 ist deutlich zu erkennen, dass bis zu einer Zugabe von 10 % eine erstarrungsbeschleunigende Wirkung nachgewiesen werden kann. Bei einer Zugabe von 15 % ist keine weitere beschleunigende Wirkung des Chlorids mehr nachweisbar, bei 20 % Chloridzugabe ist die Erstarrung gegenüber der Referenz sogar verzögert.

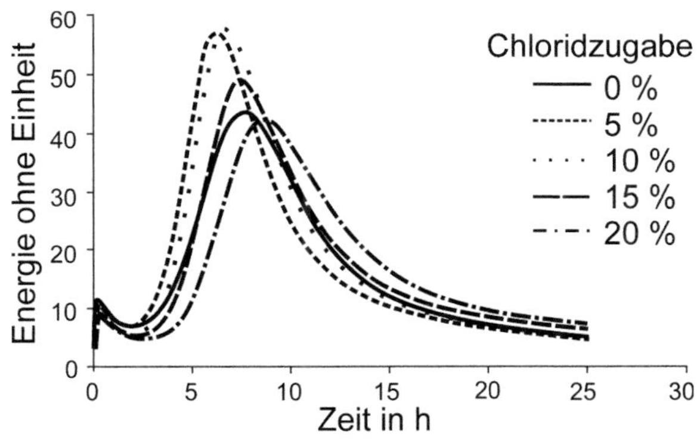

Abb. 23: Normalisierte nicht-konventionelle Differenzialthermoanalysekurven über den Zeitraum von 25 h der Hydratation bei Zugabe verschiedener Chloridgehalte nach [92]

Fig. 23: Normalized non-conventional differential thermal analysis curves over the period of 25 h of hydration with the addition of different chloride contents according to [92]

Locher et al. hat 1976 eine grafische Darstellung der verschiedenen Hydratphasen und deren zeitlichen Hydratationsablauf erstellt. Wie Abb. 24 zu entnehmen ist, hat die zunehmende Bildung von Hydratationsprodukten eine Reduktion der Gesamtporosität des Zementsteins zur Folge.

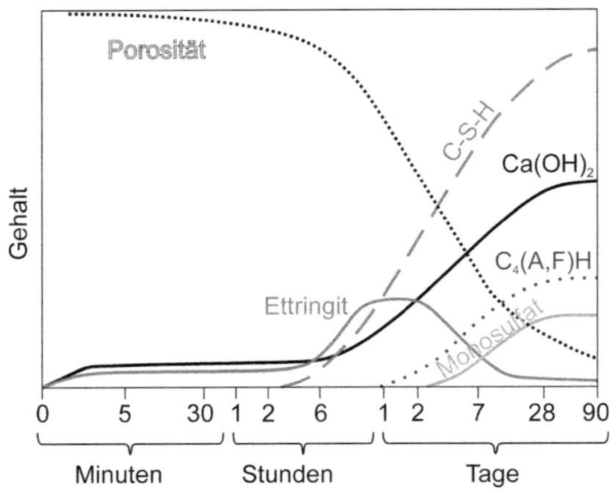

Abb. 24: Hydratphasenbildung nach Locher et al. [93]

Fig. 24: Hydrate-phase formation according to Locher et al. [93]

Darauf aufbauend haben Li et al. in [94] die Bildung der Hydratphasen bei Zugabe von Frischwasser und bei der Zugabe von chloridhaltigem Meerwasser untersucht. In Abb. 25 ist deutlich die beschleunigte C-S-H-Phasenbildung (schwarze Linie) bei Zugabe von Meerwasser zu erkennen. Diese setzt ab Beginn der Messung ein, der Anstieg erfolgt ca. 0,5 h vor dem bei der Frischwasserzugabe. Die Bildung von friedelschem Salz erfolgt nach ca. 20 h.

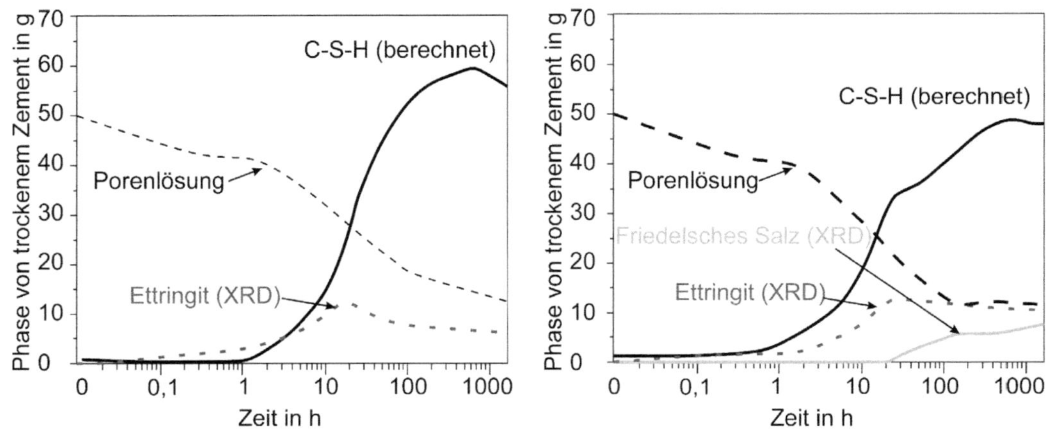

Abb. 25: Hydratphasenbildung über die Zeit, links ohne Chlorid, rechts mit Meerwasser als Zugabewasser (nach [94])

Fig. 25: Hydrate phase formation over time, left without chloride, right with seawater as added water (according to [94])

Untersuchungen von Shi et al. haben sich in [95] mit der Wechselwirkung von Meerwasser als Zugabewasser für die Herstellung von Beton und daraus resultierende Änderung der Porosität auseinandergesetzt. Hier wird unter anderem die Wechselwirkung von Chlorid und Porosität des Zementsteins über die Zeit beschrieben. In Abb. 26 ist das inkrementelle Porenvolumen für Betonproben mit und ohne Chlorid im Alter von 28 Tagen dargestellt. Der Feinporenanteil < 10 nm nimmt zu, im Bereich zwischen 1 und 10 µm ist der Porenanteil der chloridhaltigen Probe geringer.

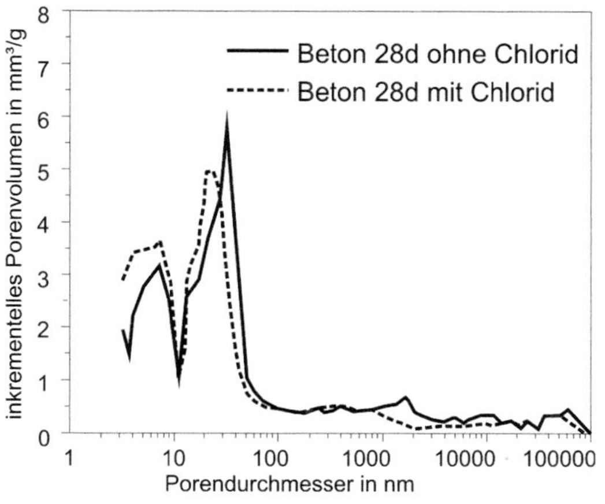

Abb. 26: Inkrementelles Porenvolumen zweier Betonproben im Alter von 28 d, mit und ohne Chloridanteil im Zugabewasser nach [95]

Fig. 26: Incremental pore volume of two concrete samples at the age of 28 d, with and without chloride content in the added water according to [95]

2.4 Zusammenfassung der Grundlagen

Die thermodynamische Betrachtung von Zink in wässrigen Lösungen ist tatsächlich nur in Bereichen zulässig, in denen die gebildeten Deckschichten nicht beständig sind, also bei pH-Werten < 3 und > 13,5. Zwischen diesen beiden pH-Wertgrenzen gibt es keine thermodynamische Betrachtung von Zink in wässrigen Lösungen, sondern nur eine Betrachtung der Lösungsaffinität bzw. Beständigkeit der sich bildenden Deckschicht im jeweiligen Elektrolyten. Die amphotere Eigenschaft des Zinks beschreibt somit die Wechselwirkung der gebildeten Zinkkorrosionsprodukte, also der gebildeten Deckschichten mit dem Elektrolyten. Für die Deckschichtbildung von Zink in wässrigen Medien ist neben dem pH-Wert und dem daraus resultierenden Lösungsgleichgewicht für die jeweilige Deckschichtvariante auch der Chloridgehalt maßgebend. Die Lösungsgleichgewichte stellen sich unter anderem in Abhängigkeit der Zinkionen-, Zinkoxid- und/oder Zinkhydroxidkonzentration im Phasengrenzbereich Zink Elektrolyt ein. Hierbei spielt auch der Diffusionswiderstand des Elektrolyten gegenüber den Zinkkorrosionsprodukten eine Rolle. Daraus ist abzuleiten, dass sich in einem Feststoffelektrolyten aufgrund des höheren Diffusionswiderstandes schneller ein Konzentrationsgleichgewicht einstellt als in einem Bulkelektrolyten (wässriges Medium mit ausreichend großem Volumen), in dem die Zinkionen nahezu ungehindert von der Phasengrenze abdiffundieren können.

Sowohl Chloride als auch Zinkionen führen zu einer Wechselwirkung mit einem zementgebundenen Feststoffelektrolyten wie Beton oder Mörtel. Die Zugabe von Chloriden führt zu einer Erstarrungsbeschleunigung, was aus den Darstellungen in Abschnitt 2.3.6 hervorgeht. Die Zugabe von Zinkionen führt hingegen zu einer Erstarrungsverzögerung, wie in Abschnitt 0 dargestellt. Die bei Erstkontakt mit dem Elektrolyten auftretende signifikante Korrosionsreaktion, hat in Beton oder Mörtel eine erhöhte Zinkionenkonzentration zur Folge. Diese stellt sich in der Phasengrenze verzinkter Stahl-Mörtel ein und beeinflusst nicht nur die Deckschichtbildung, sondern auch die Erstarrung des Zementes im Phasengrenzbereich. Daraus resultierend auch den anfänglichen Diffusionswiderstand des jungen Mörtels oder Betons im Phasengrenzbereich.

Elektrochemische Messungen können wie in Abschnitt 2.3.2 und 2.3.3 einen Aufschluss über die zeitliche Entwicklung einer Deckschicht geben, in dem der Polarisationswiderstand bestimmt wird. Potentiodynamische Untersuchungen zur Bestimmung von Stromdichte-Potentialkurven und daraus resultierende Bestimmungen der Korrosionsstromdichte und des B-Wertes lassen Rückschlüsse auf die Korrosionsintensität bzw. auf die Art der Hemmung eines Korrosionssystems zu. Sowohl die Hemmung, die Korrosionsintensität als auch der Verlauf der Deckschichtbildung können aus der Bestimmung des LPR abgeleitet werden. Der dabei bestimmte Polarisationswiderstand beinhaltet sowohl die Durchtrittsreaktion in Form des R_D als auch einen mitunter maßgeblichen Diffusionsanteil R_d. Unter Verwendung von EIS-Messungen ist die Interpretation der Messergebnisse nur unter Zuhilfenahme von Ersatzschaltbildern möglich, die wie in Abschnitt 2.3.3 gezeigt überaus komplex sein können. Um diese Systeme fitten zu können bedarf es teilweise sehr niedriger Messfrequenzen (10^{-3} Hz), da ohne den Wendpunkt im Phasenwinkel kein belastbarer Polarisationswiderstand ermittelbar ist. Die Erfassung sehr niedriger Frequenzbereiche kann das Lösungsgleichgewicht maßgeblich beeinflussen, wenn z.B. anodisch gehemmte Korrosionssysteme untersucht werden. EIS-Untersuchungen als eigenständige Methode scheinen hier nicht zielführend. Auffällig ist, dass bei den in Abschnitt 2.3.3 dargestellten EIS-Messungen in Mörtel, ein sich über die Zeit ändernder Phasenwinkel einstellt. Die dabei beobachtete Verkleinerung des Phasenwinkels mit fortlaufender Zeit spiegelt einen zunehmenden Diffusionseinfluss wider, ein Verhalten was in Lösungsversuchen nicht zu beobachten ist.

Untersuchungen in alkalischen Lösungen und eine Interpretation und Übertragung dieser Ergebnisse auf zementgebundene Feststoffelektrolyte sind auf Basis dieser Erkenntnis nicht zielführend.

3 Experimentelles

3.1 Voruntersuchungen

3.1.1 Verhalten atmosphärisch gebildeter Deckschichten auf feuerverzinkten Betonstählen nach Kontakt mit Frischbeton

Auswirkungen von atmosphärisch gebildeten Decksichten an feuerverzinkten Betonstählen auf die Deckschichtbildung in Beton wurden im Rahmen einer Bachelorarbeit untersucht [96]. Dabei lag das Hauptaugenmerk auf einer möglichen Wechselwirkung zwischen bestehenden Deckschichten und Deckschichtbildung in der Frischbetonphase. Dabei wurden feuerverzinkte Betonstähle über eine Dauer von 28 Tagen auf dem Dach der BAM ausgelagert. Gemäß neuester Erkenntnisse aus [97] bildet sich an diesem Standort unter atmosphärischer Auslagerung nach relativ kurzer Zeit eine Deckschicht aus Zinkhydroxokarbonat. Die Untersuchungen in Frischbeton aus [96] haben ergeben, dass diese Deckschichten in alkalischen Medien, wie Beton, nicht beständig sind. Sie werden überwiegend innerhalb der ersten Stunde nach Kontakt mit dem Beton reduziert, was an dem Potentialabfall (blau markierter Bereich) bis hin in die Wasserstoffentwicklung (gelb markierter Bereich) in Abb. 27 zu erkennen ist.

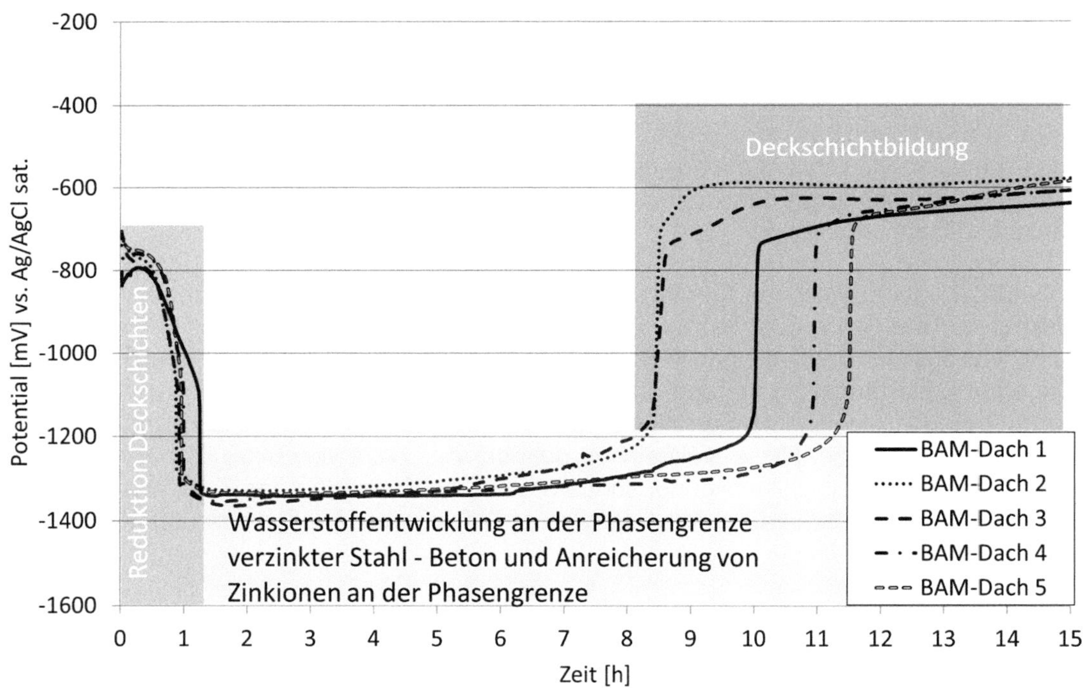

Abb. 27: Potentialverlauf von atmosphärisch ausgelagerten feuerverzinkten Betonstählen in Frischbeton

Fig. 27: Potential curve of atmospherically aged hot-dip galvanized reinforcing bars in fresh concrete

Eine Deckschichtbildung im Bereich der Wasserstoffentwicklung erfolgt nur bedingt, gezielt wird in [28] die Aktivierung von Zink durch kathodische Vorpolarisation bzw. die Dauer des Potentialverlaufes bis zu einem signifikanten Abfall als Maß für die Beständigkeit der zuvor gebildeten Deckschicht beschrieben. Im Nachgang erfolgt eine aktive Zinkauflösung unter Entstehung von Wasserstoff. Die in

Lösung gegangenen Zinkionen bilden Korrosionsprodukte im Phasengrenzbereich und es kommt zu einer Deckschichtbildung, die eine Passivität des Metalls suggeriert. Die Deckschichtbildung wird nicht durch die zuvor vorhandenen Deckschichten beeinflusst. Gemäß Kaesche [28] ist davon auszugehen, dass die Korrosionsbeständigkeit des Zinks in Beton (pH > 12) ausreicht. Es wird vermutet, dass das Metall unter diesen Bedingungen passiviert und sich die Korrosionsrate über die Zeit auf eine unbedenklich kleine Rate reduziert.

In [96] wurden ebenfalls Untersuchungen an Proben durchgeführt, die nach dem Verzinken ausschließlich im Labor gelagert wurden. Die Dauer bis zur Deckschichtbildung und der Potentialverlauf während der Wasserstoffentwicklung sind ähnlich mit der zuvor beschriebenen Serie. Ein Unterschied zwischen den beiden Serien besteht darin, dass bei den Proben, die unter Laborbedingungen gelagert wurden, zu Beginn nur ein geringer Potentialabfall über eine Dauer von einigen Sekunden erfolgt und somit nur geringfügige Deckschichten reduziert werden. Die Wasserstoffentwicklung erfolgt unter diesen Bedingungen ab dem ersten Kontakt zwischen Beton und Zink, siehe Abb. 28.

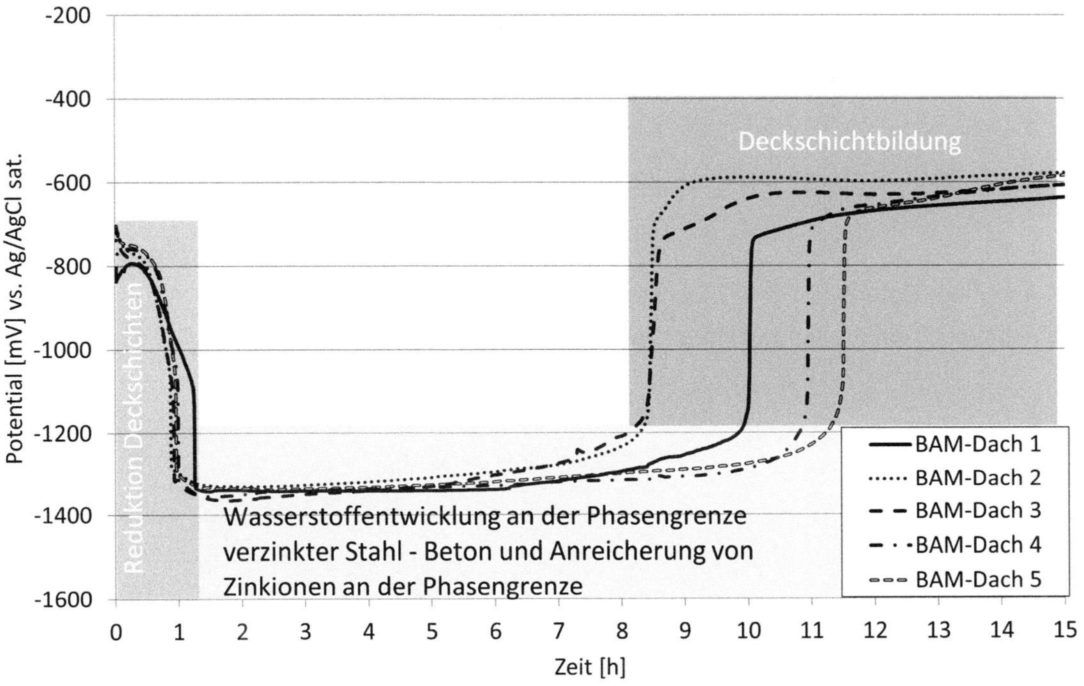

Abb. 28: Potentialverlauf von unter Laborbedingungen gelagerten feuerverzinkten Betonstählen in Frischbeton

Fig. 28: Potential curve of hot-dip galvanized reinforcing steel in fresh concrete stored under laboratory conditions

Signifikante Unterschiede der gemessenen freien Korrosionspotentiale, nach 15 h in Frischbeton, zwischen den beiden Serien konnten nicht festgestellt werden.

3.1.2 Lösungsversuche

Die Lösungsversuche wurden neben weiteren Untersuchungen im Rahmen des AiF-IGF Forschungsvorhabens 499 ZN/1 unter Führung der TU-Kaiserslautern durchgeführt. Nachfolgende Ergebnisse basieren auf Daten aus dem Forschungsprojekt, das über den Forschungsbericht [32] publiziert wurde. Die Lösungsversuche erfolgten in 6 verschiedenen Elektrolytlösungen, dabei wurden drei verschiedenen pH-Werte, mit und ohne Chlorid (3 M) verwendet. Bestehende Deckschichten werden bei einem pH-Wert von 9 ohne die Zugabe von Chlorid nicht reduziert, siehe Abb. 29. Die Zugabe von Chlorid erhöht die Korrosivität der Lösung, dennoch werden bestehende Deckschichten innerhalb der ersten 48 h nicht reduziert, die Löslichkeit von Zinkoxid als auch Zinkhydroxid sinkt mit abnehmendem pH-Wert. Bei einem pH-Wert von 12,4 (gesättigte $Ca(OH)_2$) erfolgt die Reduktion der bestehenden Deckschichten in Kombination mit Chlorid innerhalb von ca. 0,5 bis 1,0 h. Ohne die Zugabe von Chlorid kann die Reduktion der Deckschicht bis zu 27,0 h dauern, Abb. 30.

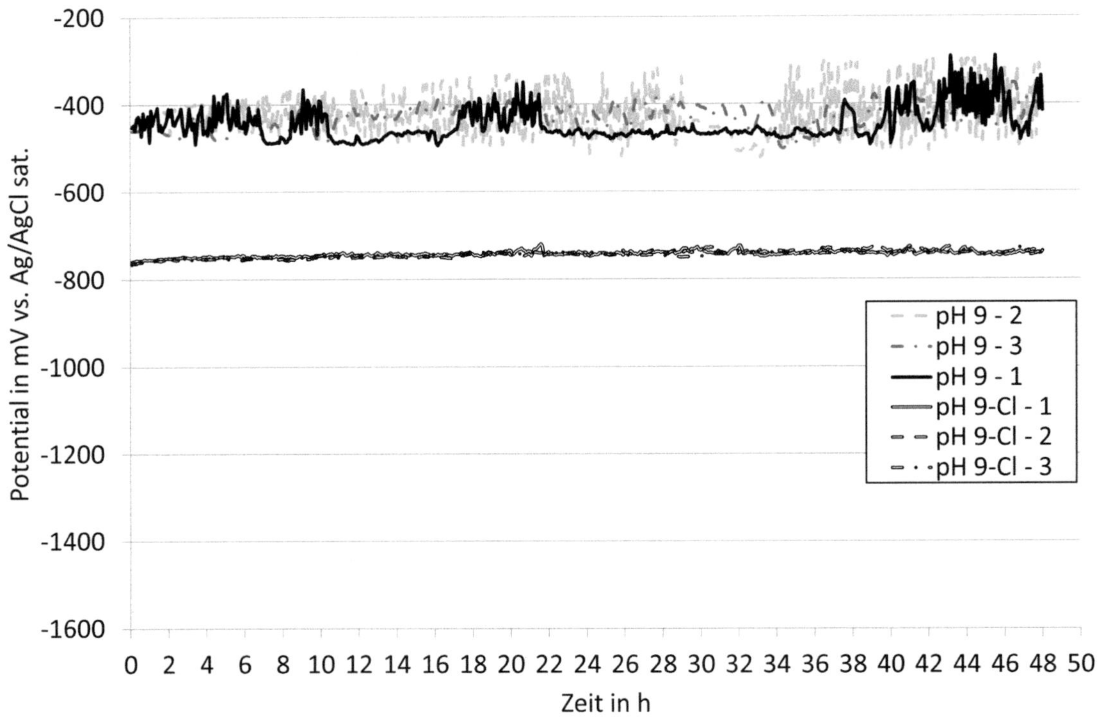

Abb. 29: Verzinkter Betonstahl in Versuchslösung mit pH 9, chloridfrei und chloridhaltig

Fig. 29: Galvanized reinforcing steel in test solution with pH 9, chloride-free and chloride-containing

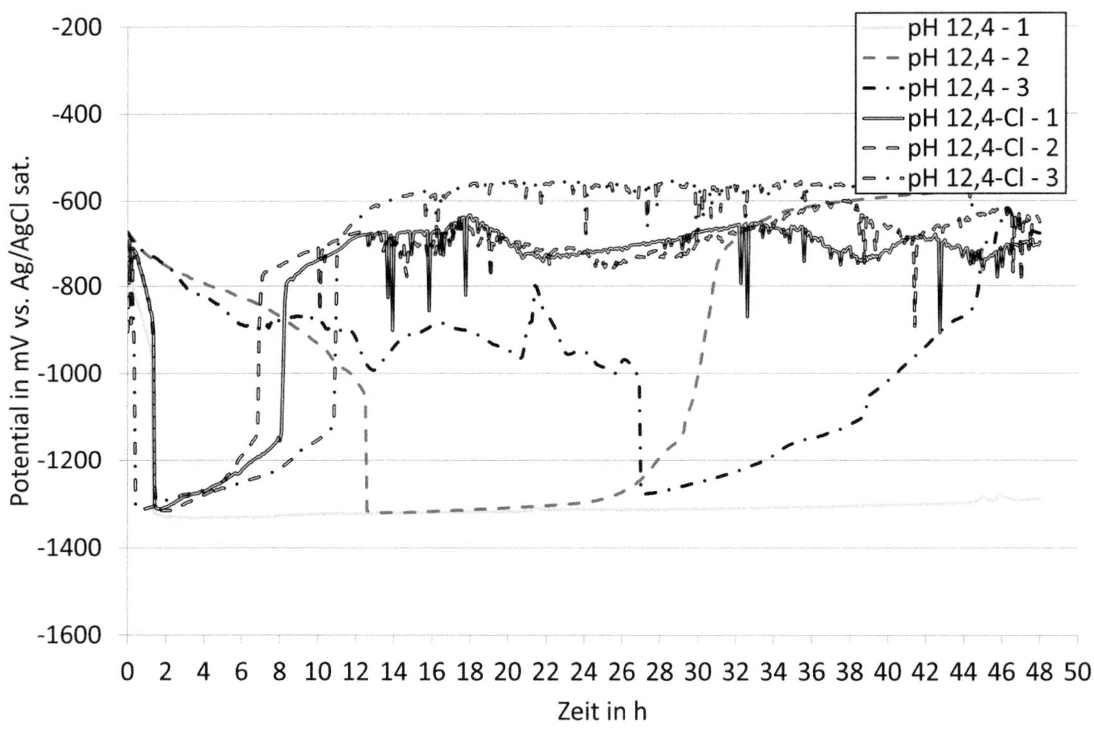

Abb. 30: Verzinkter Betonstahl in Versuchslösung mit pH 12,4, chloridfrei und chloridhaltig

Fig. 30: Galvanized reinforcing steel in test solution with pH 12.4, chloride-free and chloride-containing

Betrachtet man Abb. 31 so ist die Korrosivität der Lösung maßgeblich durch den pH-Wert bestimmt, die Zugabe von Chlorid hat keinen Einfluss auf die Potentiallage innerhalb der Messdauer. Eine Deckschichtreduktion erfolgt ebenso wie in Abb. 28 innerhalb kürzester Zeit. Innerhalb der ersten 48 h kann in Lösung, anders als in Mörteln oder Betonen, keine Passivierung infolge Deckschichtbildung beobachtet werden. Der pH-Wert des Frischbetons aus [96] ist nahezu identisch wie der des Elektrolyten für die in **Abb. 31** dargestellten Ergebnisse. Die Zeit bis zu einer stabilen Deckschichtbildung an feuerverzinkten Betonstählen in Mörtel oder Beton scheint somit nicht nur durch die Triebkraft und das daraus resultierende in Lösung gehen von Zink getriggert zu sein. Eine weitere Komponente, der Diffusionswiderstand der Korrosionsprodukte [28] und des Mörtels oder Betons spielt hier eine maßgebende Rolle.

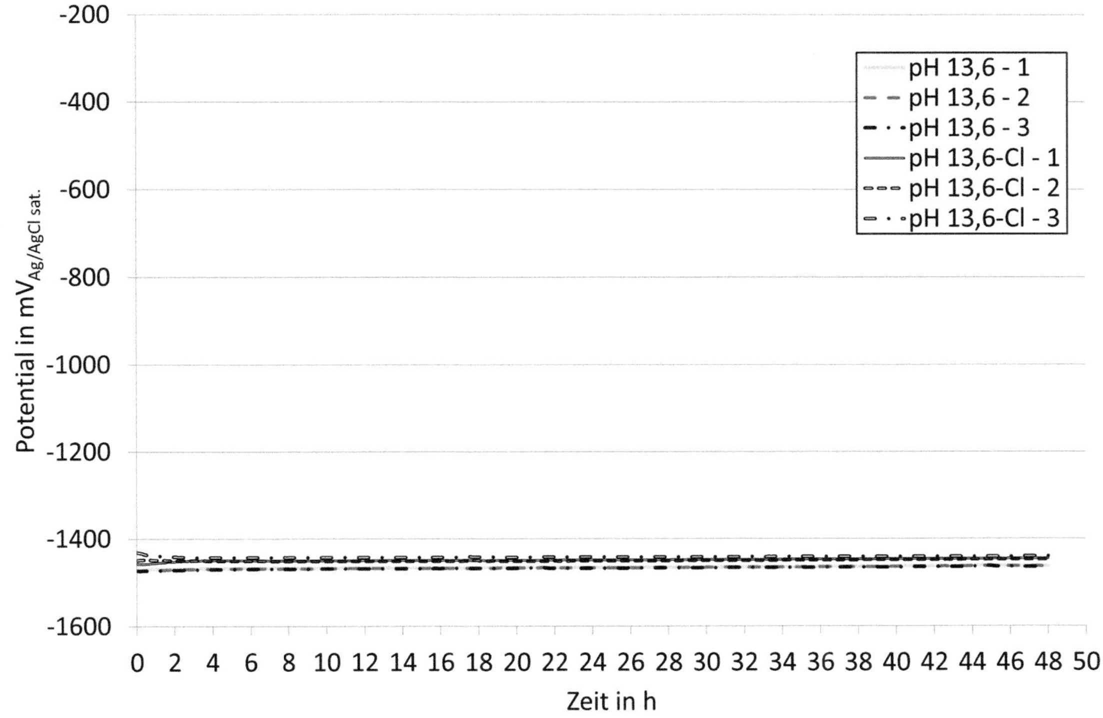

Abb. 31: Verzinkter Betonstahl in Versuchslösung mit pH 13,6 chloridfrei und chloridhaltig
Fig. 31: Galvanized reinforcing steel in test solution with pH 13.6 chloride-free and chloride-containing

3.1.3 Einfluss des Versuchskörperdesigns auf elektrochemische Messungen

Maßgebend für die Probenentwicklung ist die Zielsetzung dieser Arbeit, wie in Abschnitt 1.1 beschrieben. Für die Analyse der gebildeten Deckschichten sowie für die elektrochemischen Untersuchungen kommen die in Abschnitt 3.3 beschriebenen Verfahren zur Anwendung. Die dafür benötigten Referenzflächen lassen sich auf gerippten Betonstahlstäben allerdings nicht realisieren.

Untersuchungen aus [37] haben bereits ergeben, dass bei einem elektrischen Kurzschluss zwischen feuerverzinkten Betonstählen und unverzinkten Betonstählen die geringere Wasserstoffüberspannung von Eisen gegenüber Zink, eine Wasserstoffentwicklung im Frischbeton an der Phasengrenze Stahl-Mörtel zur Folge hat. Grundvoraussetzung dafür ist ein ausreichend großes Anoden- zu Kathodenverhältnis, wobei im kurzgeschlossenen Zustand Zink die Anode und der unverzinkte Betonstahl die Kathode ausbildet [38]. Computertomographische Darstellungen aus vorhergehenden elektrochemischen Untersuchungen zur Elementausbildung zwischen verzinktem und unverzinktem Stahl, die an der BAM durchgeführt wurden, zeigen unter Verwendung eines CEM III eine Gefügestörung infolge Wasserstoffentwicklung an der Verbundzone der Kathode, siehe Abb. 32. Der Bereich der Gefügestörung, sofern er nicht wassergesättigt ist, wirkt bei der Durchführung von elektrochemischen Messungen als Isolator. Diese Flächen werden nicht polarisiert, dennoch wird die Gesamtfläche der Arbeitselektrode angenommen, um spezifische elektrochemische Kennwerte zu ermitteln.

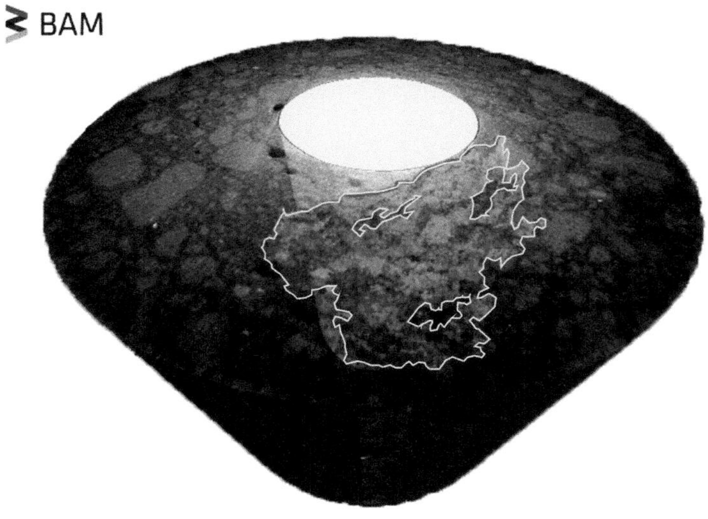

Abb. 32: Computertomographische Aufnahme einer Betonstahlprobe in Mörtel mit Gefügestörung (hell umrandet dargestellt) infolge Wasserstoffentwicklung in der Frischbetonphase durch Kontakt zu einem verzinkten Betonstahl [98]

Fig. 32: 3D-Xray tomography image of a reinforcing steel sample in mortar with structural disturbance (light surrounded range) due to hydrogen evolution in the fresh concrete phase caused by contact with a galvanized reinforcing steel [98]

Variierende Kontaktbereiche der Arbeitselektroden zum umgebenden Elektrolyten und Gefügestörungen in diesem, beeinflussen elektrochemische Untersuchungen aufgrund variierender Feldverteilungen unter Polarisationsbedingungen. In Abb. 33 ist der Schalungsaufbau mit feuerverzinkten Elektroden und Abstandshaltern aus Mörtel links dargestellt. In Abb. 33 rechts ist ein aufgetrennter Probeköper mit integriertem Abstandhalter aus Normmörtel gemäß DIN EN 196 [99] dargestellt. Deutlich sind Poren im Bereich der Arbeitsfuge zu erkennen, diese können zu variierenden Durchfeuchtungen der Probekörper während der elektrochemischen Untersuchungen führen und somit die Feldverteilung und schlussendlich die Messung und daraus resultierende Ergebnisse beeinflussen.

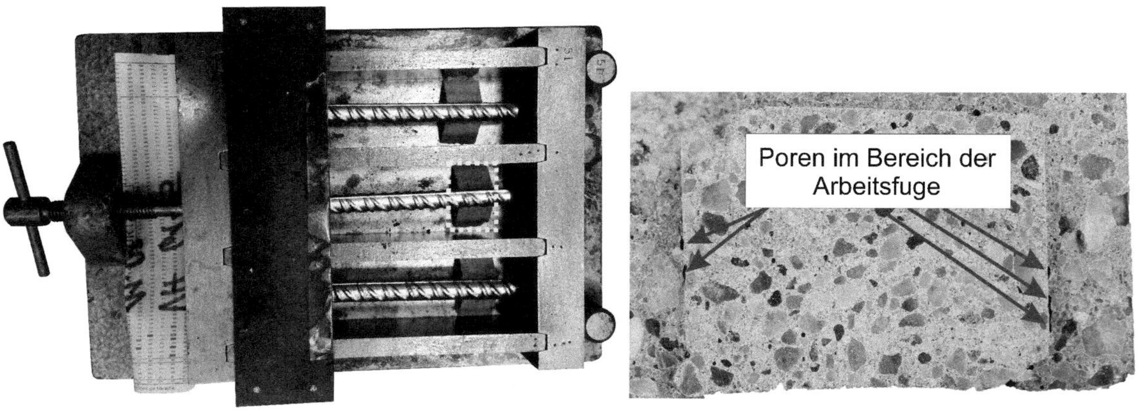

Abb. 33: Links: Schalungsaufbau mit feuerverzinkten Betonstählen und Abstandshaltern aus Normmörtel, rechts Querschnitt nach dem Betonieren im Bereich des zementösen Abstandhalters

Fig. 33: Left: Formwork structure with hot-dip galvanized reinforcing bars and spacers made of standard mortar, right: cross-section after concreting in the area of the cementitious spacer

Die feuerverzinkten Betonstähle sind nicht elektronenleitend mit der Schalung verbunden. Anders als bei einem galvanischen Element aus verzinktem und unverzinktem Stahl erfolgt bei dem in Abb. 33 dargestellten Probekörperaufbau die anodische und kathodiche Teilreaktion an der Oberfläche der feuerverzinkten Elektrode. Somit kann in der Frischbetonphase eine undefinierte Gefügestörung im Verbundbereich Elektrode/Mörtel infolge der Wasserstoffentwicklung auftreten.

3.2 Versuchskörper

3.2.1 Versuchskörperübersicht

Es wurden drei Serien mit je vier Varianten für den Probekörpertyp Mörtelprisma (Probekörpertyp MP) hergestellt und für den Probekörpertyp synthetisches Porenwasser / Mörteldiaphragma (Probekörpertyp M) drei Serien mit jeweils drei Varianten. Die Serien variieren den Zement, die Varianten den Chloridgehalt eines Probekörpertyps. Für den Probekörpertyp M wurden die Variante mit 0,4 M. % Chlorid (Cl^-) nicht hergestellt. Die für die Probekörperherstellung verwendete Mörtelzusammensetzung ist Abschnitt 3.2.2 zu entnehmen.

Für die Durchführung der elektrochemischen Untersuchungen wurden sechs Vergleichsproben hergestellt. Für die Ermittlung des elektrischen Mörtelwiderstands sind drei Probekörper hergestellt worden, drei weitere Probekörper dienen zur Ermittlung der Chloridgehalte und -verteilung sowie der Porosität. Zum Auspressen der Porenlösung und anschließender Bestimmung der Porenlösungs-zusammensetzung wurden ebenfalls drei Probekörper hergestellt. Zur Ermittlung der Deckschichten wurden neun Serien mit 24 Proben untersucht.

Neben den in Tabelle 9 angegebenen Serien und Varianten kann eine Probenbezeichnung für eine Widerstandsprobe wie folgt aussehen: Serie: CEM I, Probekörpertyp: R, Chloridgehalt: 0,4, Probennummer: 2, ergibt eine Probenbezeichnung CEM I-R-0,4-2.

Tabelle 9: Probekörpermatrix und Anzahl der Versuchskörper für nachfolgende Untersuchungen

Table 9: Test specimen matrix and number of test specimens for subsequent tests

Serie-Variante	Zement	Cl^--Gehalt in M. %	Anzahl der Versuchskörper für die jeweilige Variante und Probekörpertyp				
			Elektrochemie Probekörpertyp MP	Widerstand Probekörpertyp R	Cl und Porosität Probekörpertyp Cl	Porenlösung Probekörpertyp L	Deckschicht-Probekörpertyp M
CEM I-0,0	CEM I 42,5 R	0,0	6	3	3	3	2
CEM I-0,4	CEM I 42,5 R	0,4	6	3	3	3	/
CEM I-1,0	CEM I 42,5 R	1,0	6	3	3	3	3
CEM I-2,0	CEM I 42,5 R	2,0	6	3	3	3	3
CEM II-0,0	CEM II/A-LL 42,5 N	0,0	6	3	3	3	2
CEM II-0,4	CEM II/A-LL 42,5 N	0,4	6	3	3	3	/
CEM II-1,0	CEM II/A-LL 42,5 N	1,0	6	3	3	3	3
CEM II-2,0	CEM II/A-LL 42,5 N	2,0	6	3	3	3	3
CEM III-0,0	CEM III/A 42,5 N (na)	0,0	6	3	3	3	2
CEM III-0,4	CEM III/A 42,5 N (na)	0,4	6	3	3	3	/
CEM III-1,0	CEM III/A 42,5 N (na)	1,0	6	3	3	3	3
CEM III-2,0	CEM III/A 42,5 N (na)	2,0	6	3	3	3	3

Um den Einfluss des Chlorids im Zugabewasser auf die Erstarrungsreaktion des Zementes zu beschreiben, wurden je zwei Zementleimproben mit den in Tabelle 9 dargestellten Zementen und Chloridgehalten hergestellt und mittels Kalorimetermessung untersucht. Im Nachgang dienten die Proben zur Verifizierung der Bildung friedelscher Salze mittels XRD. In der Summe wurden 228 Probekörper hergestellt und untersucht.

3.2.2 Mörtelzusammensetzung

Die Mörtelzusammensetzung wurde in Verbindung mit feuerverzinktem Betonstahl bereits im Rahmen von zwei Vorhaben verwendet. Der Ursprung der Mörtelzusammensetzung stammt aus einem Forschungsvorhaben zum Verbundverhalten von feuerverzinktem Betonstahl [38]. Im Rahmen dieser Arbeit sollte die Mörtelzusammensetzung an die damals für Pull-Out-Versuche [35, 38] verwendete Betonzusammensetzung mit 16 mm Größtkorn angelehnt werden. Dafür wurde der Frischbeton ursprünglich mittels 6 mm Siebplatte bearbeitet, sodass ein Mörtel mit Größtkorn 4-5 mm vorliegt. Um diesen Prozess nicht dauerhaft fortführen zu müssen, wurde eine Mörtelzusammensetzung auf Basis einer Stoffraumrechnung entwickelt, die den prozentualen Anteil an Gesteinskörnung und Zement infolge des Wegfalls der Gesteinskörnung größer 4 mm erhöht. Die resultierende Ist-Sieblinie ist in Abb. 34 dargestellt.

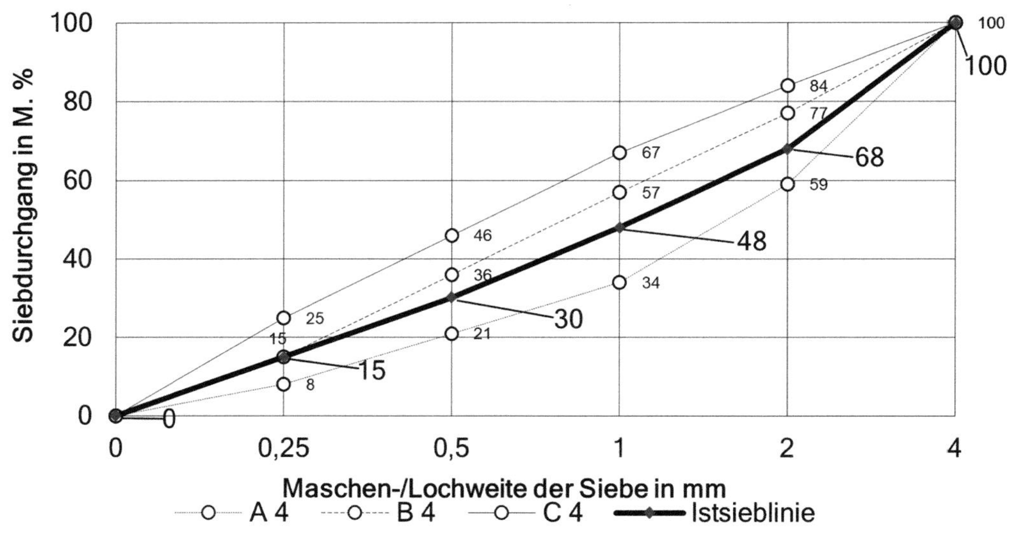

Abb. 34: Ist-Sieblinie der verwendeten Mörtelzusammensetzung

Fig. 34: Actual grading curve of the mortar composition used

Die resultierende Zusammensetzung des in dieser Arbeit verwendeten Mörtels ist in Tabelle 10 dargestellt. Die Zugabemenge der Gesteinskörnung beinhaltet die einzelnen Fraktionen aus der Sieblinie mit ihren jeweiligen Anteilen in M. %. Darüber hinaus ist die Zugabemenge für NaCl ebenfalls in Tabelle 10 dargestellt. Der W/Z-Wert beträgt 0,45, verwendet wurden Zemente, wie in Abschnitt 3.2.1 beschrieben:

- CEM I 42,5 R Portlandzement
- CEM II/A-LL 42,5 N Portlandkalksteinzement
- CEM III/A 42,5 N (na) Hochofenzement mit niedrigem wirksamen Alkaligehalt

Tabelle 10: Mörtelzusammensetzung

Table 10: Mortar composition

Probenbezeichnung	Zement $kg \cdot m^{-3}$	Wasser $kg \cdot m^{-3}$	Gesteinskörnung $kg \cdot m^{-3}$	NaCl $kg \cdot m^{-3}$
CEM n- 0,0	605,8	273	1304	0,0
CEM n- 0,4	605,8	273	1304	4,0
CEM n- 1,0	605,8	273	1304	10,0
CEM n- 2,0	605,8	273	1304	20,0

3.2.3 Probekörperdesign für elektrochemische Untersuchungen und analytische Untersuchung der Deckschicht

Für die elektrochemischen Untersuchungen von schmelztauchverzinkten Arbeitselektroden in Mörtel (Mörtel-Serie) wurde ein neues Probekörperdesign verwendet. Um die Einflüsse aus Geometrie und Wasserstoffentwicklung in der Phasengrenze Elektrode-Mörtel zu negieren, sind anstelle von schmelztauchverzinkten Betonstählen, schmelztauchverzinkte Stahlbleche, wie in Abb. 35 dargestellt, verwendet worden.

Abb. 35: Darstellung der Schalung mit Elektrodenhalterung und feuerverzinkten Elektroden

Fig. 35: Illustration of the formwork with electrode mounting and hot-dip galvanized electrodes

Die Halterung der verzinkten Elektroden wurde aus einem nichtrostenden Stahl vom Typ 1.4301 hergestellt. Dabei sitzt diese wie ein Joch über der Prismenschalung und wird durch Schrauben fixiert, siehe Abb. 36. Diese Art der Probenbefestigung hat eine elektronenleitende Verbindung zwischen verzinkter Elektrode und Stahlschalung zur Folge. Wie in [37] beschrieben, ist eine Elementbildung und die Ausbildung der Schalung als Kathode gegeben. Da das Anoden zu Kathoden-Verhältnis von 1 zu 3,22 unter dem in [38] beschrieben Verhältnis von 1 zu 10 liegt, ist von einer Wasserstoffentwicklung an der Stahlschalung auszugehen. Eine durch Wasserstoffentwicklung gestörte Verbundzone zu den verzinkten Stahlblechen wird somit weitestgehend unterbunden.

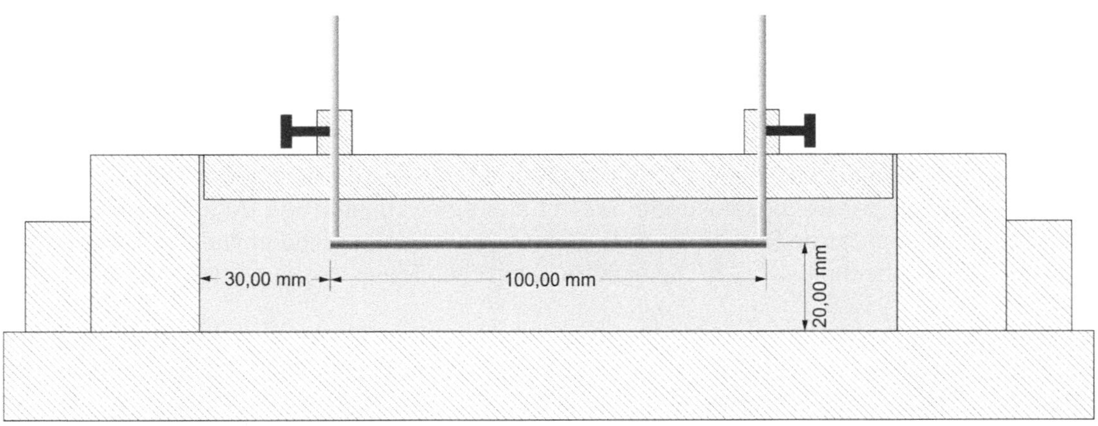

Abb. 36: Schematische Darstellung des Schalungsaufbaues in der Seitenansicht

Fig. 36: Schematic representation of the formwork structure in the side view

Die Zusammensetzung der sich auf der Arbeitselektrode ausbildenden Deckschichten kann mittels Röntgendiffraktometrie an mörtelbehafteten Oberflächen eines gerippten Betonstahls nicht erfolgen. Ein Abkratzen der Mörtelanhaftungen und der Deckschicht, wie unter anderem in [59] beschrieben, sind üblich und haben nach dem Homogenisieren den Vorteil keine gerichteten kristallinen Strukturen zu beinhalten. Es kann jedoch nicht zwischen Korrosionsprodukten in der umgebenden Mörtelmatrix und Deckschichten, die direkt auf der Oberfläche der Elektrode anhaften, differenziert werden. Hierfür wurde eine für leitfähige Beschichtungen entwickelte Messzelle weiterentwickelt, die es ermöglicht den Phasengrenzbereich Mörtel-Elektrodenoberfläche, ohne Anhaftungen von Mörtel zu untersuchen. In Abb. 37 ist eine schematische Darstellung der Messzelle links und ein Foto der Messzellenunterseite, mit Blick auf das Mörteldiaphragma, rechts dargestellt.

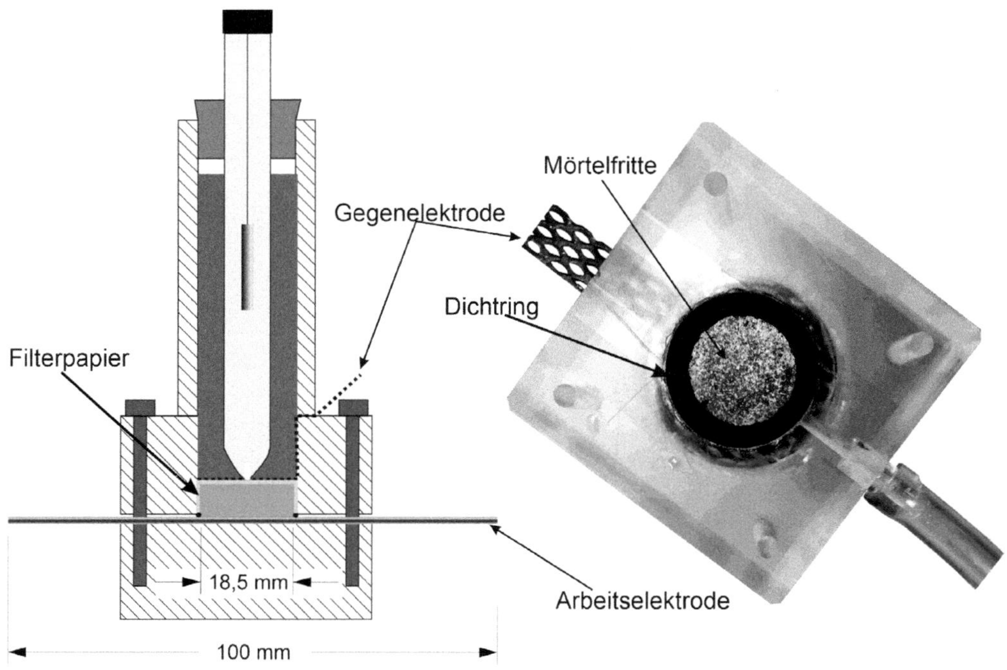

Abb. 37: Schematische Darstellung der Messzelle mit Mörteldiaphragma links und Foto der Messzelle rechts

Fig. 37: Schematic diagram of the measuring cell with mortar diaphragm on the left and photo of the measuring cell on the right

Für die elektrochemischen Untersuchung an Serien des Probekörpertyps „synt. Porenwas-ser / Mörteldiaphragmar“ (Probekörpertyp-M) sollen die analytischen Untersuchungen der Deckschichten erfolgen. Hierfür bedarf es der Herstellung von zwei Serien innerhalb der Serie-M, Serie 1 beinhaltet eine Montage der Arbeitselektrode mit Kontakt zum Frischmörtel. Daraus resultieren Mörtelanhaftungen auf der Arbeitselektrode, die die nachfolgenden XRD-Messungen beeinträchtigen können. Für Serie 2 wird die Messzelle demontiert, die Arbeitselektrode der Serie 1 entnommen, ein neuer Dichtring eingesetzt und eine neue Arbeitselektrode in Kombination mit dem verbleibenden Mör-teldiaphragma der Serie 1 eingebaut. Der Bereich zwischen Messzelleninnenwand, Gegenelektrode und eingefülltem Mörtel wurde zuvor mit einem Filterpapier ausgekleidet, um nach Beendigung der Mes-sungen das Mörteldiaphragma entnehmen zu können. Der in der Messzelle oberhalb des Mör-teldiaphragmas verwendete Elektrolyt zur Ankopplung der Bezugselektrode besteht aus einer künst-lichen Betonporenlösung, die auf Basis von zuvor ausgepressten Porenlösungen, je nach verwendetem Bindemittel und Chloridgehalt hergestellt wurde, siehe Abschnitt 4.2.3.5. Die elektrochemischen Mess-ungen erfolgen an der Serie 2.

Die Arbeitselektroden für Mörtelprismen und Messzelle sind identisch, lediglich der zum Zeitpunkt der Verzinkung bereits vorhandene Schweißdraht zur Fixierung der Arbeitselektrode in der Schalung der Mörtelprismen unterscheidet die Elektroden.

3.2.4 Probekörper zur Bestimmung des elektrischen Mörtelwiderstandes

Eine schematische Darstellung des Probekörpertyps R für die Bestimmung des elektrischen Mörtelwiderstands ist in Abb. 38 dargestellt. Dazu wurden MMO-Bandanoden mit Abmessungen von 20 x 50 mm und festen Abständen in die Prismen eingebaut. Die MMO-Bandanode wurde teilweise mit Galvaniklack abgedeckt, um Randzoneneinflüsse zu vermeiden. Es verblieb eine effektive Messfläche von 20 x 20 mm. Je Serie wurden drei Vergleichsproben hergestellt.

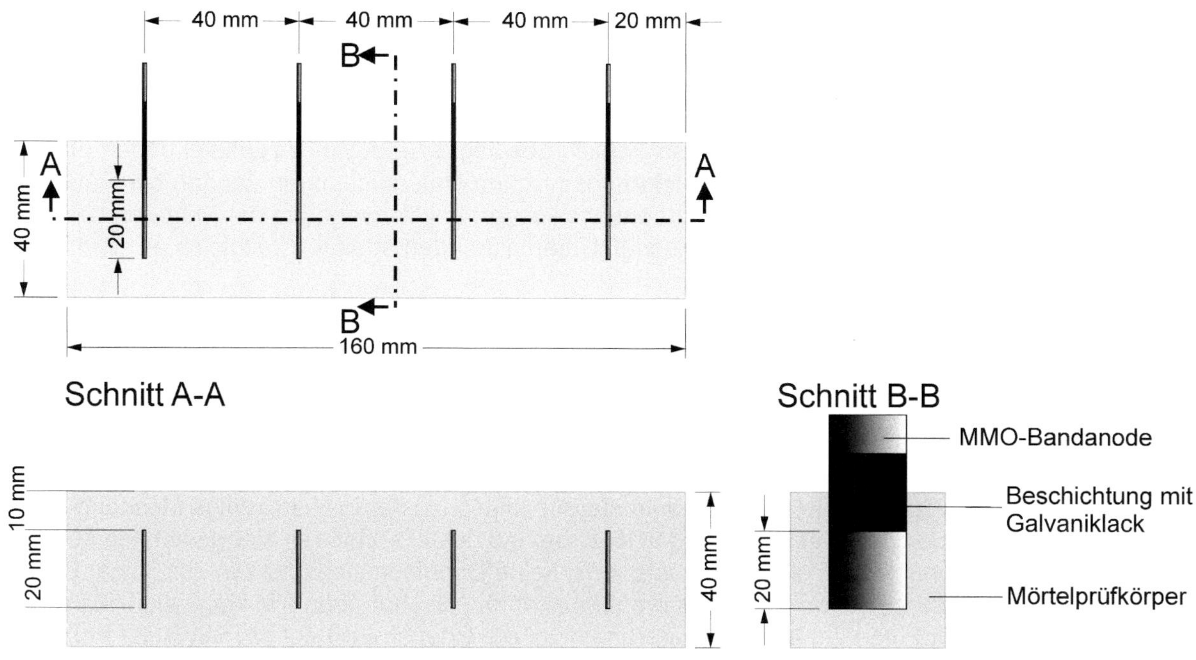

Abb. 38: Schematische Darstellung des Probekörpertyps R für die Ermittlung des spezifischen elektrischen Mörtelwiderstands.

Fig. 38: Schematic representation of test specimen type R for determining the electrical mortar resistivity

Die Berechnung des spezifischen elektrischen Mörtelwiderstands erfolgt nach Formel (40)

$$\rho_{El} = R_{EL} \cdot \frac{A}{l} \cdot v \tag{40}$$

mit:

l	=	Abstand zwischen den mittleren Elektroden	in m
A	=	Fläche einer Seite einer Elektrode	in m²
ρ_{EL}	=	Spezifischer elektrischer Widerstand	in Ω·m
R_{EL}	=	Gemessener elektrischer Widerstand	in Ω
ν	=	Formbeiwert in Höhe von 3,6	-

3.2.5 Probekörper für die Chloridanalyse und -verteilung sowie zur Bestimmung der Porosität

Für die nasschemische Bestimmung des Chloridgehaltes und die Chloridverteilungsanalyse mittels LIBS sowie für die Bestimmung der Porosität wurde der Probekörpertyp Cl verwendet, der aus einem unbewehrten Mörtelprisma besteht. Pro Variante einer Serie wurden drei Mörtelprismen hergestellt, die nach Bedarf gebrochen wurden, um gleichartige Probensegmente für die jeweilige Analytik zu gewinnen.

3.3 Elektrochemische Untersuchungen

3.3.1 Übersicht der verwendeten Messaufbauten für die elektrochemischen Messungen

Zur Beschreibung der Deckschichtbildung hinsichtlich deren Einfluss auf das Korrosionsverhalten des Systems wurden elektrochemische Untersuchungen durchgeführt. Für elektrochemische Polarisationsversuche besteht die Notwendigkeit der Widerstandskompensation. Dies gilt für nahezu alle elektrochemischen Untersuchungen, mit Ausnahme von EIS-Messungen und außenstromlosen Untersuchungen, wie der Potentialmessung zur Bestimmung des freien Korrosionspotentials E_{corr}. Die für die IR-Kompensation erforderliche Bestimmung des Spannungsabfalls über den elektrischen Widerstand zwischen Arbeits- und Gegenelektrode (IR-Drop) ist für jede Probe zu jedem Messzeitpunkt erforderlich. Die elektrochemischen Untersuchungen erfolgten mit Geräten der Firma Gamry vom Typ Interface 1000 und 1010 sowie Reference 600. Es wurden ausschließlich gesättigte $Ag/AgCl$-Bezugselektroden und Gegenelektroden aus Iridium verwendet. Die elektrochemischen Untersuchungen wurden bei Raumtemperatur durchgeführt, der Ankoppelelektrolyt (Leitungswasser) bei Verwendung der Mörtelproben hatte ebenfalls Raumtemperatur. Die elektrochemischen Untersuchungen erfolgten zeitgleich an zwei Serien zu je sechs Proben, siehe Abb. 39.

Die elektrochemischen Messungen erfolgten je Messdurchgang über einen Zeitraum von ca. 1 Stunde und 10 Minuten. Dabei wurde zu Beginn der Messungen das E_{corr} über einen Zeitraum von 20 Minuten aufgezeichnet, gefolgt von einer ersten IR-Drop-Messung, um den Befeuchtungszeitraum nach Einbringung in die Versuchseinrichtung zu erfassen. Anschließend erfolgten LPR-, EIS-Messungen, eine zweite IR-Drop-Messung und zum Ende wurde die Messreihe mit einer SPK-Messung abgeschlossen. Die Reihung der Messverfahren ist für eine minimale Beeinflussung der Proben infolge Messung-Depolarisation gewählt worden. Die Bestimmung des IR-Drop und des LPR mit den hier gewählten Messparametern hat keine signifikante Polarisation und somit keine Depolarisationsphasen zur Folge. Die darauffolgende EIS-Messung, bis zu einer Messfrequenz von 0,1 Hz, hat ebenfalls keine signifikante Polarisation der Probe zur Folge. Im Anschluss daran erfolgt die extensive potentiodynamische Polarisationsmessung zur Erstellung von Stromdichte-Potentialkurven und daraus zu ermittelnden B-Werten. Die Proben werden nach Entnahme aus der Klimakammer, während (sofern nicht in der Messzelle platziert) und nach den elektrochemischen Messungen in den Transportbehältern unter einer für die Transportbehälter zugeschnittenen und verklebten Polyethylenfolie gelagert.

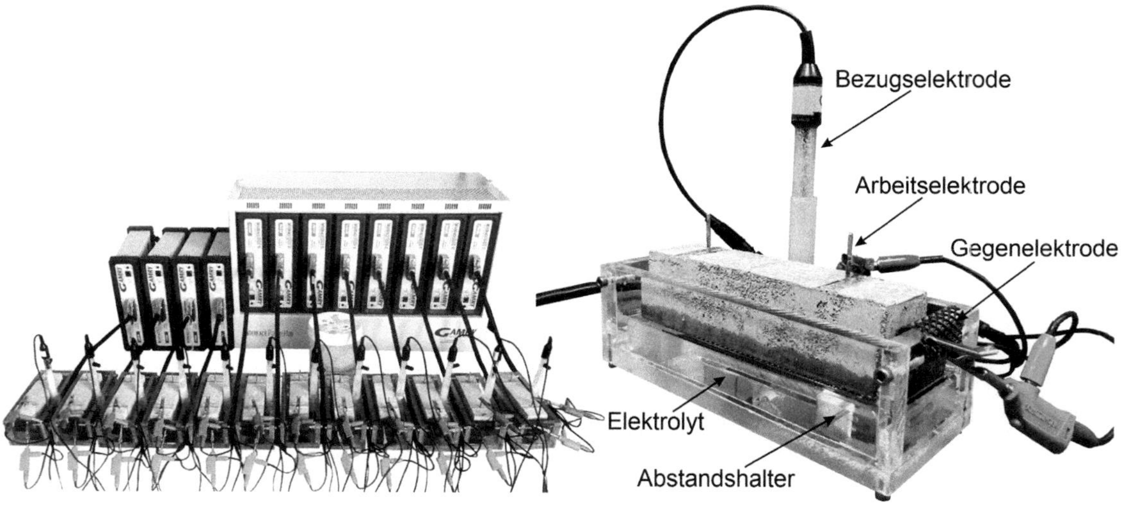

Abb. 39: Darstellung des Messaufbaus für die elektrochemischen Messungen an den Mörtel-Serien

Fig. 39: Illustration of the measurement setup for electrochemical measurements on the mortar series

Die elektrochemischen Messungen an den Aufsatzmesszellen (Probekörpertyp M) beinhalten die gleichen Messungen wie die Serien der Mörtelprobekörper. Die Messung des E_{corr} und die zweite IR-Drop-Messung fallen weg, da kein Feuchtegradient infolge einer temporären Befeuchtung gegeben ist. Der Messsaufbau für den Probekörpertyp M ist in Abb. 40 dargestellt. Als Elektrolyt wurde synthetisiertes Porenwasser der jeweiligen Variante einer Serie verwendet.

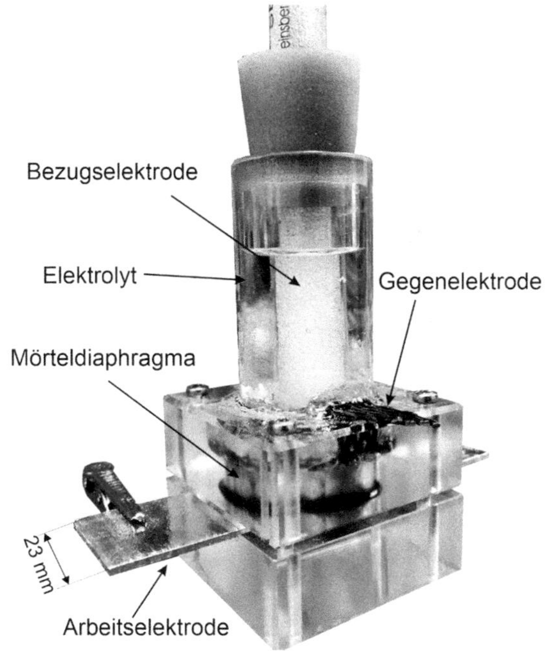

Abb. 40: Darstellung der Messzelle für die elektrochemischen Messungen mit synthetischer Porenlösung und Mörteldiaphragma

Fig. 40: Illustration of the measuring cell for the electrochemical measurements with synthetic pore solution and mortar diaphragm

3.3.2 Bestimmung des IR-Drops

Der widerstandsbasierte Spannungsabfall zwischen Arbeits- und Gegenelektrode wurde mittels galvanostatischer Pulsmessung ermittelt. Hierzu wurden die Proben mit einem konstanten Strom über einen Zeitraum von 0,2 s polarisiert. Die Abtastrate liegt bei 10.000 Messwerten je Sekunde, dies entspricht einer Aufzeichnungsfrequenz von 10 kHz. Eine Darstellung eines Polarisationsverlaufes ist in Abb. 41 links dargestellt. Die vorgegebenen Ströme für Mörtelproben und Proben in den Messzellen unterscheiden sich aufgrund der verschieden großen Elektrodenoberflächen in Kontakt mit dem Elektrolyten. Die Polarisationsstromdichten sind bezogen auf die jeweilige Elektrodenoberfläche nicht identisch. Die bessere Leitfähigkeit des Elektrolyten in den Messzellen erfordert einen höheren Strom für die Auswertung des IR-Drops.

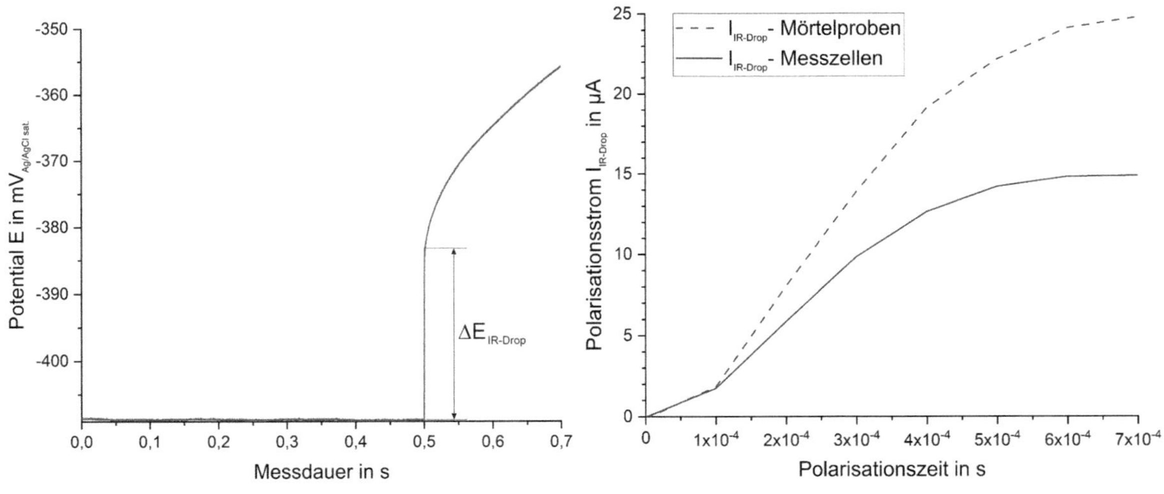

Abb. 41: Exemplarische Darstellung einer IR-Drop-Messung links und zeitabhängiger Anstieg des aufgeprägten Soll-Stromes rechts

Fig. 41: Example of an IR-drop measurement on the left and time-dependent increase in the applied target current on the right

Der lineare Spannungsabfall erfolgt über einen Zeitraum von ca. $6 \cdot 10^{-4}$ s. Die Berechnung des Widerstands erfolgt nach Formel (41). Der Strom für die Bestimmung des IR-Drops beträgt für alle Mörtelproben 24 µA und für die Messzellen 14 µA.

$$IR - Drop = \frac{\Delta E_{IR-Drop}}{I} \tag{41}$$

Die beim Einschalten des Stromes gegebene messgerätabhängige Verzögerung bis zum Erreichen des Sollstromes, wurde mit einem Zeitbedarf von $5 \cdot 10^{-4}$ s für die Messzellen und $6 \cdot 10^{-4}$ s für die Mörtelproben ermittelt (Abb. 41 rechts).

Der ermittelte IR-Drop ist ein systembedingter Widerstand und kein spezifischer, der abhängig von der Feldverteilung, also von der Messanordnung, der verwendeten Elektrolyte und Elektrodengeometrie ist. Er wird ausschließlich mit dem aufgeprägten Strom berechnet. Um den Einfluss der zunehmenden Verweildauer der Probe im Messelektrolyten zu beschreiben, wird das Δ des IR-Drops nach Formel (42) berechnet.

$$IR\text{-}Drop\ \Delta = IR\text{-}Drop1 - IR\text{-}Drop2 \tag{42}$$

3.3.3 IR-Kompensation

Alle hier verwendeten elektrochemischen Polarisationsmessungen, mit Ausnahme der elektrochemischen Impedanzspektroskopie und der Impedanzmessung zur Bestimmung des Elektrolytwiderstandes, müssen, sofern ein Spannungsabfall über den Elektrolyten infolge Polarisation erfolgt, kompensiert werden. Hierzu wird für die jeweilige Probe zum jeweiligen Messzeitpunkt, wie in Kapitel 3.3.2 beschrieben, der IR-Drop ermittelt und der Potentialverlauf der elektrochemischen Messung kompensiert. Die Kompensation erfolgt nach Formel (43), dabei wird von dem gemessenen Potential an Punkt n der Messkurve eine errechnete Spannung, aus Strom an Punkt n, multipliziert mit dem IR-Drop der Probe, abgezogen. Die IR-Kompensation erfolgt zwingend unter Verwendung des applizierten Stromes, nicht mit der Stromdichte.

Für die Kompensation der elektrochemischen Messungen wurde immer der zweite, im Rahmen einer Messserie ermittelte, Widerstand (IR-Drop) verwendet.

$$E_{kn} = E_n - I_{nk} \cdot IR_{Drop-k} \tag{43}$$

E_{kn}	=	IR-kompensiertes Potential an Punkt n der Messkurve in	V
E_n	=	Gemessenes Potential an Punkt n der Messkurve in	V
I_{nk}	=	Polarisationsstrom an Punkt n der Messkurve in	A
IR_{Drop-k}	=	Ohm'scher Spannungsabfall der Probe in	Ω

3.3.4 Linearer Polarisationswiderstand

Der lineare Polarisationswiderstand (LPR) dient als Maß für die Beschreibung der Korrosionsaktivität und wird nach Formel (44) berechnet. Dabei beschreibt er den Widerstand eines korrodierenden metallenen Werkstoffes gegen den Korrosionsfortschritt in einem Korrosionssystem. Diese Betrachtung gilt allgemein für korrodierende, nicht deckschichtbildende Werkstoffe in einem Elektrolyten, sogenannte durchtrittskontrollierte Korrosionssysteme. Bei widerstandskontrollierten Korrosionssystemen, wie deckschichtbildende oder diffusionskontrollierte Systeme gilt es den linearen Bereich, um den Stromnullpunkt zu definieren. Der eigentliche Polarisationswiderstand (R_p) wird hierbei über eine lineare Regression ermittelt. Dabei werden keine strikten Grenzen definiert, über die die lineare Regression zu erfolgen hat. Diese werden iterativ angepasst, bis eine größtmögliche Determinationskonstante gefunden wurde. Der R_p wird in dieser Arbeit über eine lineare Regression mit einem Bestimmtheitsmaß $R^2 \geq 92$ % definiert. Ist dies nicht möglich, so wird das größtmögliche Bestimmtheitsmaß verwendet.

Anhand der Steigung des kathodischen oder des anodischen Astes der LPR-Messung kann die die Korrosion limitierende Teilreaktion ermittelt werden. Dies bedeutet, sofern für einen der beiden Äste das Verhältnis $\Delta E/\Delta i$ deutlich höher ist, ist diese Teilreaktion gehemmt, eine beispielhafte Darstellung ist Abb. 42 zu entnehmen. Hier beschreibt die gefittete schwarze Kurve die Steigung $\Delta E/\Delta i$, die nachfolgenden Steigungen im Bereich der anodischen Teilreaktion werden größer, die limitierende Teilreaktion ist hier die anodische. Der als IR-K bezeichnete Bereich der kathodischen Teilreaktion ist infolge der vorgenommenen Kompensation „überkompensiert" und ist für die Bewertung nicht nutzbar.

Die LPR-Messung erfolgte mit einer Polarisationsgeschwindigkeit von 0,1 mV s^{-1}, die Proben wurden um das freie Korrosionspotential E_{corr} ± 5 mV polarisiert.

$$LPR = \frac{\Delta E}{\Delta I} \tag{44}$$

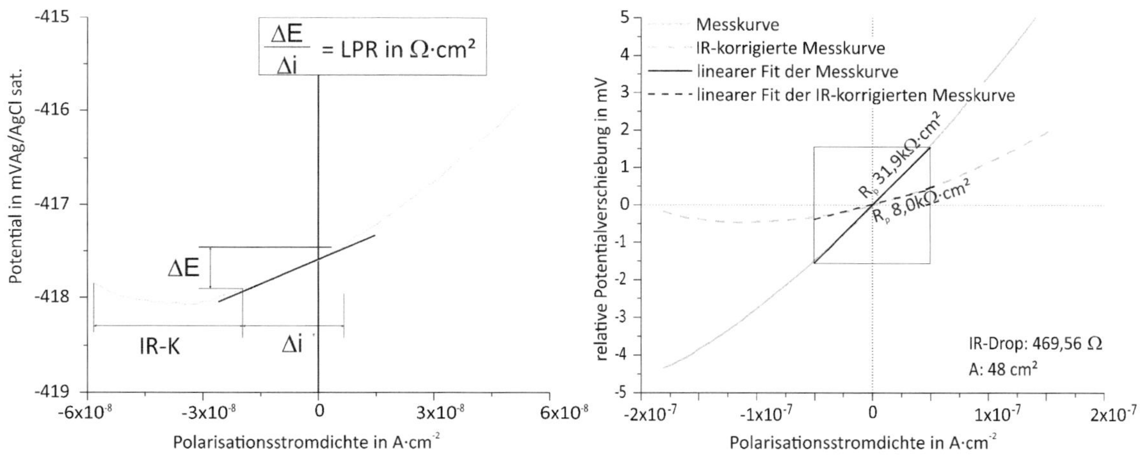

Abb. 42: Darstellung einer LPR-Messkurve und die zugehörige in Schwarz gekennzeichnete lineare Regression mit Angabe der Steigung $\Delta E/\Delta i$, rechts, die gleiche Messkurve mit und ohne IR-Korrektur unter Angabe der Elektrodenfläche des IR-Drop und der jeweils bestimmten Polarisationswiderstände im gleichen ΔI

Fig. 42: Representation of an LPR measurement curve and the corresponding linear regression marked in black with indication of the slope $\Delta E/\Delta i$, on the right, the same measurement curve with and without IR correction with indication of the electrode area of the IR drop and the respective polarization resistances determined in the same ΔI

3.3.5 Elektrochemische Impedanzmessung

Im Gegensatz zu den Gleichspannungspolarisationsuntersuchungen bietet die elektrochemische Impedanzmessung die Möglichkeit ein Korrosionssystem inklusive der spezifischen Eigenschaften des Elektrolyten zu beschreiben. Dabei wird die Probe unter Vorgabe einer sinusförmigen Spannung mit einer von Amplitude ± 5 mV um das E_{corr} angeregt. Dies erfolgt über ein Frequenzband, von 100 kHz bis 0,1 Hz, mit 10 Messpunkten je Dekade. Für die Beurteilung der Wirkweise der Deckschicht wird hier das Hauptaugenmerk auf den Phasenwinkel gelegt. Dieser beschreibt die zeitliche Verschiebung zwischen Stromaufprägung und Potentialänderung in dessen Folge. Weisen Proben geringe Phasenverschiebungen im niedrigsten Frequenzbereich auf, handelt es sich um ein durchtrittskontrolliertes System. Bei Proben, die eine große Phasenverschiebung aufweisen, ist von einem diffusionskontrollierten Korrosionssystem auszugehen.

3.3.6 Stromdichte-Potentialkurven

Die Erstellung von Stromdichte-Potentialkurven dient der Beschreibung eines Korrosionssystems hinsichtlich der Korrosionsaktivität über einen bestimmten Potentialbereich. Die Probe wird dabei von E_{corr} -100 mV bis E_{corr} +100 mV mit einer Polarisationsgeschwindigkeit von 0,2 mV s^{-1} polarisiert. Der Stromnulldurchgang beschreibt das E_{corr}, das je nach Stabilität der Deckschicht deutlich von dem zuvor gemessenen E_{corr} abweichen kann. Anschließend erfolgt die IR-kompensation der gemessenen Kurven. Erst danach kann über die Ermittlung der Tafelgeraden die Korrosionsstromdichte bestimmen werden. Der Schnittpunkt der Tafelsteigungen mit der senkrechten Verlängerung des E_{corr} beschreibt bei Projektion des Schnittpunktes auf die Ordinate die Korrosionsstromdichte. Zur Anwendung kommt dabei die Auswertesoftware Echemanalyst der Firma Gamry. Anhand der Tafelsteigungen kann die Bestimmung der Stern-Geary-Konstante unter Anwendung von Formel (45) erfolgen.

$$B = \frac{\beta_{anodisch} \cdot \beta_{kathodisch}}{2{,}3 \cdot (\beta_{anodisch} + \beta_{kathodisch})} \qquad (45)$$

Die Stern-Geary Formel beschreibt in Formel (46) den Zusammenhang der Tafelsteigung und dem Polarisationswiderstand unter Verwendung der Konstanten B. Die Konstante ist als solche nur für durchtrittskontrollierte Korrosionssysteme ohne Diffusionseinfluss anwendbar. Da der Diffusionswiderstand von der veränderlichen Deckschichtausbildung abhängt, ist für diffusionskontrollierte Systeme die Konstante B als Variable zu jedem Messzeitpunkt zu bestimmen.

$$R_p = \frac{B}{i} \qquad (46)$$

3.3.7 Widerstandsmessung - Impedanzmessung

Die Bestimmung des elektrischen Widerstandes der Mörtelprüfkörper erfolgte über eine Vierelektroden-Anordnung, vergleichbar mit einer Wennersonde. Der Widerstand wird mit einem Präzisions LCR-Meter der Firma Agilent vom Typ E4980A gemessen. Der Messbereich erstreckt sich über ein Frequenzband von 20 Hz bis 100 kHz, die vorgegebene Messspannung beträgt 10 mV. Die Bewertung des elektrischen Mörtelwiderstandes wird wie in [100] bei einer Frequenz von 1 kHz ermittelt, der Phasenwinkel wird wie in [101] über den gesamten Frequenzbereich ermittelt und generell bei einer Frequenz von 1 kHz ausgewertet. Darüber hinaus wird die Änderung des Phasenwinkels über die Zeit an ausgewählten Proben dargestellt. Die erforderliche Geometriekonstante wurde an jungen Mörtelproben, die bei einer Luftfeuchte von 100 % ausgelagert wurden, bestimmt. Hierzu sind drei Mörtelprismen ohne eingebettete Elektroden mit planparallelen Elektroden versehen worden. Die elektrolytische Ankopplung erfolgt mit einem leitfähigen Elektrolytgel, das eine spezifische elektrische Leitfähigkeit von 0,74 S m^{-1} hat. Der spezifische elektrische Widerstand der Proben ist anhand von Formel (47) bestimmt worden.

$$\rho = \frac{A}{l} \cdot R_{EL} \qquad (47)$$

ρ	=	Spezifischer elektrischer Widerstand des Mörtels in	$\Omega \cdot m$
A	=	Fläche einer Elektrode in	m^2
l	=	Abstand de Elektroden in	m
R_{EL}	=	Gemessener Widerstand bei einer Frequenz von 1 kHz in	Ω

Der gemessene Widerstand mit der Vierelektrodenanordnung, wie sie in Abb. 43 dargestellt ist, muss unter Verwendung von Formel (48) und der Geometriekonstanten κ in einen spezifischen elektrischen Mörtelwiderstand umgerechnet werden. Für die hier verwendete Geometrie in Mörtel beträgt die Geometriekonstante 3,6.

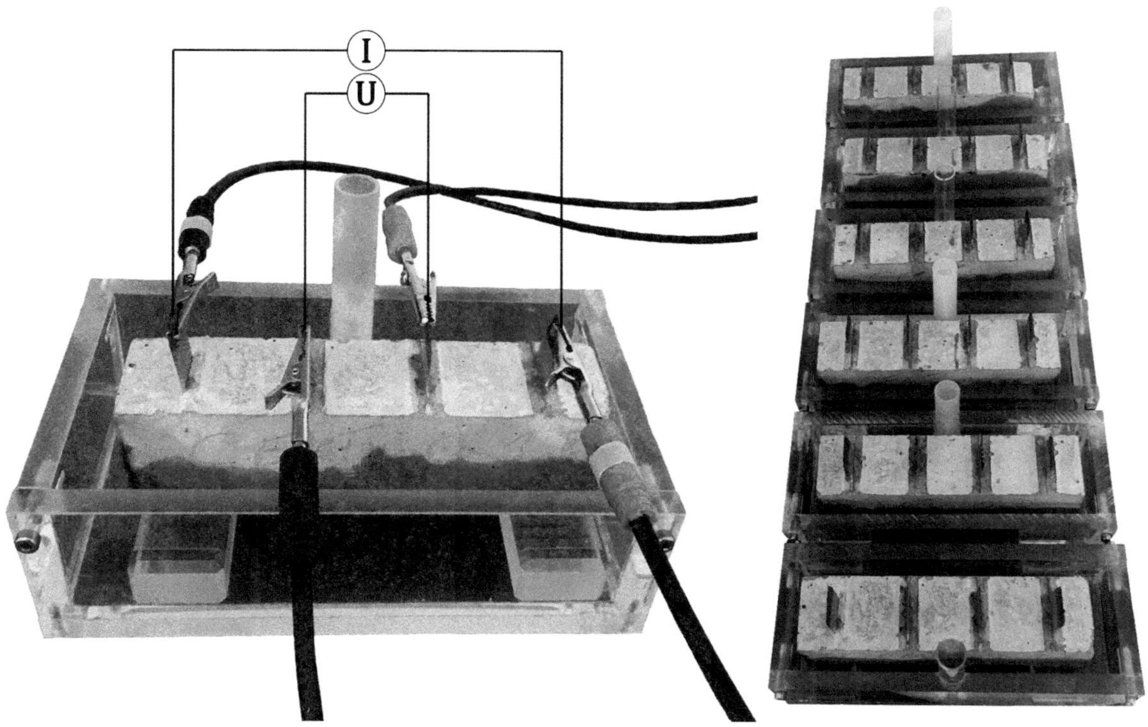

Abb. 43: Darstellung der Vierelektrodenanordnung zur Bestimmung des spezifischen elektrischen Mörtelwiderstandes an Mörtelprismen

Fig. 43: Illustration of the four-electrode arrangement for determining the specific electrical mortar resistance on mortar prisms

$$\rho = R \cdot \frac{A}{l} \cdot \kappa \qquad (48)$$

ρ	= Spezifischer elektrischer Widerstand des Mörtels in	$\Omega \cdot m$
A	= Fläche einer Elektrode (0,004) in	m^2
l	= Abstand de Elektroden (0,04) in	m
R_{El}	= Gemessener Widerstand bei einer Frequenz von 1 kHz in	Ω
κ	= Geometriekonstante 3,6	

Nachdem die Proben aus der Klimakammer in das Labor verbracht wurden, wird der Widerstand und die Masse der jeweiligen Proben gemessen. Während der elektrochemischen Messungen werden die Proben äquivalent zu den Proben der elektrochemischen Messungen in Leitungswasser getaucht, sodass sie die gleiche Menge Wasser über die gesamte Messdauer aufnehmen können. Die Eintauchtiefe beträgt ca. 2 mm. Sind die elektrochemischen Messungen beendet, wird der Widerstand erneut gemessen, dazu wird die Probe aus der Lagerungszelle mit Leitungswasser entnommen, abgetupft, die Masse bestimmt und der Widerstand erneut gemessen.

3.4 Analytische Untersuchungsverfahren

3.4.1 Ermittlung der Masseänderung der Mörtelprobekörper

Die Ermittlung der Masseänderung erfolgt durch Bestimmung der Masse vor und nach dem jeweiligen Versuch. Nach den Versuchen ist das Entfernen der Korrosionsprodukte vor dem Bestimmen der Masse essenziell. Die Proben wurden für zwei Minuten in einem Ultraschallbad mit 70 °C warmen Amoniumthiozyanat gebeizt, Rückstände des Dichtrings wurden mit 1:10 verdünnter Salzsäure betupft und entfernt. Im Anschluss daran wurde die Masse nach dem Versuch bestimmt. Für die Ermittlung der Massen wurde eine Analysewage vom Typ CPA324S-0CE der Firma Sartorius verwendet. Der Masseverlust wird unter Verwendung von Formel (49) ermittelt.

$$\Delta m = m_n - m_0 \tag{49}$$

Δm	= Masseverlust	g
m_n	= Masse eines gebeizten Bleches nach dem Versuch	g
m_0	= Masse des Bleches im Ausgangszustand vor dem Versuch	g

3.4.2 Ermittlung des Zinkschichtaufbaus mittels Glimmentladungsspektroskopie

Die Glimmentladungsspekrtoskopie, engl. Glow Discharge Optical Emission Spectroscopy (GDOES), ist ein Verfahren zur Bestimmung der chemischen Zusammensetzung von Schichten über die Schichtdicke. Im Fall von Zinküberzügen, die im Schmelztauchverfahren aufgebracht werden, ist die Ausbildung der Überzugsdicke und Zusammensetzung von der Temperatur des Zinkbades, der Tauchdauer und der Legierungszusammensetzung des Substrates abhängig. Mit diesem Verfahren ist es möglich Schichten von wenigen Nanometern bis hin zu 100 µm Dicke, mit einer Tiefenauflösung von ca. 5 nm zu charakterisieren [102]. Die GDOES-Analysen dieser Arbeit wurden im Institut für Werkstofftechnik-Zentrum für Konstruktionswerkstoffe der Materialprüfanstalt der TU Darmstadt mit dem Spektrometer GDA 750 der Firma Spectruma durchgeführt.

3.4.3 Ermittlung der Legierungszusammensetzung des zu verzinkenden Grundwerkstoffes mittels Funkenemissionsspektrometrie

Unter Verwendung der Funkenemissionsspektrometrie (FES) kann die chemische Zusammensetzung des zu verzinkenden Grundwerkstoffes ermittelt werden. Für die Untersuchungen wurde ein Funkenemissionsspektrometer vom Typ Spektro M8 der Firma Spectrolab verwendet. Die Untersuchungen wurden durch den Fachbereich 7.6 „Korrosion und Korrosionsschutz“ der Bundesanstalt für Materialforschung und-prüfung (BAM) durchgeführt.

3.4.4 Röntgendiffraktometrie XRD

Die Röntgendiffraktometrie wurde sowohl für die Analyse der Zementphasen verwendet als auch für die Analyse der Deckschichten an den feuerverzinkten Proben.

Für die Untersuchung der aufgemahlenen Zementleime wurden die XRD-Diffraktogramme mit einem Ultima IV Diffraktometer der Firma Rigaku aufgenommen. Die Messanordnung entspricht bei diesem Gerät der Bragg-Brentano-Anordnung. Die Proben wurden vor der Messung 48 h vakuumgetrocknet und hatten zum Untersuchungszeitpunkt ein Alter von 7 Tagen. Die untersuchten Proben wurden aus der Serie der Proben für die Kalorimetermessung verwendet, es wurden jeweils zwei Proben einer Variante untersucht.

Für die Untersuchungen wurden folgende Einstellungen verwendet:

Röntgenröhre: Cu Kα-Strahlung mit λ = 1,541787 Å / 40 kV und 40 mA
Schrittweite: 0,02°
Abtastrate: 0,5° 2θ min^{-1}
Scanbereich: 5-65°

Die Darstellung der Ergebnisse erfolgt mittels Peak-Identifikation und Bezeichnung dieser in den Diffraktogrammen. Die Software für die Analyse der Diffraktogramme ist Match 3 unter Verwendung der ICDD PDF-2 Datenbank von 2003.

Für die Analyse der Deckschichten wurde ein Röntgendiffraktometer vom Typ XRD 3000 TT der Firma Seifert verwendet. Anders als bei der zuvor beschriebenen Analyse der Zementphasen erfolgt die Messung hier unter streifendem Einfall, welcher eine Analyse sehr dünner Schichten ohne signifikante Beeinflussung durch das Substrat ermöglicht. Die Messanordnung entspricht der Anordnung Parallelstrahl mit Göbel-Spiegel.

Folgende Geräteeinstellungen wurden hierfür verwendet:

Röntgenröhre: Cu Kα-Strahlung mit λ = 1,541787 Å / 40 kV und 40 mA
Schrittweite: 0,05°
Abtastrate: 1,5° 2θ min^{-1}
Scanbereich: 5-72°

Die Auswertung der Diffraktogramme für die Deckschichtbildung erfolgte unter Verwendung der Software der Firma Seifert Typ Rayflex mit der PDF-2 Datenbank ICDD 1993.

Untersucht wurden die Proben hinsichtlich 13 verschiedener Verbindungen, die in Tabelle 11 aufgelistet sind.

Tabelle 11: Mittels XRD untersuchte Deckschichtbestandteile
Table 11: Surface layer components analyzed by XRD

Phase	Verbindung	ICDD/COD
Zink	Zn	4-831
Zinkhydroxid	$Zn(OH)_2$	20-1437
Zinkhydroxid / Wulfingite	$Zn(OH)_2$	38-385
Zinkhydroxid / Ashoverite	$Zn(OH)_2$	41-1359
Zinkoxid / Zinkit	ZnO	5-664
Simonkolleit	$Zn_5(OH)_8Cl_2 \cdot H_2O$	7-155
Zinksulfathydroxide / Osakaite	$Zn_4SO_4(OH)_6 \cdot 5H_2O$	39-688
Zinkchloridsulfathydrat	$Zn_{12}(OH)_{15}Cl_2\ (SO_4)_3 \cdot 5H_2O$	42-152
Calciumhydrozinkat (CHZ)	$Ca(Zn(OH)_3)_2 \cdot 2\ H_2O$	24-222
Calciumzinkkarbonat / Minrecordite	$CaZn(CO_3)_2$	35-667
Zinkkarbonat / Smithsonite	$ZnCO_3$	8-449
Zinkhydroxykarbonat	$Zn_4CO_3(OH)_6 \cdot H_2O$	11-287
Hydrozinkit	$Zn_5(CO_3)_2(OH)_6$	19-1458

Die Messungen erfolgten durch den Fachbereich 6.7 „Oberflächenmodifizierung und Oberflächenmesstechnik“ der Bundesanstalt für Materialforschung und -prüfung (BAM) innerhalb von fünf Tagen nach dem Ausbau der Bleche aus den Messzellen. Die Analyseergebnisse werden mittels Phasenidentifikation durch Datenbankvergleich mit der zuvor genannten Datenbank dargestellt, die Quantifizierung der Phasen wird in Tabelle 12 beschrieben.

Tabelle 12: Darstellung der verwendeten Indexe und die zugehörigen Bewertungen

Table 12: Presentation of the indexes used and the associated ratings

Index	Bewertung
+++	sicher zugeordnet, mind. zwei Reflexe eindeutig
++	wahrscheinlich enthalten, mind. zwei Reflexe passend
+	Hinweis durch mind. ein Reflex
o	möglich (nicht mehrere fehlende starke Reflexe im freien Bereich/Überlagerung)
-	unwahrscheinlich (mehrere fehlende starke Reflexe im freien Bereich)
--	ausgeschlossen (nur eindeutig falsche Reflexlagen)
()	widersprüchlich durch fehlenden starken Reflex

3.4.5 Kalorimetermessung

Die Kalorimetermessung erfolgte mit einem Kalorimeter des Typs TAM Air der Firma TA Instruments. Untersucht wurden Zementleimvarianten entsprechend der in Abschnitt 3.2 aufgeführten Probenmatrix. Die Untersuchung erfolgte nach DIN EN 196-11:2018 [103]. Ziel ist es, den Einfluss des Chlorids auf die freiwerdende Hydratationswärme zu beschreiben, die auf eine anders geartete Hydratphasenbildung gegenüber der chloridfreien Probe schließen lässt.

3.4.6 Ermittlung des Chloridgehaltes

Die Analyse des Gesamtchloridgehaltes erfolgte nach DAfStb Heft 401 [104] mit einem heißen Salpetersäureaufschluss gelöst und mittels potentiometrischer Titration bestimmt. Hierfür werden die Proben im Vorfeld bei 105 °C bis zur Massekonstanz getrocknet und anschließend in der Scheibenschwingmühle aufgemahlen. Der verwendete Titrator ist vom Typ Excellence-Titrator T5 der Firma Metler Toledo. Die Angabe des Chloridgehaltes erfolgt in M.% bezogen auf die Einwaage und wird im Nachgang auf den Zementgehalt umgerechnet. Der wasserlösliche Anteil des in den Proben befindlichen Chlorids wurde mittels wässriger Auslaugung der Proben und anschließender Filtration und Titration der gewonnenen Lösung ermittelt. Die Untersuchung erfolgte in Anlehnung an die in DIN EN 12457-4 genannte Vorgehensweise zur Auslaugung in Kombination mit dem Mischungsverhältnis Feststoff Bidestillat aus dem „Handbuch Mörtel und Steinergänzungsstoffe in der Denkmalpflege“ von 1:50 [105, 106]. Das Gemisch aus gemahlener Probe und zweifach destilliertem Wasser wird vor der Filtration und Titration über eine Dauer von 24 h geschüttelt. Die Titration erfolgt wie zuvor beschrieben. Das Delta zwischen wässrigem und saurem Aufschluss beschreibt das Chloridbindevermögen der jeweiligen Zemente unter Berücksichtigung der Chloridkonzentration und wird nach Formel (50) berechnet. Die Arbeiten erfolgten durch den Fachbereich 7.4 „Baustofftechnologie“ der Bundesanstalt für Materialforschung und -prüfung (BAM).

$$Cl_b = Cl_t - Cl_s \tag{50}$$

Cl_b	Chlorid bound	M. %
Cl_t	Chlorid total (saurer Aufschluss)	M. %
Cl_s	Chlorid soluble (wässriger Aufschluss)	M. %

3.4.7 Bestimmung von Anionen und Kationen in wässrigen Lösungen - Zement- und Porenwasseranalyse

Sowohl für die Zementanalyse als auch für die Analyse des ausgepressten Porenwassers wird die optische Emissionsspektrometrie mit induktiv gekoppeltem Plasma verwendet (ICP-OES). Bei den Untersuchungen kam ein Gerät der Firma Thermo Fisher vom Typ iCap 6300 zum Einsatz. Die Zementanalyse erfolgte in Anlehnung an DIN EN 196-2 [63], die Aufbereitung der Proben erfolgte normativ, die Elementanalyse mittels ICP-OES. Die Untersuchung des Porenwassers der jeweiligen Probenserien erfolgte ebenfalls mittels ICP-OES. Das Porenwasser selbst wurde durch Auspressen mit der Stahl-Düsenmethode durchgeführt, dabei wurde, wie in [107] beschrieben, mit einem maximalen Druck von 650 MPa gearbeitet, dies erfolgte durch den Fachbereich 7.1 der Bundesanstalt für Materialforschung und -prüfung (BAM). Das Porenwasser wird dabei direkt über einen Schlauch und eine Einwegspritze abgesaugt und hat keinen direkten Kontakt mit der Atmosphäre. Im Anschluss daran werden die Spritzen zur Analyse an den Fachbereich 7.4 Baustofftechnologie der BAM weitergegeben. Die gewonnene Menge des Porenwassers ist maßgebend vom Feuchtegehalt der zu untersuchenden Proben abhängig. Die hergestellten Zylinder werden bei 100 % Luftfeuchte einzeln in offene Kunststofftüten gegeben und zusätzlich mit 25 ml destilliertem Wasser beaufschlagt. Neben dem ausgepressten Porenwasser wird auch das verbleibende destillierte Wasser untersucht, um den ausgelaugten Anteil an Ionen bestimmen zu können und diesen Wert anschließend dem Analyseergebnis des Porenwassers hinzuzurechnen. Der pH-Wert der ausgepressten Porenlösung wurde ebenfalls bestimmt.

3.4.8 Laserinduzierte Plasmaspektroskopie

Die laserinduzierte Plasmaspektroskopie (LIBS – Laser-induced Breakdown Spectroscopy) wurde in dieser Arbeit verwendet, um eine quantitative Chloridverteilung im Probekern bestimmen zu können. Um das für die Spektroskopie benötigte verdampfte Probenmaterial zu erhalten, wird ein gepulster Laser auf die Oberfläche fokussiert. Das durch den Laser induzierte Plasma enthält das verdampfte, atomisierte und ionisierte Probenmaterial und sendet somit elementspezifische Strahlung aus, die spektroskopisch analysiert wird. Für die Untersuchung wurde ein System der Firma Secopta vom Typ FiberLIBSlab verwendet. Die Quantifizierung der LIBS-Ergebnisse erfolgt über eine Kalibrierung mit nasschemischen Analysen, die aus Proben ermittelt wurden, die während der jeweiligen Betonagen aus den zugehörigen Chargen hergestellt wurden. Neben den Kalibrierproben erfolgte die Kalibrierung nach [108, 109]. Wie in [21] beschrieben erfolgte die Kalibrierung sowohl an homogenisierten Pulverpresslingen als auch an Bruchflächen. Für die Untersuchungen wurden für jede Messserie entsprechende Kalibrierfunktionen ermittelt.

3.4.9 Quecksilberdruckporosimetrie

Für die Durchführung der Messung muss im Vorfeld die Reindichte der Proben bestimmt werden, dies erfolgte nach DIN 66137-2 [110] mit einem Helium-Pyknometer der Firma Thermo Scientific vom Typ Pycnomatik ATC. Die Proben werden auch hier bei 105 °C bis zu Massekonstanz getrocknet.

Der Einfluss der Chloridzugabe auf das Porengefüge der Prüfkörper soll mittels Quecksilberdruckporosimetrie quantifiziert werden. Der untersuchte Porenradius erstreckt sich von 0,01 µm bis 100 µm. Hierfür wurden zwei Geräte verwendet, eins von der Firma Thermo Finnigan vom Typ Pascal 240 Series und eins von der Firma Thermo Quest vom Typ Pascal 140 Series. Die Proben werden vor der Untersuchung wie bei der Chloridanalyse getrocknet und im Anschluss daran in der Scheibenschwingmühle gemahlen. Der Durchmesser der gemahlenen Fraktion beträgt 63 µm. Die Bestimmung der Reindichte ist für die Ermittlung Porosität notwendig, diese wurde gemäß DIN 66137-2 [111] nach dem Aufmahlen mit einem Helium-Pyknometer vom Typ Pycnometer ATC der Firma Thermo Science bestimmt. Die Untersuchungen wurden durch die Fachbereiche 7.1 „Baustoffe“ und 7.4 „Baustofftechnologie“ der Bundesanstalt für Materialforschung und -prüfung (BAM) durchgeführt.

3.4.10 Metallographische und mikroskopische Untersuchungen

Im Rahmen der metallographischen Untersuchungen wurden Längs- und Querschliffe der feuerverzinkten Proben hergestellt. Um den Aufbau der Legierungsphasen des feuerverzinkten Stückgutes sichtbar zu machen, wurden Nitalätzungen mit einer Ätzdauer von fünf Sekunden durchgeführt. Anhand der lichtmikroskopischen Untersuchungen konnte die Dicke der Legierungsphasen quantifiziert und im Bild festgehalten werden. Ungeätzte Bilder wurden mit polarisiertem Licht erstellt. Nach Beendigung der elektrochemischen und der analytischen Untersuchungen sind an den gebeizten Blechen der Serie II ausgewählte Bereiche im Schliff untersucht worden. Für die lichtmikroskopischen Untersuchungen wurde ein Auflichtmikroskop der Firma Zeiss vom Typ Axiovision 7 mit einer Axiocam 5 verwendet. Die ZEN-Software zur Bildbearbeitung stammt ebenfalls von der Firma Zeiss.

Neben der lichtmikroskopischen Untersuchung sind ausgewählte Proben vor dem Beizen mittels Rasterelektronenmikroskop (REM) untersucht worden. Ziel war es, die gebildeten Deckschichten lokal visualisieren zu können und diese mittels einer ortsaufgelösten Elementanalyse unter Verwendung energiedispersiver Röntgenspektroskopie (EDX) den mittels XRD quantifizierten Phasen zuordnen zu können. Das verwendete Rasterelektronenmikroskop vom Typ Vega 3 XLH ist von der Firma Tescan, für die EDX wurde ein Gerät der Firma Oxford Instruments vom Typ X Max 80 verwendet. Die Software für die Auswertung der EDX-Spektroskopie, vom Typ AZtec 4.1, ist ebenfalls von Oxford Instruments. Die Untersuchungen wurden im Fachbereich 5.1 „Materialographie, Fraktographie und Alterung technischer Werkstoffe“ der Bundesanstalt für Materialforschung und -prüfung (BAM) durchgeführt.

Die Parameter für die REM-Untersuchungen waren:

Kathode: Wolfram
Beschleunigungsspannung: 0,5 bis 30 kV
Detektor: YAG-Detektor und Szintillationsdetektor
Hochvakuum mit ca. 1 x10^{-5} mbar
Signale: Sekundär- und Rückstreuelektronen

4 Ergebnisse

4.1 Herstellung und Charakterisierung der Arbeitselektroden

Die Arbeitselektroden bestehen aus einem Feinblech mit der Werkstoffnummer 1.0330 mit einer Nenndicke von 1,5 mm. In Tabelle 13 ist die Legierungszusammensetzung des Probenmaterials 1.0330, die normativen Maxima gemäß DIN EN 10130 [112] und zum Vergleich die Zusammensetzung des in [35-38] verwendeten Betonstahls 1.0439 dargestellt. Die Sollwerte für den Werkstoff 1.0439 (Betonstahl B 500 B) sind entsprechend DIN 488-1 [113] dargestellt und basieren auf der Sicherstellung der Schweißeignung des Werkstoffes.

Tabelle 13: Legierungszusammensetzung des Probenmaterials

Table 13: Alloy analysis of the sample material

Werkstoff	C %	Si %	Mn %	P %	S %	Cr %	Mo %	Ni %	Al %	Cu %	Fe %
1.0330 ist	0,07	<0,01	0,23	<0,001	0,005	0,030	0,040	0,020	0,032	0,080	>98,2
1.0330 soll	≤0,12	-	≤0,60	≤0,045	≤0,045	-	-	-	-	-	
1.0439 ist	0,19	0,23	1,00	0,016	0,041	0,09	0,04	0,18	0,003	0,26	>97,5
1.0439 soll	≤0,22	-	-	≤0,050	≤0,050	-	-	-	-	≤0,60	-

Anhand der Siliziumgehalte ist der 1.0330 in die Klasse der Niedrigsiliziumstähle einzugliedern und der Betonstahl 1.0439 in die Klasse der Sebisty-Stähle.

Die Verzinkungsparameter sind in **Tabelle 14** aufgeführt. Das Entfetten der Proben erfolgte sauer. Hierzu werden die Proben nach [114] einem sogenannten Beizentfettungsvorgang unterzogen, in dem die Proben in eine salzsäurehaltige (HCL) Lösung getaucht werden, die mit einem entfettungswirksamen Zusatz versehen ist. Im Anschluss daran erfolgt eine 90-minütige Tauchdauer in einer Beizlösung, der Eisengehalt der Beizlösung beträgt im Mittel 104,17 g/l, der HCL-Gehalt 106 g/l. Die Mittelwerte wurden aus sechs Einzelbestimmungen errechnet. Inhibitoren wurden der Beizlösung nicht hinzugegeben. Im Anschluss an das Beizbad wurden die Proben zweimal gespült. Die Tauchdauer im Flussmittelbad beträgt nur eine Minute, der Eisengehalt beträgt 21 g/l, $ZnCl_2$-Gehalt 221 g/l und der Gehalt an NH_4Cl 150 g/l. Die Proben wurden im Anschluss 60 Minuten bei einer Temperatur von 85 °C getrocknet. Nach der Vorbehandlung der Proben erfolgte der Verzinkungsprozess, die Tauchdauer beträgt 5 Minuten 25 Sekunden bei einer Temperatur der Zinkschmelze von 444 °C.

Tabelle 14: Parameter des Verzinkungsprozesses

Table 14: Galvanizing process parameters

Arbeitsschritt	1.0439 Betonstahl (B500A)	1.0330 Blech
Probendurchmesser bzw. -dicke	10 mm	1,5 mm
Entfetten sauer: Temp. / Dauer / spülen	32°C / 10 min / nein	42°C / 15min / nein
Beizen: Temp. / Dauer / Inhibitor /spülen	23°C / 40 min / nein / ja 2x	22°C / 90 min / nein / ja 2x
Flussmittel: Temp. / Dauer	25°C / 10 min	28°C / 1 min
Verzinkungsprozess: Temp. / Dauer	444°C / 10 min	444°C / 5 min 25 sec.

Der Mittelwert der Schmelzenzusammensetzung für die hier verwendeten Arbeitselektroden und für feuerverzinkte Betonstähle, die im Rahmen eines Projektes (AiF-IGF 499) als Referenz hergestellt worden sind, ist in Abb. 44 dargestellt. Der Mittelwert besteht aus jeweils sechs Einzelbestimmungen und wurde seitens des Herstellers zur Verfügung gestellt.

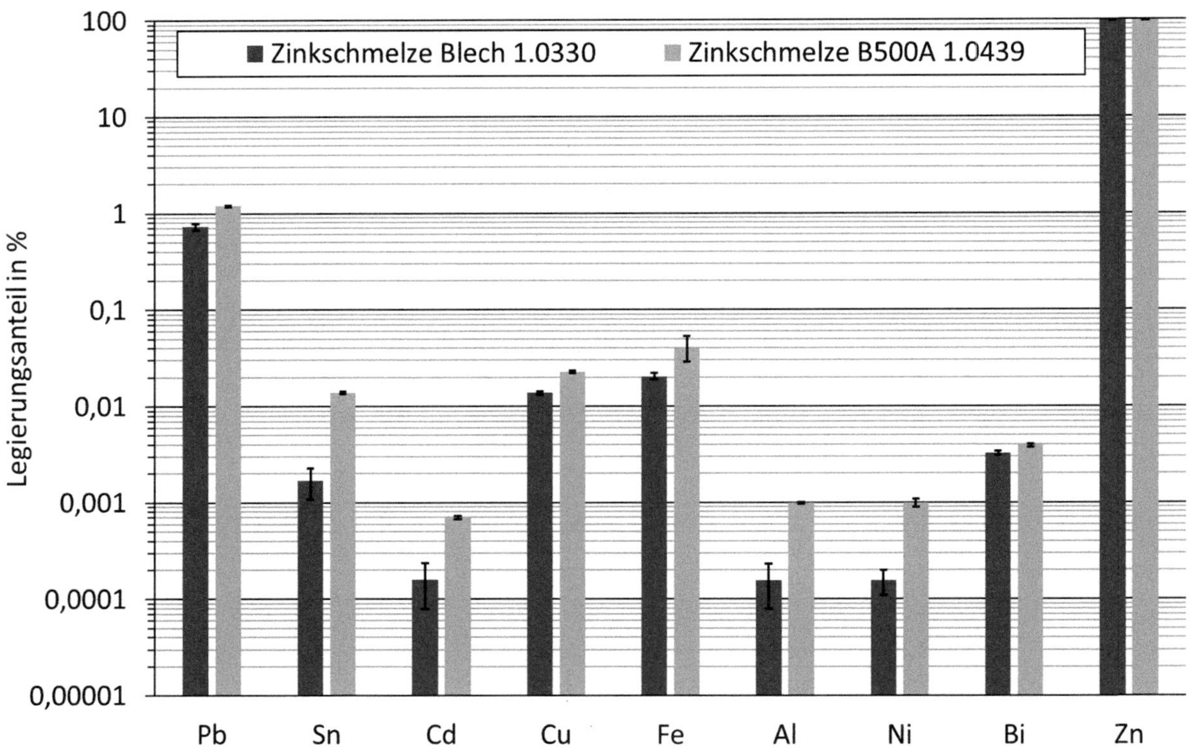

Abb. 44: Zusammensetzung der Zinkschmelzen für Referenzbetonstahl B500A aus 1.0439 und für die verwendeten Bleche aus 1.0330

Fig. 44: Composition of the zinc melts for reference reinforcing steel B500A made of 1.0439 and for the steel sheets made of 1.0330

Die verwendeten Bleche haben eine Länge von 100 mm, eine Breite von 23 mm und eine Höhe von 1,5 mm. Die Gesamtoberfläche der Arbeitselektrode beträgt somit 49,69 cm^2. Nach dem Verzinken wurden metallographische Schliffe der Bleche und Betonstähle hergestellt und die Legierungsphasen mittels Nitalätzung, bei einer Verweildauer von 5 Sekunden in der Lösung, sichtbar gemacht. Die Proben zeigen eine gemäß [115] zu erwartende Struktur und entsprechenden Schichtaufbau. Die mittlere Zinkschichtdicke wurde an sechs Proben in drei Ebenen zu je zwei Messwerten bestimmt und beträgt 61,6 µm mit einer Standardabweichung σ = 4,85. Dies entspricht ebenfalls den in [115] aufgeführten Erwartungswerten von ca. 65 - 70 µm, für eine Tauchdauer von ca. fünf Minuten und eine Temperatur von 444 °C. Der in Abb. 45 dargestellte Schliff links zeigt ein geätztes Gefüge der Zinkschicht auf dem Grundwerkstoff 1.0330, deutlich sind die Abgrenzungen der einzelnen Legierungsphasen δ1, ζ und η zu erkennen. Die η-Phase beinhaltet Einschlüsse der ζ-Phase.

Die mittlere Zinkschichtdicke wurde an den Betonstählen aus 30 Messwerten ermittelt und beträgt im Mittel 164 µm bei einer Standardabweichung σ = 24,93 µm. Dies entspricht bei einer Verzinkungstemperatur von 444° C und einer Tauchdauer von 10 Minuten ebenfalls den Erwartungswerten gemäß [115], die ca. 200 µm betragen. Nach [115] ist der kristalline Aufbau der ζ- und η-Phase bei Sebisty-Stählen grobkristallin, dies kann anhand der metallographischen Schliffe ebenfalls bestätigt werden, siehe Abb. 45 rechts. Die δ1- und ζ-Phase an den Betonstählen sind deutlich dicker als an den verzinkten Blechen, die Dicke der η-Phase ist dagegen vergleichbar.

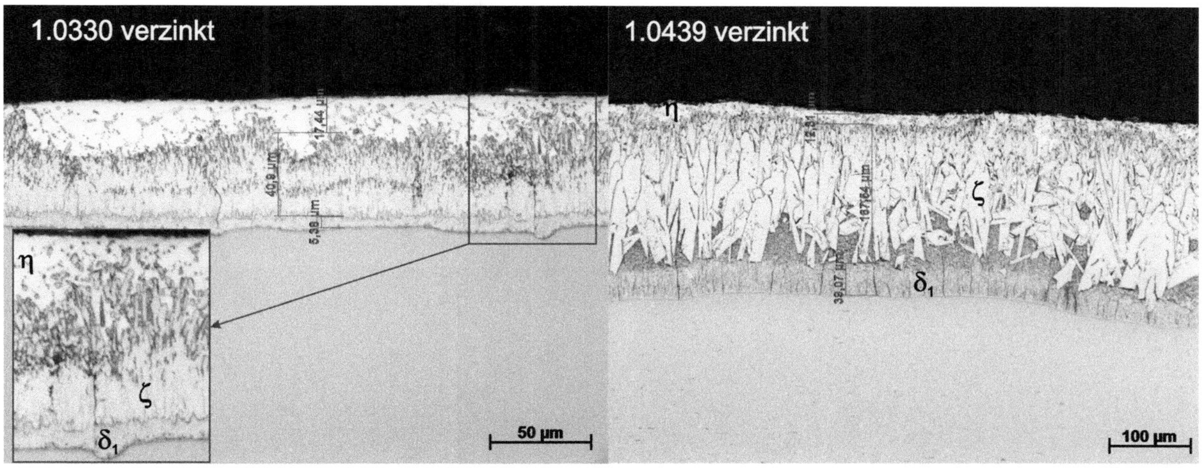

Abb. 45: Metallographischer Schliff mit geätzter Struktur des Zinküberzuges auf einem Blech aus 1.0330 links und auf einem Betonstahl B500A (1.0439) rechts

Fig. 45: Metallographic section with etched structure of the zinc coating on a sheet of 1.0330 on the left and on a reinforcing steel B500A (1.0439) on the right

An den verzinkten Blechen aus 1.0330 wurde die chemische Zusammensetzung der Phasen mittels GDOES untersucht. Die Tiefenauflösung bei den durchgeführten Untersuchungen beträgt im Mittel 33 nm mit einer Standardabweichung σ = 1,2. In Abb. 46 sind die Proben 1 g bis 3 g nach der Analyse dargestellt, im oberen Bild ist der Untersuchungsbereich vergrößert dargestellt. An den Proben wurden gestaffelt sieben Querschliffe durchgeführt, exemplarisch ist jeweils der vierte Querschliff (E4) dargestellt. Im unteren Bereich der Darstellung in Abb. 46 ist der Saum links und rechts sowie das Substrat ohne Zinkanhaftungen erkennbar.

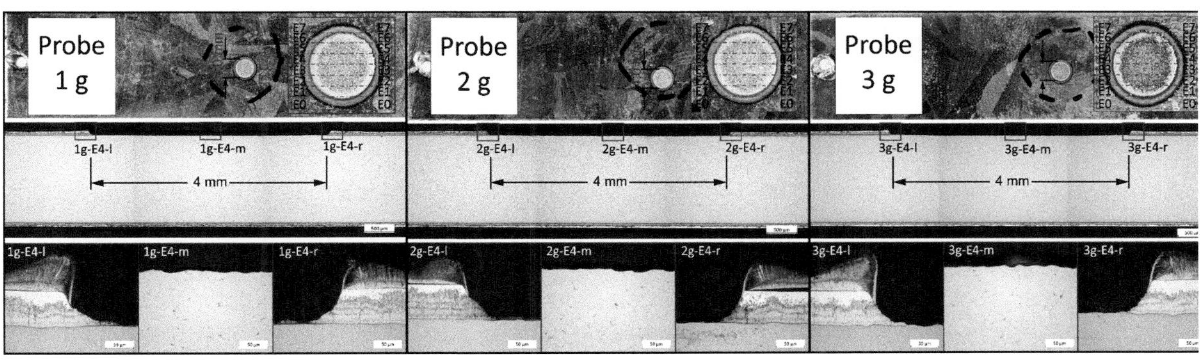

Abb. 46: Probe 1 g, 2 g und 3 g nach GDOES, oben: Draufsicht, Mitte: Querschliff Ebene 4, unten: Saum im Querschliff Ebene 4 und Mitte des analysierten Bereichs

Fig. 46: Sample 1 g, 2 g, and 3 g according to GDOES, top: Top view, middle: cross-section level 4, bottom: seam in cross-section level 4 and middle of the analyzed area

Exemplarisch ist ein metallographischer Schliff mit einem Messergebnis aus den GDOES-Messungen der Probe 1 g in Abb. 47 dargestellt. Die Eisengehalte der unterschiedlichen Phasen, die in Abb. 47 rechts angegeben sind, basieren auf den Mittelwerten der sechs gemessenen Proben mit den zugehörigen Standardabweichungen. In der grafischen Darstellung sind die Legierungsphasen sowie die Mischphasen farblich gekennzeichnet. Die Mischphasen basieren auf der Unebenheit des Schichtverlaufes. Am Beispiel der η-Phase ist ab einer Nachweistiefe von ca. 3 µm ein Eisengehalt von ca. 0,1 M. % festgestellt worden, der auf dem ungleichmäßigen Einwachsen der ζ-Phase in die η-Phase basiert und somit einen zu hohen Eisengehalt für eine ungestörte η-Phase suggeriert. Der minimale Eisengehalt am Beispiel der Probe 1 g wurde mit ca. 0,036 M. % in einer Tiefe von 600 nm festgestellt. Der maximale Bleigehalt konnte in einer Tiefe von ca. 7 µm ermittelt werden und beträgt 0,55 M. %. Dieser

Wert liegt unterhalb des in Abb. 44 aufgeführten Bleigehaltes, der sich auch in der η-Phase so nicht nachweisen lässt. Die Bleizugabe basiert auf der Herabsetzung der Oberflächenspannung des Zinkbades, darüber hinaus vielmehr, dient es der erleichterten Entfernung von Hartzinkschichten am Zinkkessel. Auf dem Grund des Zinkbades kann sich nach [114, 116] ein Bleisumpf mit einer Dicke von bis zu 50 mm bilden.

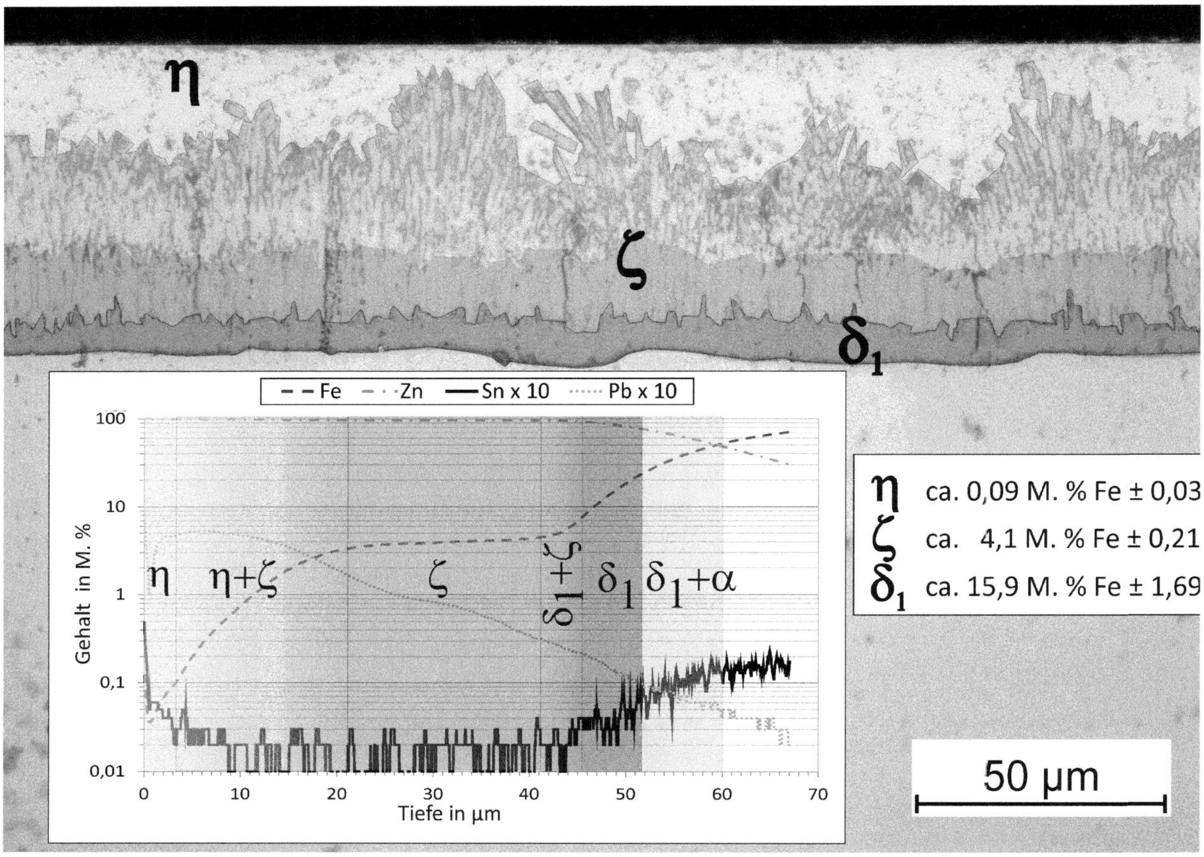

Abb. 47: Querschliff Ebene 0 Probe 1-g; exemplarisch sind die Legierungsphasen farblich unterlegt, GDOES der Probe 1-g mit Legierungsphasen, Sn- und Pb-Gehalt (skaliert mit Faktor 10) und analytischen Mischphasen sowie der Eisengehalt der Legierungsphasen rechts im Bild

Fig. 47: Cross-section level 0 sample 1-g; the alloy phases are highlighted in color as an example, GDOES of sample 1-g with alloy phases, Sn and Pb content (scaled by a factor of 10), and analytical mixed phases as well as the iron content of the alloy phases on the right of the image

4.2 Zement, Zementleim und Mörtel

4.2.1 Charakterisierung der Zementzusammensetzung

Wie in Abschnitt 3.2 beschrieben, sind die verschiedenen Probekörperserien mit jeweils drei Zementen hergestellt worden. Zur Charakterisierung der Zemente erfolgte eine Analyse der chemischen Zusammensetzung gemäß DIN EN 196-2 [63]. Die Ergebnisse der Analyse sind in Tabelle 15 dargestellt. Der Glühverlust bei CEM II/A-LL ist im Vergleich zu den beiden anderen Zementen bis zu 4 M. % größer und ist auf einen erhöhten Glühverlust bei der Analyse des Calciumoxids zurückzuführen. Dieses Delta basiert auf dem erhöhten Glühverlustanteil durch die Zugabe des Kalksteinmehls, das ebenfalls bei der Analyse des CaO bestimmt wird. Die höheren Aluminiumoxid- und Siliziumoxidgehalte bei dem verwendeten CEM III/A 42,5 N basieren auf dem Hüttensandanteil, gleiches gilt für den erhöhten Magnesiumoxidanteil gegenüber CEM I und CEM II/A-LL.

Tabelle 15: Chemische Zusammensetzung der verwendeten Zemente

Table 15: Chemical composition of the cements used

	CEM I 42,5 R	CEM II/A-LL 42,5 N	CEM III/A 42,5 N (na)
Glühverlust / davon CO_2	2,96 / 1,90	6,12 / 5,49	2,13 / 2,05
Elemente	Bestandteil in M. % (Glühverlustfrei)		
SiO_2	20,01	21,78	27,12
Al_2O_3	4,94	4,65	7,39
Fe_2O_3	2,43	2,33	1,52
TiO_2	0,22	0,24	0,41
CaO	65,41	64,45	55,01
MgO	2,10	2,26	4,55
Na_2O	0,26	0,22	0,24
K_2O	0,85	0,73	0,52
Natriumäquivalent	0,82	0,71	0,57
SO_3	3,10	2,60	2,76
P_2O_5	0,13	0,13	0,05
Mn_2O_3	0,04	0,05	0,11
Cl	0,09	0,09	0,08

4.2.2 Charakterisierung des Zementleims

4.2.2.1 Kalorimetermessungen

Für die Charakterisierung des Zementleims wurden die in Abb. 48 gezeigten kalorimetrischen Messungen durchgeführt, dargestellt ist jeweils eine der zwei durchgeführten Messungen je Variante. Als Referenz gilt die Probe ohne Chloridzugabe. Der Anstieg der Hydratationswärme erfolgt mit einer deutlich höheren Intensität bei Zugabe von Chlorid, was an der größeren Steigung des spezifischen Wärmeflusses gegenüber der Referenz erkennbar ist. Bis zu einem Zeitraum von 5 h besteht kein signifikanter Unterschied zwischen den variierenden Chloridzugabemengen. Das Maximum ist ca. 1 h vor der Referenzprobe erreicht und liegt bei allen chloridhaltigen Proben oberhalb der Referenz. Dabei ist zu beachten, dass die Probe mit 2,0 M. % Chlorid nicht das höchste Hydratationswärmeaufkommen verzeichnet. Das Maxima wird mit 1,0 M. % Chlorid erreicht, ähnliche Werte werden auch mit 0,4 M. % erreicht und deutlich darunter liegen die Proben mit 2,0 M. %.

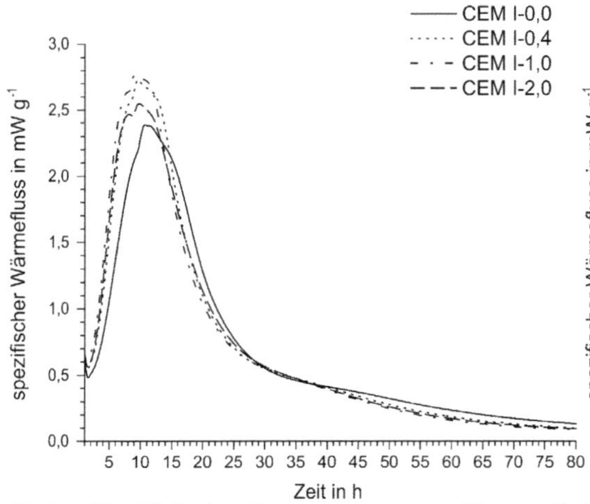

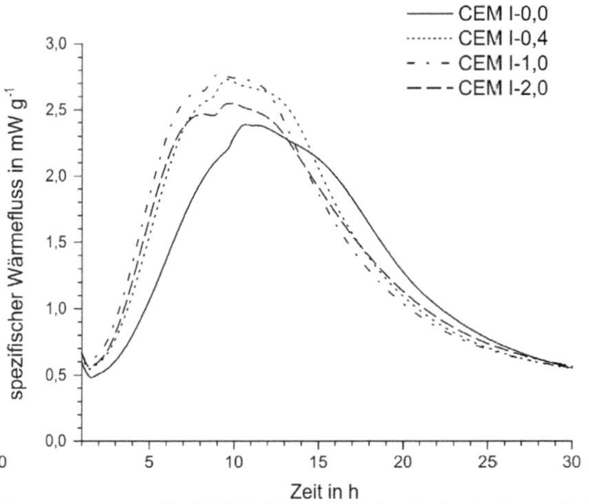

Abb. 48: Kalorimetermessung an Zementleimproben mit CEM I und 0,0, 0,4, 1,0 und 2,0 M. % Chlorid, rechts: Zeitausschnitt

Fig. 48: Calorimeter measurement on cement paste samples with CEM I and 0.0, 0.4, 1.0, and 2.0 wt. % chloride, right: time section

Dieses Ergebnis konnte ebenso für CEM II/A-LL festgestellt werden. Bei einem direkten Vergleich fällt auf, dass kein signifikanter Unterschied zwischen CEM I und CEM II/A-LL gegeben ist. Auch hier wird ein Maximum an Hydratationswärme bei der Zugabe von 1,0 M. % Chlorid erreicht, siehe Abb. 49. Die Zugabe von 2,0 M. % Chlorid reduziert die maximale Hydratationswärmeentwicklung, die bei Zugabe von 1,0 M. % Chlorid erzielt wurde.

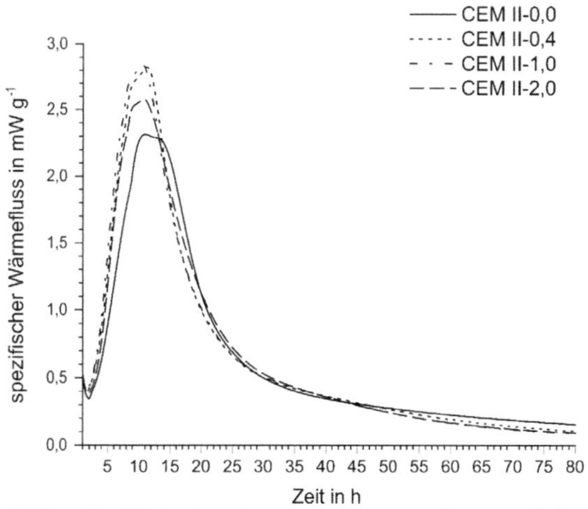

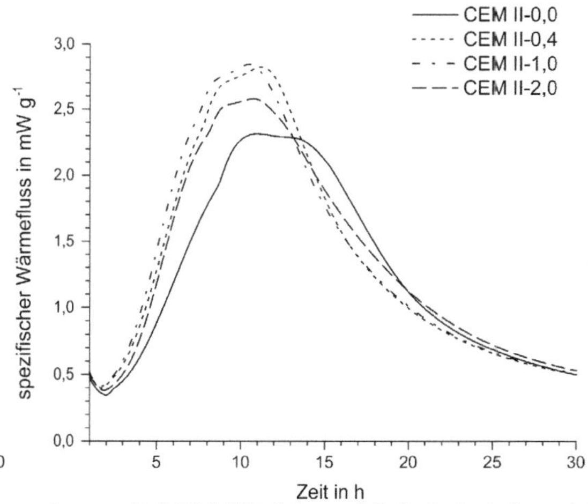

Abb. 49: Kalorimetermessung an Zementleimproben mit CEM II/A-LL und 0,0, 0,4, 1,0 und 2,0 M. % Chlorid

Fig. 49: Calorimeter measurement on cement paste samples with CEM II/A-LL and 0.0, 0.4, 1.0, and 2.0 wt. % chloride

Bei der Betrachtung der Ergebnisse des CEM III/A in Abb. 50 sind erwartungsgemäß deutlich geringere spezifische Wärmeflüsse der jeweiligen Proben gemessen worden. Die geringere Hydratationswärmeentwicklung basiert auf dem geringeren Portlandzementklinkeranteil. Die Chloridzugabe führt unabhängig von der Zugabemenge zu nahezu identischen Kurvenverläufen. Der bei der Probe CEM III-0,0 nach ca. 18 h gebildete „Buckel" im Kurvenverlauf deutet auf eine Aluminat-Hydratphasenbildung hin, die aus dem Aluminat aus Hüttensanden erfolgen kann.

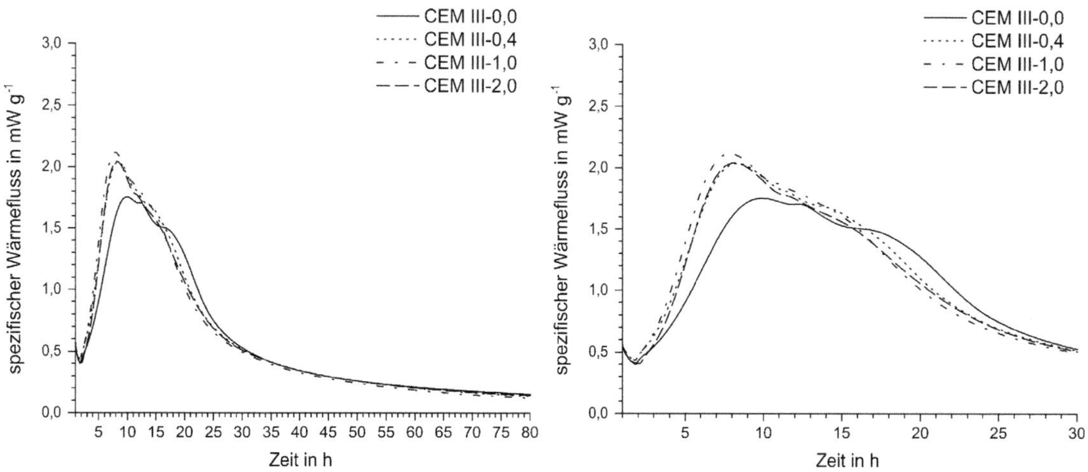

Abb. 50: Kalorimetermessung an Zementleimproben mit CEM III/A und 0,0, 0,4, 1,0 und 2,0 M. % Chlorid

Fig. 50: Calorimeter measurement on cement paste samples with CEM III/A and 0.0, 0.4, 1.0, and 2.0 wt. % chloride

Bei allen Proben, bei denen dem deionisiertem Zugabewasser Chlorid zugesetzt wurde, konnte eine signifikante Änderung der Hydratationswärmeentwicklung beobachtet werden.

Zusammenfassend kann die maximale Hydratationswärmesteigerung bezogen auf die chloridfreie Probe der jeweiligen Serie in Abb. 51 links dargestellt werden. Es ist deutlich zu erkennen, dass bei Zugabe von 1,0 M. % Chlorid die maximale Hydratationswärmesteigerung für jeden der drei verwendeten Zemente gegeben ist. CEM II/A-LL hat bei der Zugabe von 1,0 M. % Chlorid eine Hydratationswärmesteigerung von ca. 25 % im Maximum, ähnliche Werte weist auch der CEM III/A auf, CEM I hat lediglich eine Steigerung von rund 17 %. Ebenfalls kann festgehalten werden, dass das Hydratationswärmemaximum bezogen auf die Serie ohne Chlorid, bei der Zugabe von Chloriden deutlich schneller erreicht wird, siehe Abb. 51 rechts. Bei der Verwendung eines CEM II/A-LL ist die Verkürzung deutlich geringer als bei CEM I und CEM III/A, die bei Zugabe von 1,0 M. % Chlorid bereits nach 59 % des ursprünglichen Zeitbedarfs die gleiche Energie freigesetzt haben wie die jeweilige Probe ohne Chlorid.

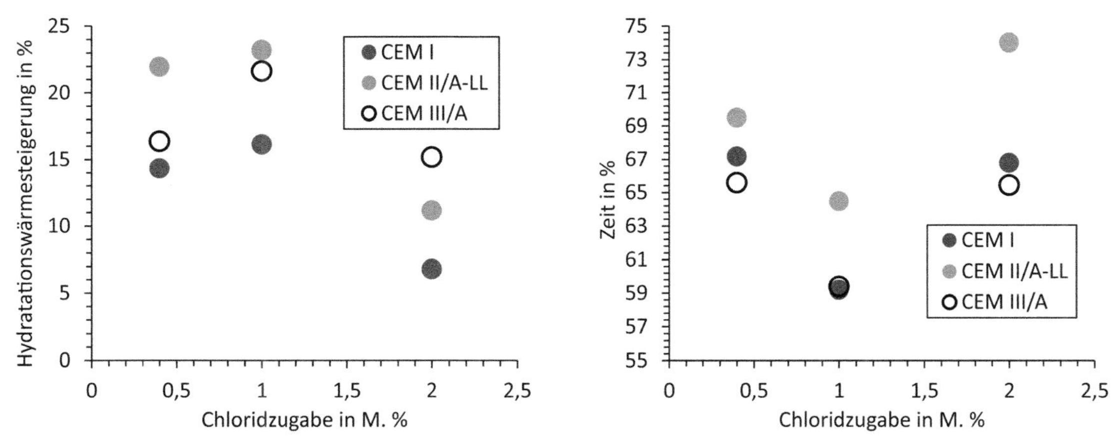

Abb. 51: links: Hydratationswärmesteigerung infolge Chloridzugabe, rechts: Zeitbedarf bis zum Erreichen der freiwerdenden Energie der jeweiligen 0-Serie

Fig. 51: left: Increase in hydration heat due to the addition of chloride, right: time required to reach the released energy of the respective 0 series

In Abb. 52 ist die Zeit bis zum Erreichen des maximalen spezifischen Energieflusses im Bereich der anfänglichen linearen Steigung dargestellt und verdeutlicht noch einmal die Erstarrungsbeschleunigende Wirkung der Phasen unter Zugabe von Chloriden.

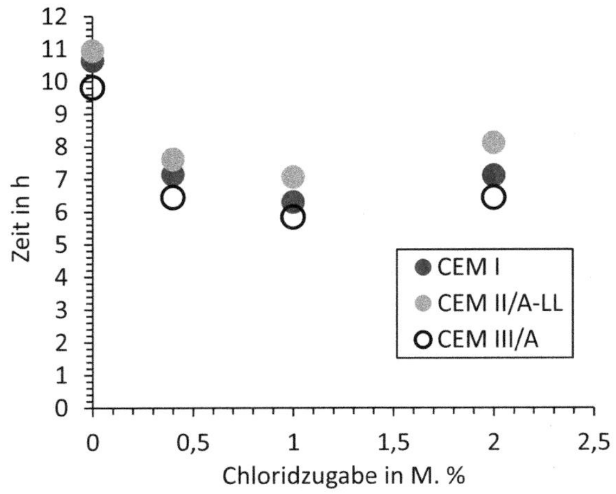

Abb. 52: Zeit bis zum Erreichen des maximalen Energieflusses im Bereich der anfänglichen linearen Steigung

Fig. 52: Time to reach the maximum energy flow in the area of the initial linear gradient

4.2.2.2 Röntgendiffraktometrische Untersuchungen des Zementsteins

Die aufgemahlenen Zementsteinproben der jeweiligen Zemente und Chloridgehalte wurden, wie in Abschnitt 3.4.4 beschrieben, untersucht. Das Probenalter zum Untersuchungszeitraum beträgt 7 Tage, die Trocknungsphase begann nach 5 Tagen. In Abb. 53 sind die Diffraktogramme der Serie CEM I dargestellt. Ab einer Chloridzugabe von 0,4 M. % ist die Bildung friedelschen Salzes (Fs) eindeutig zu erkennen. Ohne Zugabe von Chloriden ist aufgrund des Alters der Proben zum Untersuchungszeitpunkt, 6 Tage, der Peak bei ca. 11° 2Θ gem. Mueller et al. und Georget et al. [117, 118] als Hemikarbonat zu deuten. Bei allen Proben ist neben Portlandit (P) auch Ettringit (E) vorhanden.

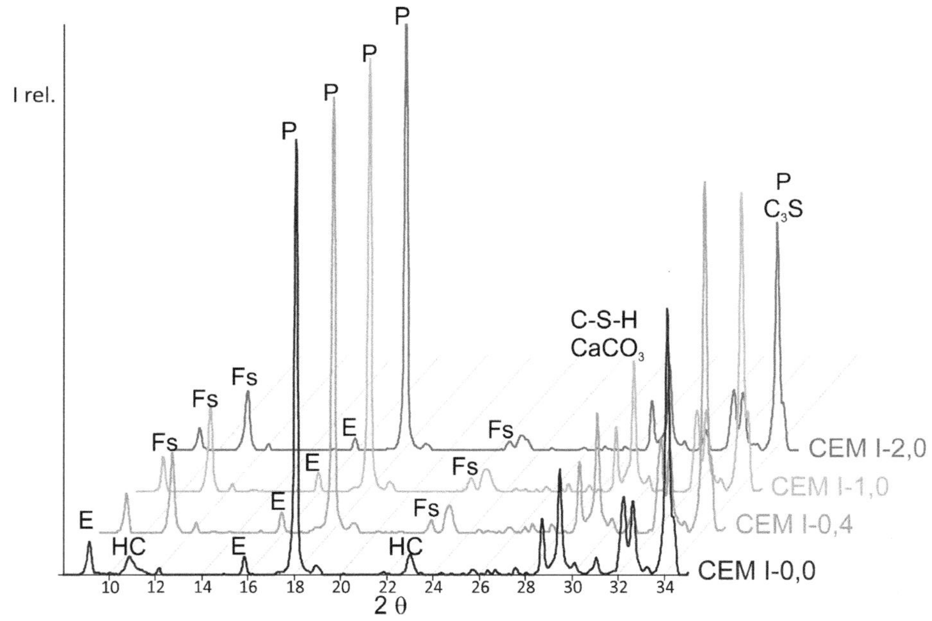

Abb. 53: Ergebnisse der XRD-Messung der Serie CEM I

Fig. 53: Results of the XRD measurement of the CEM I series

Im Vergleich zu der Serie CEM I ist bei der Serie CEM II in Abb. 54 eine deutlich höhere relative Intensität bei einem Beugungswinkel von ca. 29° zu erkennen, dies ist auf die Zugabe von Kalksteinmehl zurückzuführen. Die Bildung friedelschen Salzes ist ebenso wie bei der Serie CEM I zu erkennen. Im Bereich des Hemikarbonats hat sich zwischen 10,8° und 11,8° 2Θ ein Plato ausgebildet, gem. [118]

kann bei dieser Afm-Phase nicht zwischen Hemikarbonat und Monokarbonat differenziert werden. Der Peak zwischen 22 und 24° 2Θ lässt sich Hemikarbonat zuweisen.

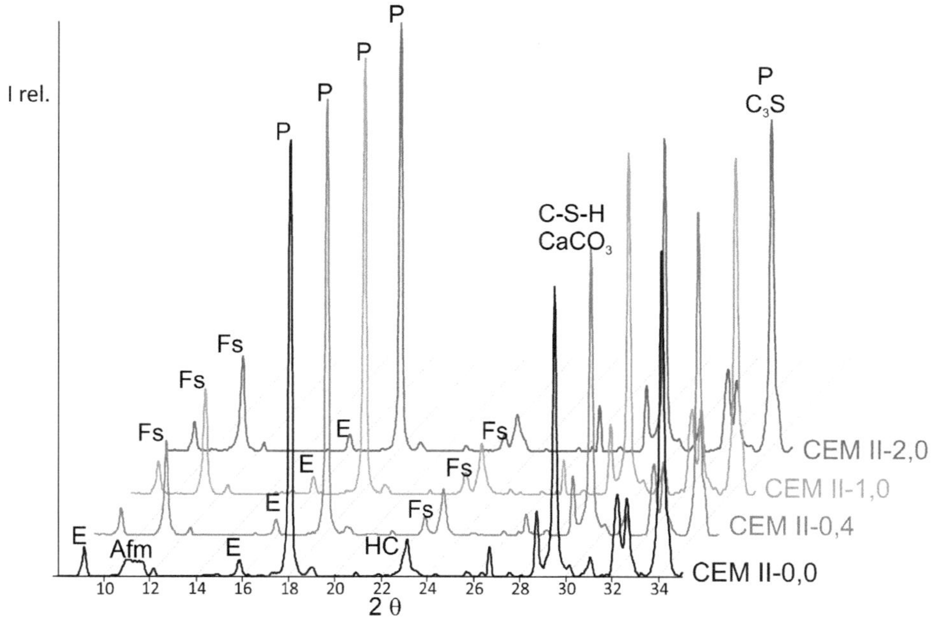

Abb. 54: Ergebnisse der XRD-Messungen der Serie CEM II

Fig. 54: Results of the XRD measurement of the CEM II series

Die Serie CEM III unterscheidet sich zu den Serien CEM I und CEM II bei der Zugabe von 2,0 M. % Chlorid. In Abb. 55 ist ersichtlich, dass kein Ettringit nachgewiesen werden konnte, friedelsches Salz hingegen konnte bei allen chloridhaltigen Proben der Serie CEM III nachgewiesen werden. Im Fall von CEM III scheint kein Hemikarbonat vorzuliegen, anstelle dessen hat sich Monokarbonat gebildet.

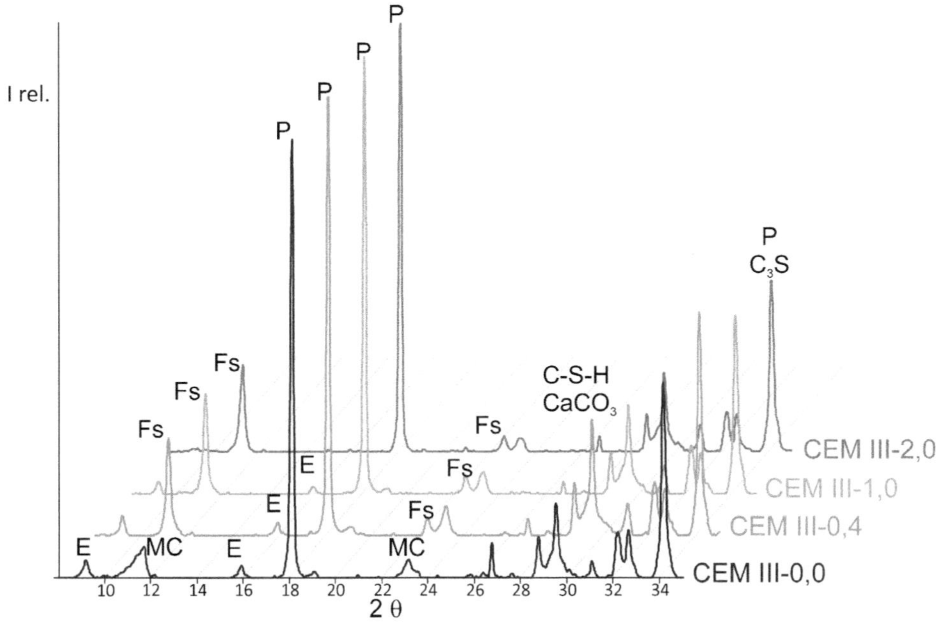

Abb. 55: Ergebnisse der XRD-Messungen der Serie CEM III

Fig. 55: Results of the XRD measurement of the CEM III series

Anhand der Ergebnisse der Serie CEM III ist eine Reduktion von Ettringit bei Zugabe von Chloriden anzunehmen.

4.2.3 Charakterisierung der Mörtel

4.2.3.1 Untersuchung der Porosität mittels Quecksilberdruckporosimetrie

Nachfolgend werden die Ergebnisse aus der Quecksilberdruckporosimetriemessungen, die entsprechend der Beschreibung in Abschnitt 3.4.9 durchgeführt worden sind, dargestellt. Für diese Untersuchungen wurde der Probekörpertyp Cl verwendet, die Ergebnisdarstellung erfolgt ohne den Zusatz Cl in der Probenbezeichnung. In Abb. 56 ist das inkrementelle und das kumulative Porenvolumen dargestellt, dabei ist bei der inkrementellen Darstellung auch die Standardabweichung mit angegeben. Es ist eine deutliche Abhängigkeit der Porenverteilung von der Chloridzugabe zu erkennen. Der Porenanteil zwischen 0,1 und 1 µm Durchmesser ist bei der Zugabe von 1,0 und 2,0 M. % Chlorid deutlich reduziert, im Bereich zwischen 0,008 µm und 0,02 µm und um 0,05 µm ist ein signifikant größerer Porenanteil bei der Zugabe von Chloriden gegeben. Die Gesamtporosität ist beim Vergleich der kumulativen Darstellung der Porenverteilung mit 2,0 M. % Chlorid am geringsten. Bei einem Porendurchmesser um 1 µm hat die Probe mit 0,4 M. % den höchsten Porenanteilanteil und ist im weiteren Verlauf mit dem Ergebnis der chloridfreien Proben vergleichbar.

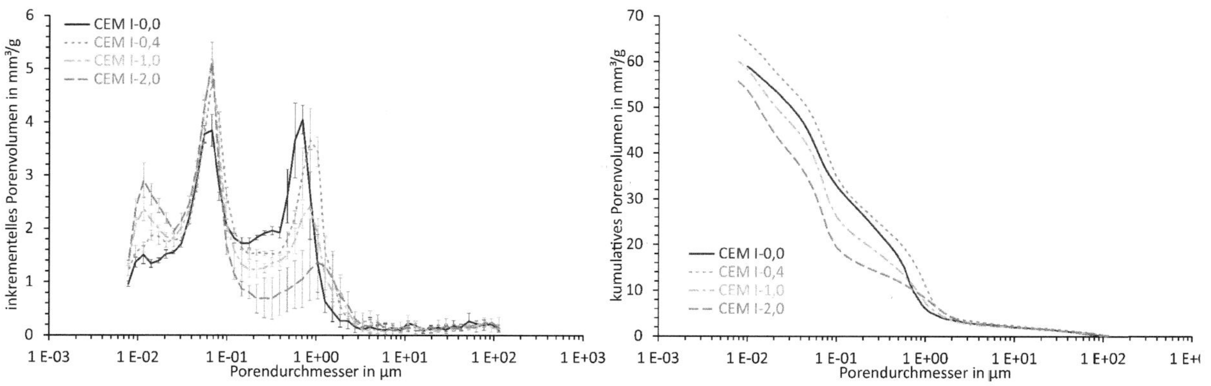

Abb. 56: Links inkrementelles Porenvolumen und rechts kumulatives Porenvolumen der Serie CEM I mit variierenden Chloridgehalten

Fig. 56: Left: Incremental pore volume and right: cumulative pore volume of the CEM I series with varying chloride contents

Die Ergebnisse der Serie CEM II sind in Abb. 57 dargestellt. Anders als bei der Serie CEM I ist der Porendurchmesserbereich, zwischen 1 µm und 0,1 µm nicht so stark variierend. Die Variante der Serie mit 2,0 M. % Chlorid hat auch hier den geringsten Porenanteil, aber die drei anderen Varianten sind vergleichbar. Die Gesamtporosität der Varianten unterscheidet sich nicht signifikant, ist jedoch höher als die der Serie CEM I. Die Abstufung der Varianten untereinander ist, wenn auch mit geringerem Abstand, identisch zu der Serie CEM I.

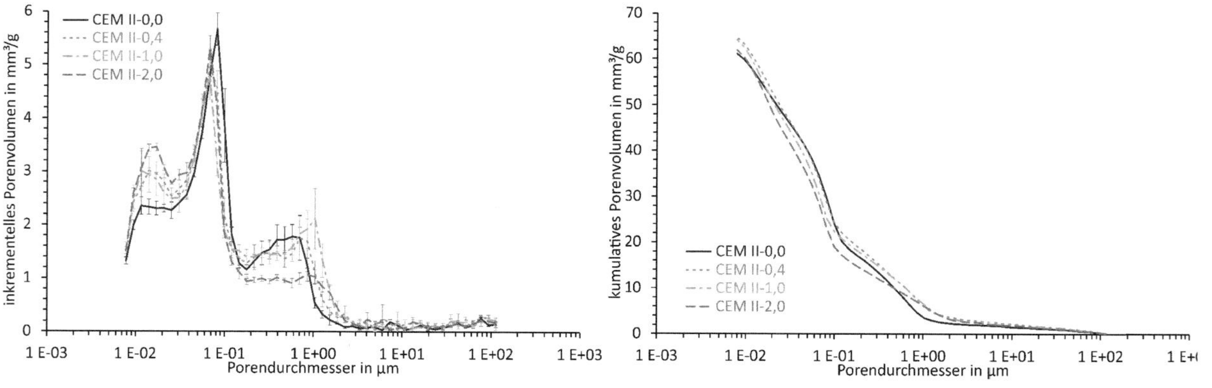

Abb. 57: Links inkrementelles Porenvolumen und rechts kumulatives Porenvolumen der Serie CEM II mit variierenden Chloridgehalten

Fig. 57: Left: Incremental pore volume and right: cumulative pore volume of the CEM II series with varying chloride contents

Die Serie CEM III zeigt in Abb. 58 ebenfalls einen signifikanten Einfluss der Chloridzugabe auf die Porenverteilung und -ausbildung. Ein deutlicher Unterschied zu den Serien CEM I und II ist, dass die chloridfreie Variante das höchste kumulative Porenvolumen gegenüber den chloridhaltigen Proben hat. Die Variante mit 2,0 M. % Chlorid hat hingegen von allen untersuchten Mörtelvarianten die geringste Gesamtporosität.

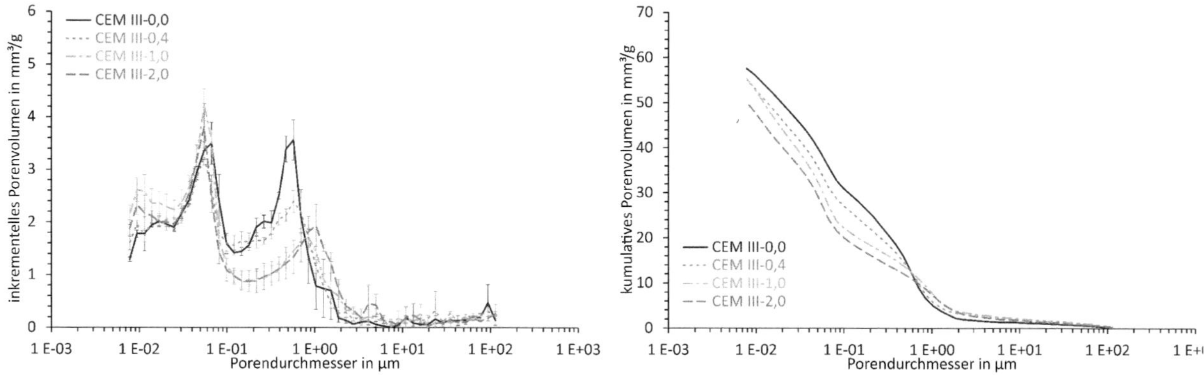

Abb. 58: Links inkrementelles Porenvolumen und rechts kumulatives Porenvolumen der Serie CEM III mit variierenden Chloridgehalten

Fig. 58: Left: Incremental pore volume and right: cumulative pore volume of the CEM III series with varying chloride contents

Beim Vergleich aller Serien ist eine Beeinflussung der Porenverteilung und des Porengehaltes durch die Zugabe von Natriumchlorid gegeben.

4.2.3.2 Bestimmung des elektrischen Mörtelwiderstands und der Masseänderung an Probekörpertyp R

Nachfolgend sind die Ergebnisse aller Varianten der drei Serien dargestellt. In Abb. 59 sind die drei Serien übereinander dargestellt. Beginnend mit der Serie CEM I gefolgt von CEM II und CEM III ist nach anfänglicher Austrocknung der Proben bei einer Lagerung unter Laborbedingungen ein Masseverlust gegenüber der Masse nach dem Ausschalen zu verzeichnen. Mit Beginn der Klimalagerung ist bei allen Proben eine Massezunahme zu beobachten. Bei allen Serien ist die Masseänderung bei der Variante mit 2,0 M. % Cl^- am höchsten. Beim Übergang zur kurzzeitigen Auslagerung mit 95 % r.F. ist der Einfluss des Chlorids auf die Masseänderung ebenfalls deutlich zu erkennen.

Bei der Widerstandsentwicklung ist bei den Serien CEM I und II der Einfluss des Chloridgehaltes erkennbar, allerdings wird bei 0,4 und 1,0 M. % Chlorid trotz anzunehmender geänderter Leitfähigkeit des Elektrolyten ein nahezu deckungsgleicher Verlauf der Widerstandswerte und -entwicklung beobachtet. Bei der Serie CEM III gibt es keine signifikante Abhängigkeit vom Chloridgehalt, lediglich bei 2,0 M. % Cl^- werden geringere Widerstandswerte festgestellt, die sehr stark von der Lagerungsfeuchte abhängig sind.

Die Proben mit 1,0 M. % Cl^- zeigen bei allen Serien die größte Änderung des Phasenwinkels über den Untersuchungszeitraum. Dies lässt auf einen zunehmenden kapazitiven Einfluss schließen. Infolge der Feuchteänderung auf 95 % r.F. erfolgt bei Varianten ohne und mit 0,4 M. % Chlorid eine ähnliche Widerstandsänderung, wie bei Proben mit 1,0 M. % Cl^-, allerdings erfolgt keine vergleichbare Phasenverschiebung. Im Vergleich dazu erfolgt bei den Varianten mit 1,0 M. % und bei 2,0 M. % Cl^- eine deutliche Reduktion des Phasenwinkels. Bei 2,0 M. % Cl^- ist eine signifikante Reduktion des Phasenwinkels und gleichzeitige Verringerung des Widerstands zu erkennen, im besonderen Maße bei der Serie mit CEM III.

Zusammenfassend zeigen die Ergebnisse, dass der Chloridgehalt die Masseänderung, den elektrischen Widerstand und die kapazitiven Anteile des elektrischen Widerstands feuchteabhängig signifikant beeinflussen kann. Eine Abhängigkeit der Widerstandsentwicklung vom verwendeten Bindemittel ist ebenfalls gegeben. Die Serie CEM II hat die geringsten elektrischen Mörtelwiderstände, sehr ähnlich sind die Widerstände der Serie CEM I, jedoch ist der Widerstand der Variante ohne Chlorid etwas höher. Die Serie CEM III hat erwartungsgemäß die höchsten elektrischen Widerstände aber auch die größte Beeinflussung durch Feuchteänderung bei der Variante mit 2,0 M. % Chlorid.

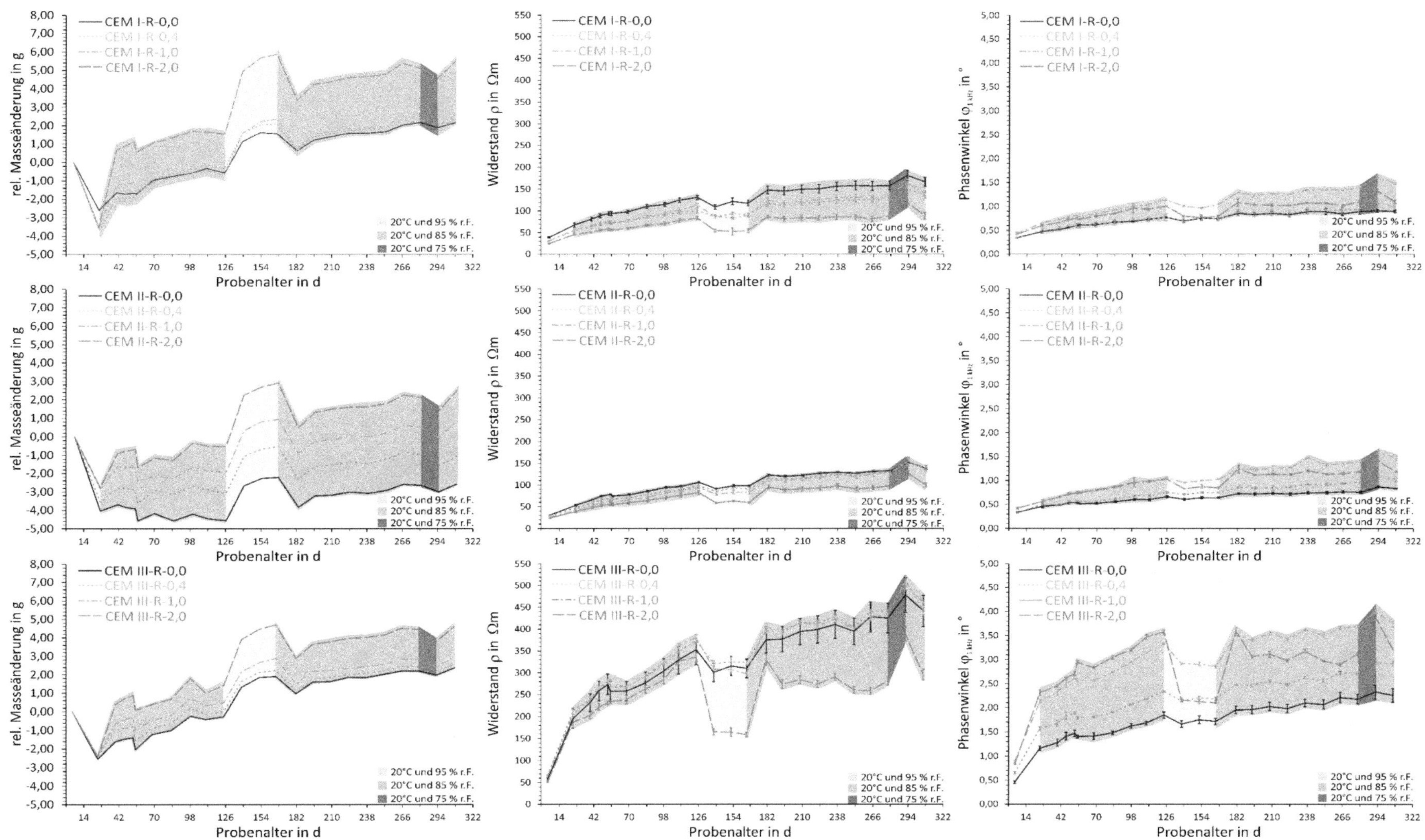

Abb. 59: Rel. Masseänderung, Widerstand und Phasenwinkel aller Mörtelserien über die Zeit unter variierenden Lagerungsbedingungen, der am Anfang der Messung nicht hinterlegte Messbereich beschreibt die Messwerte bei Lagerung im Labor

Fig. 59: Relative mass change, resistance and phase angle of all mortar series over time under varying storage conditions, the not highlighted measuring range at the beginning of the measurement describes the measured values during storage in the laboratory

4.2.3.3 Chloridgehalt und Chloridbindevermögen

Der Chloridgehalt wurde, wie in Abschnitt 3.4.6 beschrieben, mit einem heiß-sauren (s) und mit einem wässrigen Aufschluss (w) bestimmt. Hierfür wurden, wie auch bei der Quecksilberdruckporosimetrie, Teile des Probekörpertyps Cl verwendet. In Abb. 60 links und rechts sowie Abb. 61 links sind die bestimmten Chloridgehalte in Abhängigkeit von der Chloridzugabemenge dargestellt. Bis zu einer Chloridzugabe von 1,0 M. % konnte bei allen Serien die Zugabemenge mittels heiß-saurem Aufschluss nachgewiesen werden. Bei der Serie CEM I ist der Chloridnachweis bei 2,0 M. % Cl^- Zugabe etwas höher und bei den Serien CEM II und CEM III geringer. Der Nachweis des ungebundenen wasserlöslichen Chlorids liegt bei allen Serien unterhalb des Gesamtchloridgehaltes aus dem heiß-sauren Aufschluss.

Das Chloridbindevermögen in M. % und die Abhängigkeit von der Chloridzugabe ist für alle Serien in Abb. 61 rechts dargestellt. Bei den Varianten bis 1,0 M. % ist das Chloridbindevermögen vergleichbar. Bei der Zugabe von 2,0 M. % Cl^- weist die Serie CEM I ein um ca. 50 % höheres Chloridbindevermögen als die anderen Serien auf.

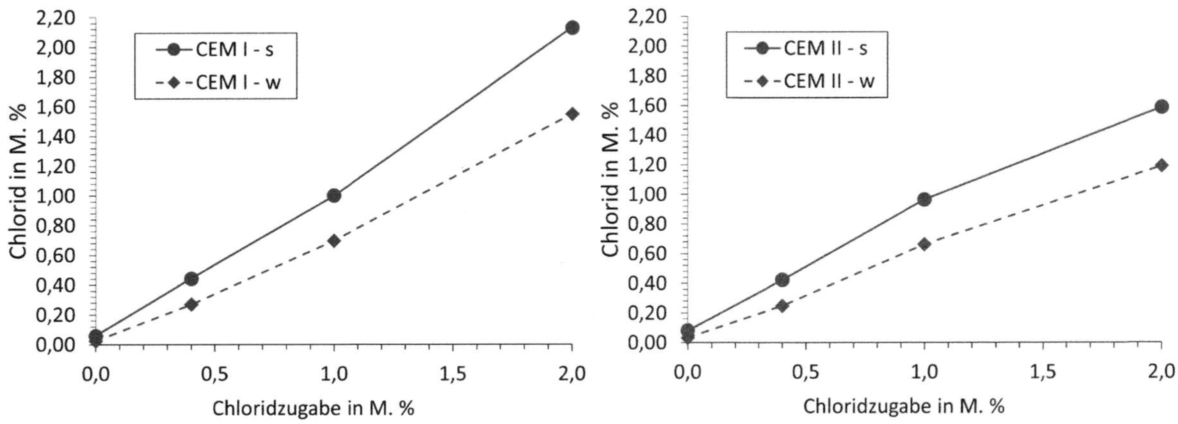

Abb. 60: Chloridgehalt aus heiß-saurem (s) und wässrigem Aufschluss (w) der Serie CEM I links und Serie CEM II rechts

Fig. 60: Chloride content from hot-acid (s) and aqueous digestion (w) of the CEM I series on the left and CEM II series on the right

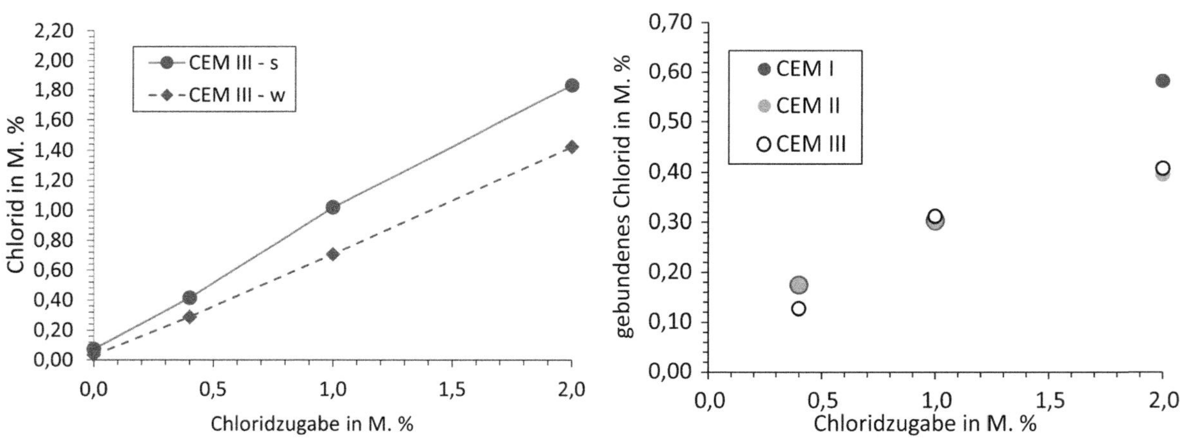

Abb. 61: Chloridgehalt aus heiß-saurem (s) und wässrigem Aufschluss (w) der Serie CEM III links und Chloridbindevermögen aller Serien rechts

Fig. 61: Chloride content from hot-acid (s) and aqueous digestion (w) of the CEM III series on the left and chloride binding capacity of all series on the right

4.2.3.4 Chloridverteilung und karbonatisierte Randzone im Mörtel

Basierend auf den heiß-sauren Chloridanalysen aus Abschnitt 4.2.3.3 konnten quantitative Chloridverteilungen mittels kalibrierter LIBS-Messungen für alle Serien und Varianten des Probekörpertyps Cl durchgeführt werden. In Abb. 62 ist eine beispielhafte Darstellung der Chloridverteilung der Probe CEM III-Cl-2,0-3 dargestellt. Untersucht wurde der Mittelwert über den gesamten Probenquerschnitt, der Mittelwert ohne karbonatisierte Randzone, der Chloridgehalt im Bereich der Arbeitselektrode als Linienmittelwert und Flächenmittelwert. Wie Abb. 62 zu entnehmen ist, ist die Chloridverteilung inhomogen, der Mittelwert des maximalen Chloridgehalts wurde über einen Linienscan im Bereich der maximalen Chloridkonzentration ermittelt.

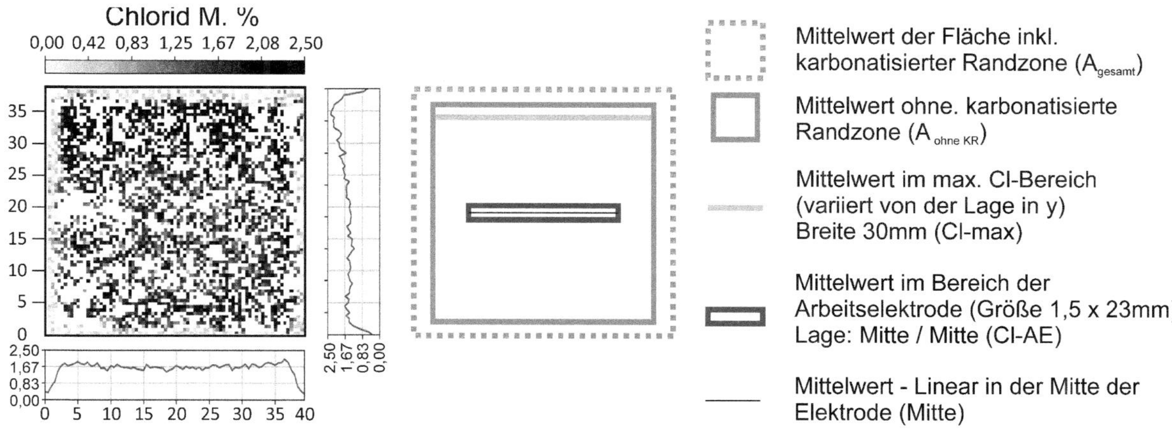

Abb. 62: Beispiel der mit LIBS ermittelten Chloridverteilung an Probe CEM III-2,0-3-Cl (links), rechts bewertete Teilbereiche der Probe, für die der jeweilige Chloridgehalt ermittelt wurde

Fig. 62: Example of the chloride distribution determined with LIBS on sample CEM III-2.0-3-Cl (left), on the right, evaluated partial areas of the sample for which the respective chloride content was determined

Die Chloridverteilung der Serie CEM I ist in Abb. 63 dargestellt. Die Serie ohne Chlorid weist einen Chloridgehalt von 0,1 bis 0,14 % auf und weist damit den Wert auf, der über die verwendeten Rohstoffe in den Mörtel eingetragen wurde. Die Probenserien mit gezielt zugesetztem Chlorid zeigen in den verschiedenen Zonen mehr oder weniger große Abweichungen von den Sollwerten. Das größte Delta zwischen dem Zugabewert und maximalem Chloridgehalt konnte bei der Serie 0,4 M. % Cl^- ermittelt werden, hier beträgt der gemessene Maximalwert 0,66 M. %.

Unterhalb der Darstellung der Chloridverteilung (Abb. 63, rechts) ist die Kohlenstoffverteilung dargestellt. Deutlich ist der erhöhte Kohlenstoffanteil in der karbonatisierten Randzone zu erkennen, die ca. 2 bis 3 mm beträgt. Die im weiteren Verlauf dargestellte Kohlenstoffverteilung ist qualitativ.

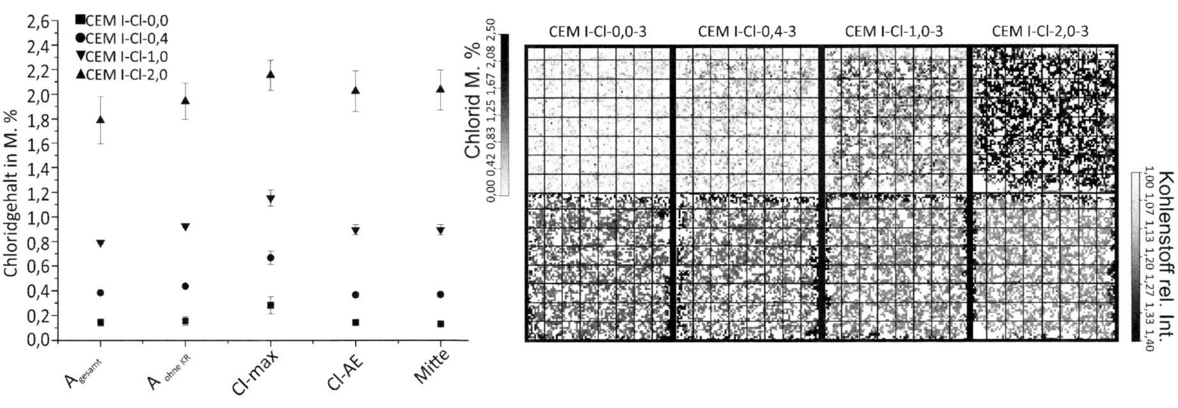

Abb. 63: Chloridgehalte der Serie CEM I links, rechts die Chlorid- und Kohlenstoffverteilung ausgewählter Proben der Serie

Fig. 63: Chloride contents of the CEM I series on the left, on the right the chloride and carbon distribution of selected samples of the series

Die Serie CEM II hat, wie Abb. 64 zu entnehmen ist, bis zu einer Chloridzugabe von 1,0 M. % ähnliche Chloridgehalte und -verteilungen wie die Serie CEM I. Auffällig ist hier eine relativ große Abweichung bei 2,0 M. % und dem gemessenen Gesamtchloridgehalt. Die größte relative Abweichung ergibt sich wieder bei der Serie 0,4 M. % bei Cl-max in Bezug auf die Zugabemenge. Die Karbonatisierungstiefe beträgt bei der Serie CEM II ca. 2 bis 3,5 mm und ist somit geringfügig höher als die der Serie CEM I. Mit zunehmendem Chloridgehalt ist eine geringfügig größere Karbonatisierungstiefe festzustellen. Die Karbonatisierungstiefe konnte mittels grafischer Auswertung mit ca. 2 bis 3 mm bestimmt werden.

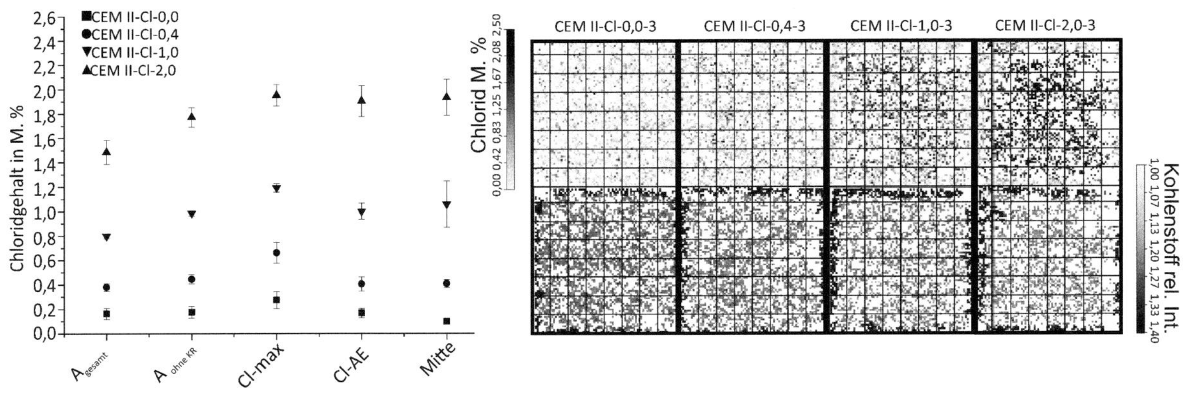

Abb. 64: Chloridgehalte der Serie CEM II links, rechts die Chlorid- und Kohlenstoffverteilung ausgewählter Proben der Serie

Fig. 64: Chloride contents of the CEM II series on the left, on the right the chloride and carbon distribution of selected samples of the series

Die Serie CEM III weist die größte Inhomogenität bei der Chloridverteilung auf. Unabhängig von der Chloridzugabemenge weisen alle Proben ein signifikant höheren Chloridgehalt, gegenüber der Zugabemenge, an der Oberseite der Probe auf. Wie Abb. 65 zu entnehmen ist, sind die Chloridgehalte im Bereich der Arbeitselektrode deutlich geringer als der zugegebene Chloridgehalt. Bei einer Zugabe von 0,4 M. % sind es 0,33 M. %, bei 1,0 M. % Zugabe nur 0,75 M. % und bei 2,0 M. % lediglich 1,47 M. % im Bereich der Arbeitselektrode. Die karbonatisierte Randzone beträgt unabhängig vom Chloridgehalt ca. 2 mm.

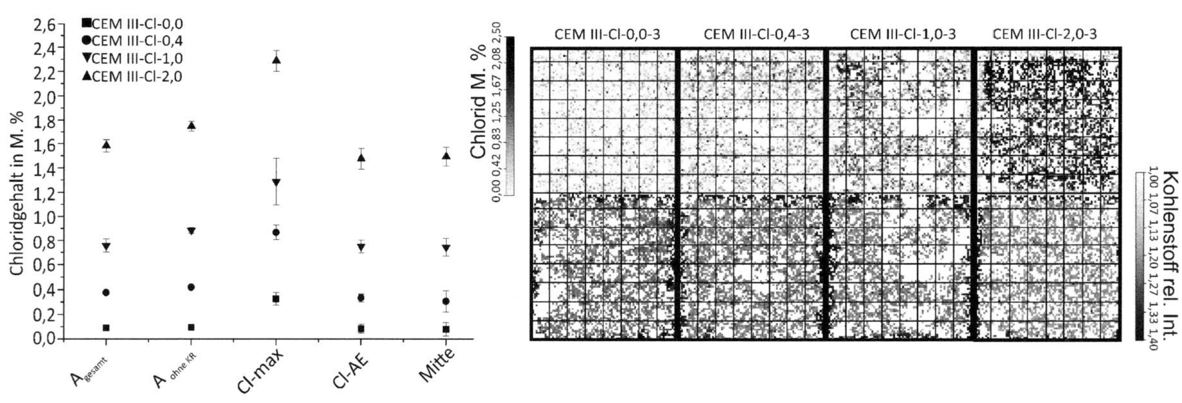

Abb. 65: Chloridgehalte der Serie CEM III links, rechts die Chlorid- und Kohlenstoffverteilung ausgewählter Proben der Serie

Fig. 65: Chloride contents of the CEM III series on the left, on the right the chloride and carbon distribution of selected samples of the series

4.2.3.5 Synthetisiertes Porenwasser

Die Analyse des ausgepressten Porenwassers und des ausgelaugten Anteils während der Wasseraufnahme ist, wie in Abschnitt 3.4.7 beschrieben, zusammengerechnet worden, sowie der pH-Wert der ausgepressten Porenlösung bestimmt worden. Das Probenalter beim Auspressen der Lösungen betrug 35 Tage. Aus dem Resultat sind die relevanten Kenngrößen für die Herstellung der jeweilige synthetisierten Porenlösung (Tabelle 16) berechnet und die Porenlösung hergestellt worden. Im Nachgang wurde der pH-Wert und die spezifische Leitfähigkeit der synthetisierten Porenlösung gemessen. In der Tabelle wird zusätzlich noch das Verhältnis von Hydroxidionen zu Chlorid dargestellt.

Tabelle 16: Synthetisierte Porenlösung der verschiedenen Varianten

Table 16: Synthesized pore solution of the different variants

Serie CEM I				
Cl^--Zugabe in M. %	0,00	0,40	1,00	2,00
CaOH in mg/l	689	511	494	489
NaOH in mg/l	4563	5705	0	0
KOH in mg/l	26522	19905	23548	27185
Na_2SO_4 in mg/l	2774	3511	6826	11805
NaCl in mg/l	3475	5227	33057	86769
Kennwerte				
OH^-/Cl^-	10,0	5,6	0,8	0,3
pH-Wert soll/ist	13,6/13,5	13,5/13,5	13,4/13,5	13,2/13,5
Leitfähigkeit l µs/cm	119	107	127	189
Serie CEM II				
Cl^--Zugabe in M. %	0,00	0,40	1,00	2,00
CaOH in mg/l	664	558	597	563
NaOH in mg/l	4019	6481	2894	0
KOH in mg/l	17811	18129	19170	22289
Na_2SO_4 in mg/l	1262	2457	3749	8024
NaCl in mg/l	836	4843	22675	57902
Kennwerte				
OH^-/Cl^-	29,8	5,9	1,1	0,4
pH-Wert soll/ist	13,6/13,6	13,5/13,6	13,3/13,5	13,2/13,5
Leitfähigkeit l µs/cm	86	104	110	150
Serie CEM III				
Cl^--Zugabe in M. %	0,00	0,40	1,00	2,00
CaOH in mg/l	976	552	464	501
NaOH in mg/l	4532	5994	1974	0
KOH in mg/l	14103	12646	15344	15588
Na_2SO_4 in mg/l	776	2063	4753	7440
NaCl in mg/l	601	4621	22582	56629
Kennwerte				
OH^-/Cl^-	36,8	4,8	0,9	0,3
pH-Wert soll/ist	13,5/13,5	13,4/13,5	13,3/13,4	13,2/13,4
Leitfähigkeit l µs/cm	75	83	98	131

Bei der Bestimmung der relevanten Kenngrößen wurde auch der Sulfatgehalt der Porenlösung bestimmt. Die Abhängigkeit des Sulfatgehaltes in der Porenlösung von der Chloridzugabemenge ist in Abb. 66 dargestellt. Deutlich ist ein erhöhter Sulfatgehalt mit steigender Chloridzugabemenge zu erkennen. Ohne Chloridzugabe ist bei der Serie CEM III der geringste Sulfatgehalt in der Porenlösung zu verzeichnen. Die Serie CEM I weist bei 2,0 M. % Chloridzugabe den höchsten Sulfatgehalt in der Lösung auf.

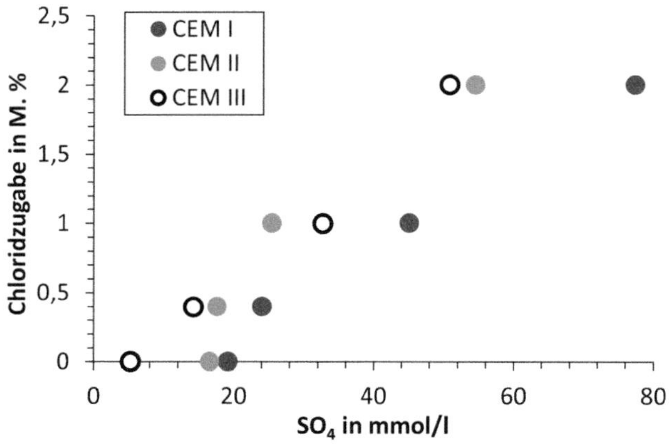

Abb. 66: Darstellung des Sulfatgehalts der Porenlösung über die Chloridzugabemenge der Serien CEM I, CEM II und CEM III

Fig. 66: Illustration of the sulphate content of the pore solution via the amount of chloride added for the CEM I, CEM II and CEM III series

4.3 Elektrochemische Messungen

4.3.1 Definitionen zu den durchgeführten elektrochemischen Messungen

Die unter Abschnitt 4.3 dargestellten Ergebnisse basieren auf verschiedenen elektrochemischen Messverfahren und beziehen sich bei den Potentialangaben ausnahmslos auf gesättigte Ag/AgCl Elektroden. Dargestellt werden Ergebnisse, die an vollständig in Mörtel eingebetteten Arbeitselektroden (Probekörpertyp MP) gewonnen wurden sowie Ergebnisse an Arbeitselektroden, die unter Verwendung des Probekörpertyps M ermittelt wurden.

4.3.2 Probekörpertyp MP

Nachfolgend werden die Ergebnisse der elektrochemischen Messungen der Mörtelserien CEM I, CEM II und CEM III in den jeweiligen Varianten 0,0, 0,4, 1,0 und 2,0 M. % Chlorid dargestellt, auf einen Zusatz für den Probekörpertyp MP wird bei der Ergebnisdarstellung verzichtet. Um die Wechselwirkung der jeweiligen elektrochemisch ermittelten Ergebnisse mit der Änderung des Wassergehalts der Proben korrelieren zu können, ist in einigen Abschnitten die Masseänderung für die elektrochemisch untersuchten Proben dargestellt. Eine tiefergehende Erörterung der Masseänderung erfolgte bereits für die Proben zur Ermittlung des elektrischen Mörtelwiderstandes in Abschnitt 4.2.3.2. Darüber hinaus dient die Darstellung der Ergebnisse der Vergleichbarkeit hinsichtlich der Wasseraufnahme der Proben in Abhängigkeit vom Bindemittel und der Variante, da eine Beeinflussung Mörteloberfläche und somit der Wasseraufnahme durch die Wasserstoffentwicklung an der Schalung, die bei den Versuchskörpern mit schmelztauchverzinkter Arbeitselektrode auftreten kann, nicht ausgeschlossen werden kann.

4.3.2.1 Potentialmessung und Masseänderung

Es ist ein deutlicher Einfluss der variierenden Luftfeuchte auf den Potentialverlauf zu erkennen. Die Varianten mit 1,0 und 2,0 M. % Cl^- weisen unabhängig vom Bindemittel einen deutlich größeren Potentialabfall hin zu negativeren Werten auf als die Varianten mit 0,0 und 0,4 M. % Chlorid. Hier ist bei der Serie CEM III kein Einfluss auf das freie Korrosionspotential zu erkennen.

Generell ist bei allen Proben eine Verschiebung des freien Korrosionspotentials zu positiveren Werten über die Zeit gegeben.

Die Serie mit einem CEM III als Bindemittel zeigt beim Vergleich der Potentialänderung bei 95 % rel. Luftfeuchte deutlich geringere Potentialänderungen als die Serien mit CEM I oder CEM II.

Die kurzzeitige Reduktion der rel. Luftfeuchte zeigt bei allen Serien, unabhängig vom Chloridgehalt, jedoch bei den Serien mit 1,0 und 2,0 M. % Cl^- in besonderem Maße einen Anstieg des freien Korrosionspotentials hin zu positiveren Werten. Wird die Luftfeuchte wieder erhöht, so werden die freien Korrosionspotentiale aller Serien wieder negativer.

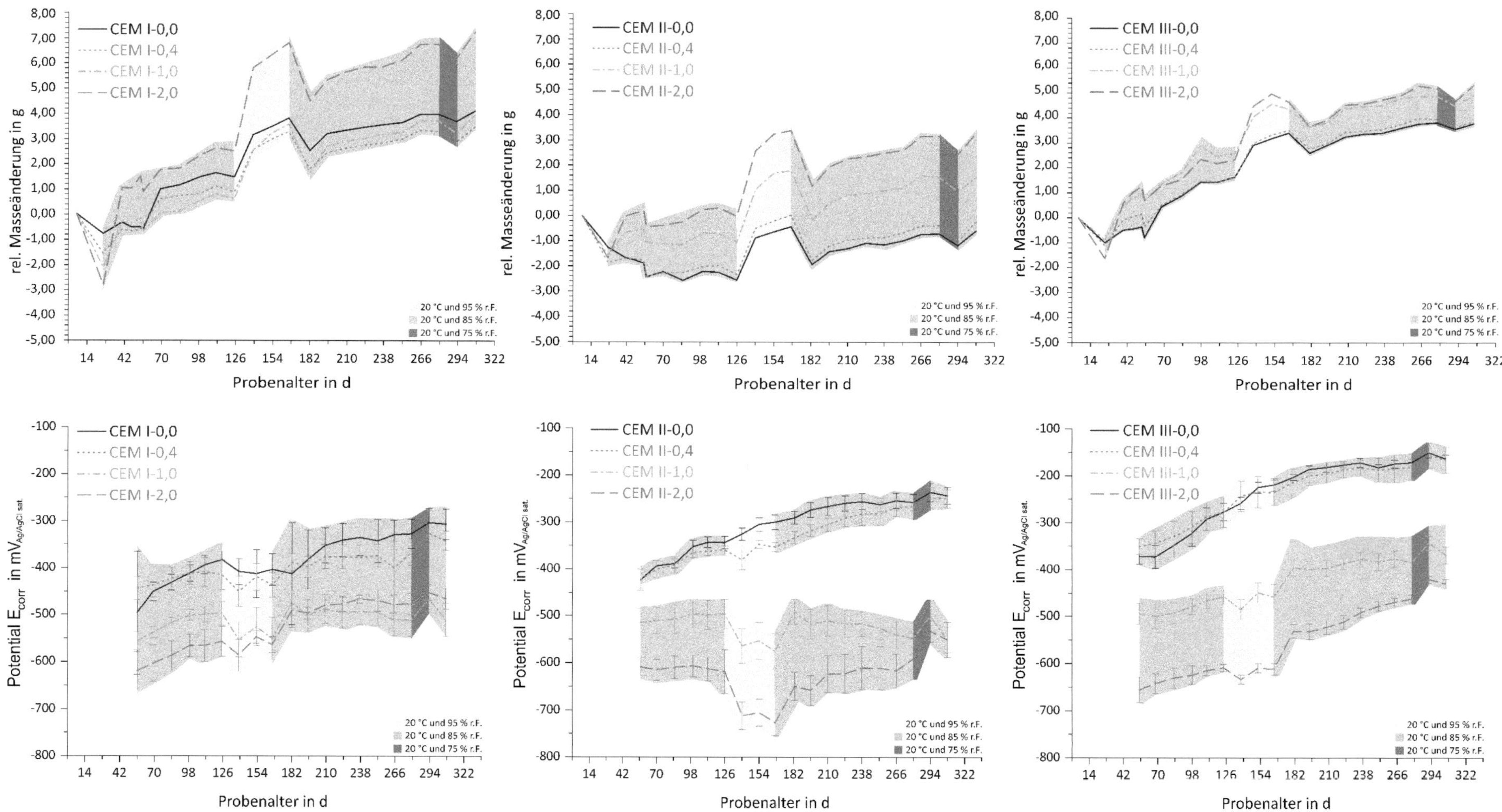

Abb. 67: Masseänderung und Potentialverlauf über die Zeit der Serien CEM I, CEM II und CEM III mit jeweils 0, 0,4, 1,0 und 2,0 M. % Chloridgehalt

Fig. 67: Change in mass and potential over time of the CEM I, CEM II and CEM III series with 0, 0.4, 1.0, and 2.0 wt. % chloride content respectively

4.3.2.2 Spannungsabfall über den elektrischen Mörtelwiderstand

Der Spannungsabfall über den Elektrolyten, in Abschnitt 3.3.2 auch als IR-Drop beschrieben, ändert sich infolge der variierenden Luftfeuchten als auch über die Zeit. Der IR-Drop der Serie CEM I über die Zeit ist in Abb. 68 dargestellt, bei den Varianten mit einem Chloridgehalt < 2,0 M. % ist ein Anstieg des IR-Drop über die Zeit zu erkennen. Die Variante mit 2,0 M. % Chlorid zeigt keine deutliche Änderung des IR-Drop über die Zeit. Zu Beginn der Messung sind die Varianten ohne Chloridzugabe und mit 2,0 M. % Chloridgehalt vergleichbar. Die Erhöhung der Luftfeuchte hat bei allen chloridhaltigen Varianten einen Einfluss auf den IR-Drop, dieser wird kleiner. Bei der Reduktion der Luftfeuchte steigt er wiederum signifikant an. Die Intensität der Änderungen des IR-Drops in Abhängigkeit von Adsorption und Desorption sind augenscheinlich nicht vergleichbar. Eine Reduktion der Luftfeuchte und eine daraus resultierende geringe Feuchteabgabe führt zu einem deutlich größeren Anstieg des IR-Drops als eine größere Masseänderung bei Feuchteaufnahme und einer im Verhältnis dazu geringerer IR-Drop-Reduktion. Darüber hinaus ist der IR-Drop bei den Varianten mit 0,4 und 1,0 M. % größer als bei der Variante ohne Chlorid.

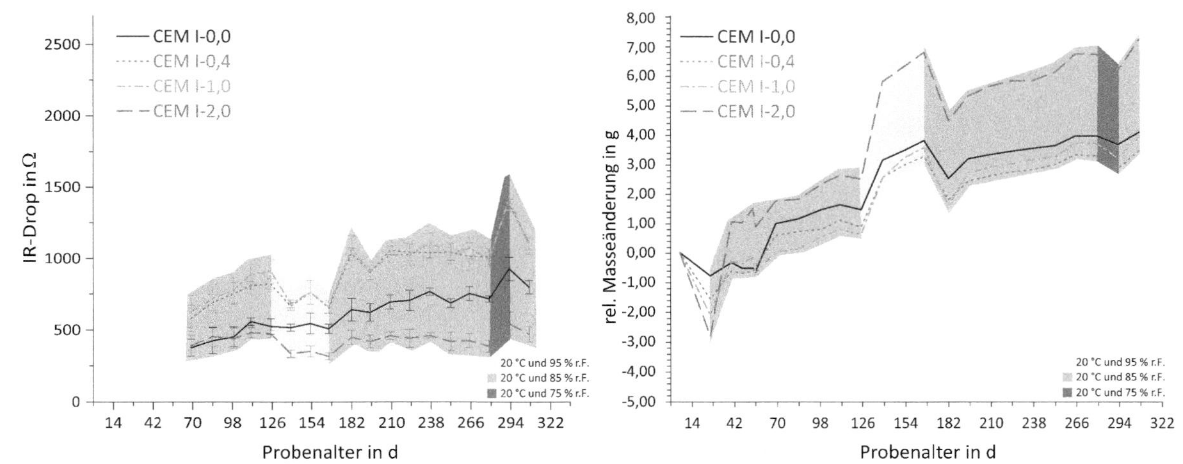

Abb. 68: Spannungsabfall über den elektrischen Mörtelwiderstand der Serie CEM I

Fig. 68: Potential drop through the electrical mortar resistance of the CEM I series

Der IR-Drop aller Varianten der Serie CEM II und die Masseänderung sind in Abb. 69 dargestellt. Die Höhe des IR-Drop der einzelnen Varianten ist vergleichbar mit denen der Serie CEM I. Bei einer Feuchteaufnahme weisen alle chloridhaltigen Varianten eine signifikante Änderung des IR-Drop auf, die chloridfreie Variante hingegen nur eine geringfügige Änderung. Nach der Feuchteaufnahme ist der IR-Drop der Variante mit 2,0 M. % Cl^- geringer als zuvor. Der IR-Drop der chloridfreien Variante steigt über den gesamten Untersuchungszeitraum an, bei den anderen Varianten bleibt dieser nach der Feuchtebeaufschlagung konstant oder, wie im Fall von der Variante mit 2,0 M. %, ist der Wert geringfügig rückläufig. Die Reduktion der Umgebungsfeuchte hat, wie auch bei der Serie CEM I, einen signifikanten Einfluss auf den IR-Drop, dieser steigt mit abnehmendem Feuchtegehalt bei allen Varianten deutlich an. Die Adsorption hingegen, also die Aufnahme von Feuchtigkeit, hat trotz signifikanter Masseänderung keine äquivalente Änderung des IR-Drops zur Folge.

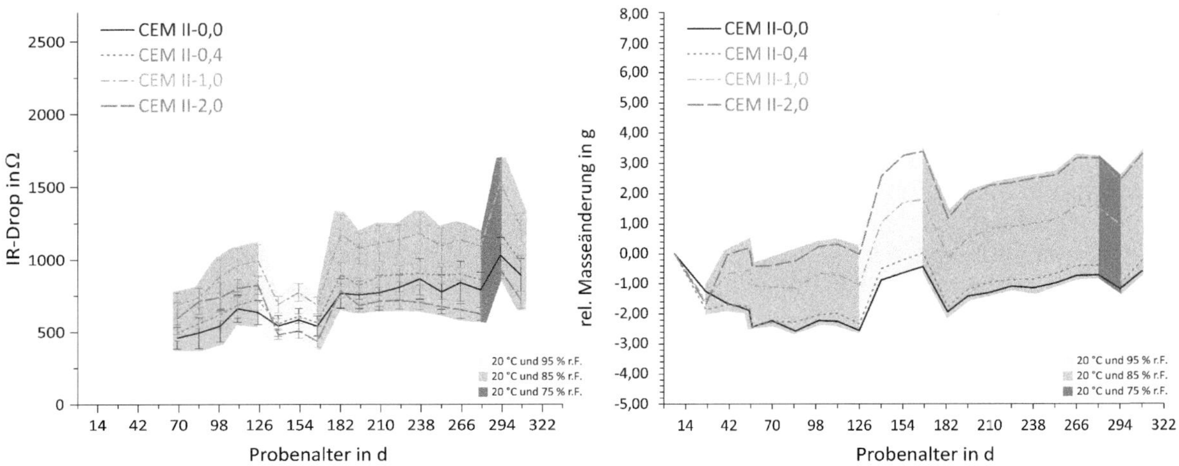

Abb. 69: Spannungsabfall über den elektrischen Mörtelwiderstand der Serie CEM II

Fig. 69: Potential drop through the electrical mortar resistance of the CEM II series

Wie in Abb. 70 zu erkennen ist, hat die Serie CEM III einen deutlich höheren IR-Drop als die Serien CEM I und CEM II. Zu Beginn der Messung ist auffällig, dass die chloridfreie Variante den geringsten IR-Drop hat und sich dies bis zur Änderung der relativen Luftfeuchte fortsetzt. Es ist ein kontinuierlicher Anstieg des IR-Drops über die Zeit bei allen Varianten, mit Ausnahme der Variante mit 2,0 M. % Cl^-, zu erkennen. Im Vergleich zu den anderen Serien ist der Anstieg des IR-Drop über die Zeit deutlich größer. Mit der Änderung der relativen Luftfeuchte auf 95 % fällt der IR-Drop der Variante mit 2,0 M. % signifikant ab und ist trotz Feuchtigkeitsaufnahme über die Zeit, bis zur Reduktion der relativen Luftfeuchte, geringfügig rückläufig. Auch hier ist bei allen Varianten eine signifikante Änderung des IR-Drops infolge Desorption zu verzeichnen.

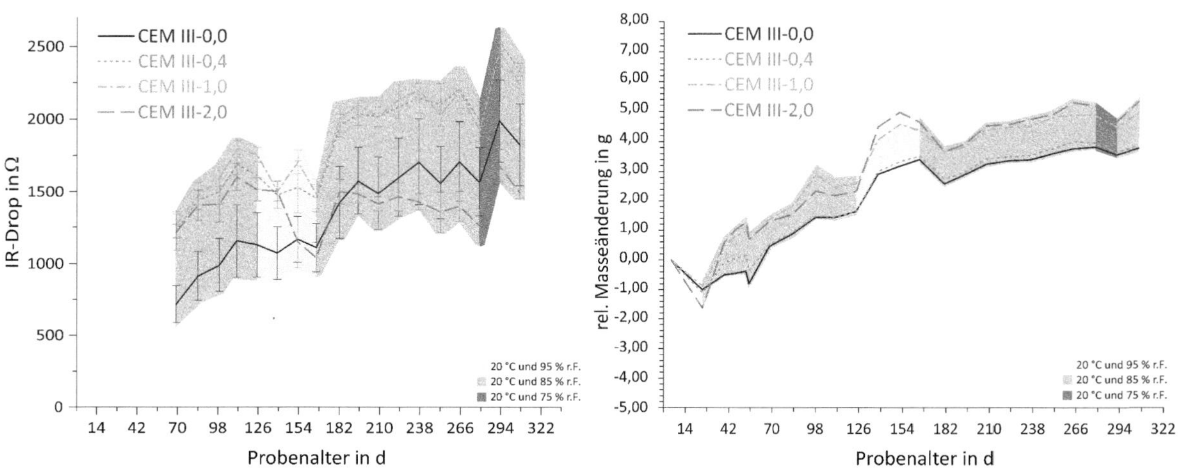

Abb. 70: Spannungsabfall über den elektrischen Mörtelwiderstand der Serie CEM III

Fig. 70: Potential drop through the electrical mortar resistance of the CEM III series

Nachfolgend sind die Differenzen, also das Delta (Δ) zwischen erstem und zweiten ermittelten IR-Drop, der jeweiligen Varianten und Serien dargestellt. Bei allen Serien und Varianten bis zu einem Chloridgehalt von 0,4 M. % ist bis zur Erhöhung der Luftfeuchte ein Delta von bis zu 50 Ω zu erkennen. Dabei ist der erste gemssene IR-Drop größer als der zweite. Bei den Varianten 1,0 und 2,0 M. % Cl^- der Serien CEM I und CEM III ist der zweite IR-Drop bei der ersten Messkampagne größer als der erste.

Bei Betrachtung der Serie CEM I ist die Reduktion des zuerst ermittelten IR-Drops nicht maßgebend für die Ergebnisfindung nach der IR-Kompensation. Mit Ausnahme eines abweichenden Messpunktes bei einem Probenalter von ca. 182 Tagen, ist das Δ vernachlässigbar klein, siehe Abb. 71.

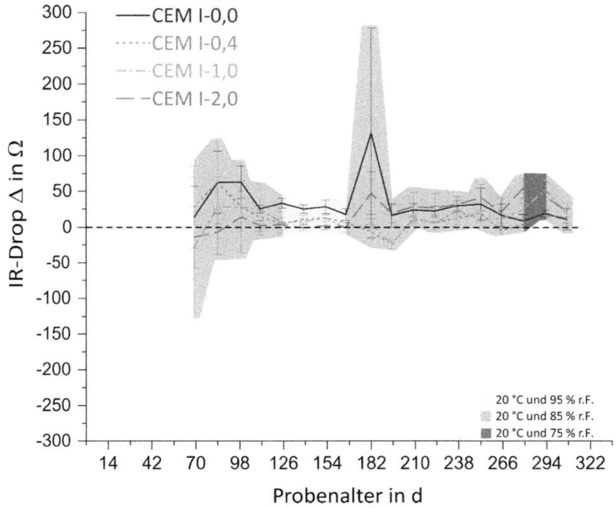

Abb. 71: IR-Drop Δ der Serie CEM I

Fig. 71: IR drop Δ of the CEM I series

Bei der Serie CEM II ist der Einfluss der Verweildauer auf den Spannungsabfall über den Widerstand – IR-Drop vernachlässigbar, das Δ liegt im Mittel um 25-30 Ω. Eine Darstellung des Δ-IR-Drops für die Serie CEM II ist in Abb. 72 dargestellt.

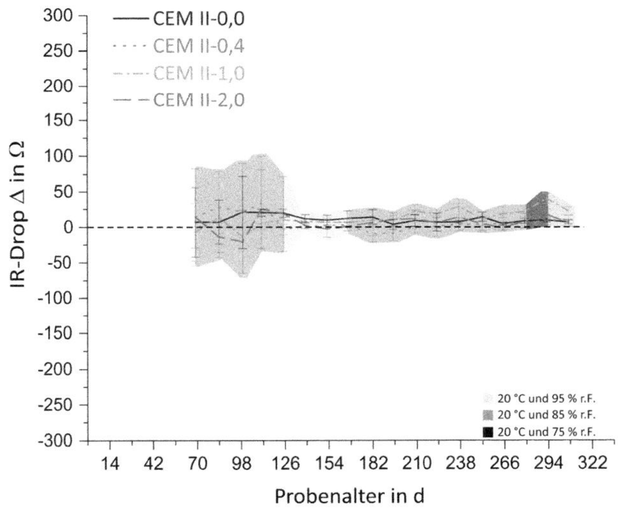

Abb. 72: IR-Drop Δ der Serie CEM II

Fig. 72: IR drop Δ of the CEM II series

Die Serie CEM III hat zu Beginn einen Δ-IR-Drop der etwas größer als 50 Ω ist. Ab einem Probenalter von ca. 120 d ist dieser jedoch kleiner 50 Ω, siehe Abb. 73.

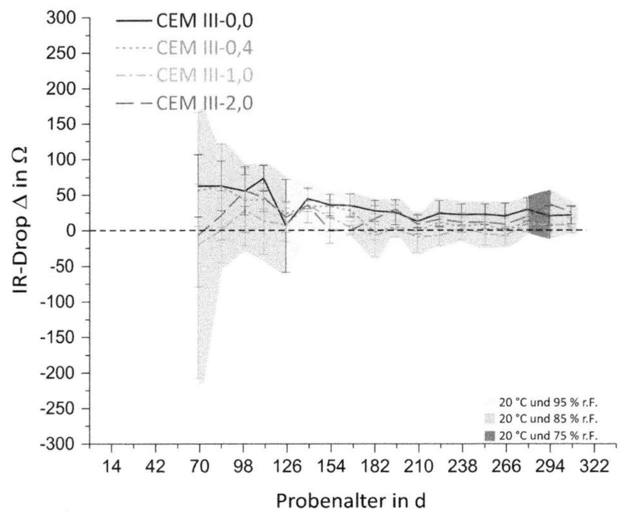

Abb. 73: IR-Drop Δ der Serie CEM III

Fig. 73: IR drop Δ of the CEM III series

4.3.2.3 Polarisationswiderstand aus LPR-Messungen

Der Polarisationswiderstand wurde, wie in Abschnitt 3.3.4 beschrieben, mittels linearer Polarisation bestimmt. In Abb. 74 ist links der Verlauf des R_P über die Zeit dargestellt. Die Variante ohne Chlorid, als auch die Variante mit 0,4 M. % Chlorid zeigen keine signifikante Änderung des R_p über die Zeit und keine signifikante Beeinflussung durch die Änderung der relativen Luftfeuchte. Der Mittelwert für das Bestimmtheitsmaß R^2 ist ebenfalls für alle Varianten der drei Serien dargestellt (Abb. 73 rechts). Das Bestimmtheitsmaß der Variante ohne Chlorid wird mit der Zeit deutlich größer, die Standardabweichung wird geringer. Das Bestimmtheitsmaß der Variante 0,4 wird über die Zeit nur geringfügig größer. Der R_p der Variante mit 1,0 M. % Chlorid wird durch die Änderung der relativen Luftfeuchte auf 95 % beeinflusst, dieser sinkt um ca. 10 kΩ·cm². Bei der Reduktion der relativen Luftfeuchte auf 75 % steigt der R_p bei allen Varianten geringfügig an. Über die Zeit betrachtet wird der R_p der Variante 1,0 geringer und weist eine zunehmend größere Standardabweichung auf. Das Bestimmtheitsmaß bleibt über den Untersuchungszeitraum ebenso wie bei der Variante 2,0 nahezu konstant. Der R_p der Variante 2,0 ändert sich über die Zeit nicht signifikant, eine Beeinflussung des R_p durch die Feuchteänderung ist nicht gegeben.

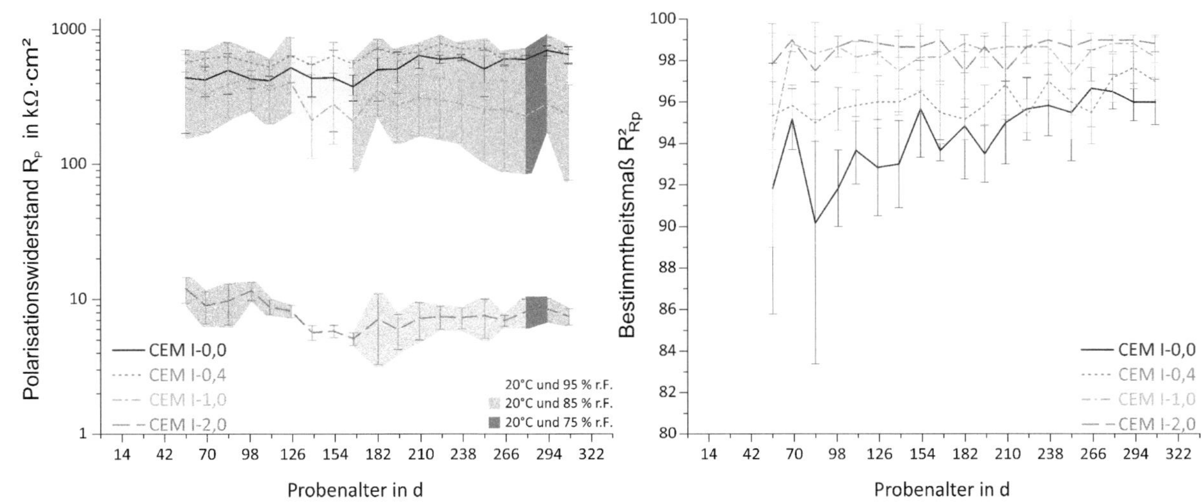

Abb. 74: Links: Polarisationswiderstände der vier Varianten aus Serie CEM I, rechts das zugehörige Bestimmtheitsmaß – Determinationskoeffizient

Fig. 74: Left: Polarization resistances of the four variants from the CEM I series, on the right the corresponding coefficient of determination

Der R_p und das Bestimmtheitsmaß der Serie CEM II ist in Abb. 75 dargestellt. Bezogen auf die Serie CEM I ist der Verlauf für die Varianten 0,0, 0,4 und 1,0 nahezu identischen. Bei der Betrachtung des Bestimmtheitsmaßes der Variante 0,0 der Serie CEM II ist, gegenüber der Serie CEM I, bis zu einem Probenalter von 154 Tagen eine signifikant größere Standardabweichung gegeben. Die Variante 2,0 hat im Vergleich zum Äquivalent der Serie CEM I einen deutlich höheren Polarisationswiderstand zu Beginn des Untersuchungszeitraumes und wird durch die Änderung der relativen Luftfeuchte während der Klimalagerung signifikant beeinflusst. Infolge der Luftfeuchteerhöhung sinkt der R_p von 100 kΩ·cm² auf 20 kΩ·cm², das Bestimmtheitsmaß bleibt über den gesamten Untersuchungszeitraum konstant. Im weiteren Verlauf der Untersuchungen sind die Polarisationswiderstände der Variante 2,0 der Serien CEM I und CEM II vergleichbar. Die Reduktion der relativen Luftfeuchte auf 75 % hat gegenüber den Varianten 0,0 und 0,4 einen signifikanten Einfluss auf den R_p der Varianten 1,0 und 2,0. Der R_p der Varianten 0,0 und 0,4 ist über den Untersuchungszeitraum nahezu konstant. Der R_p der Varianten 1,0 und 2,0 sinkt nach Erhöhung der Luftfeuchte kontinuierlich.

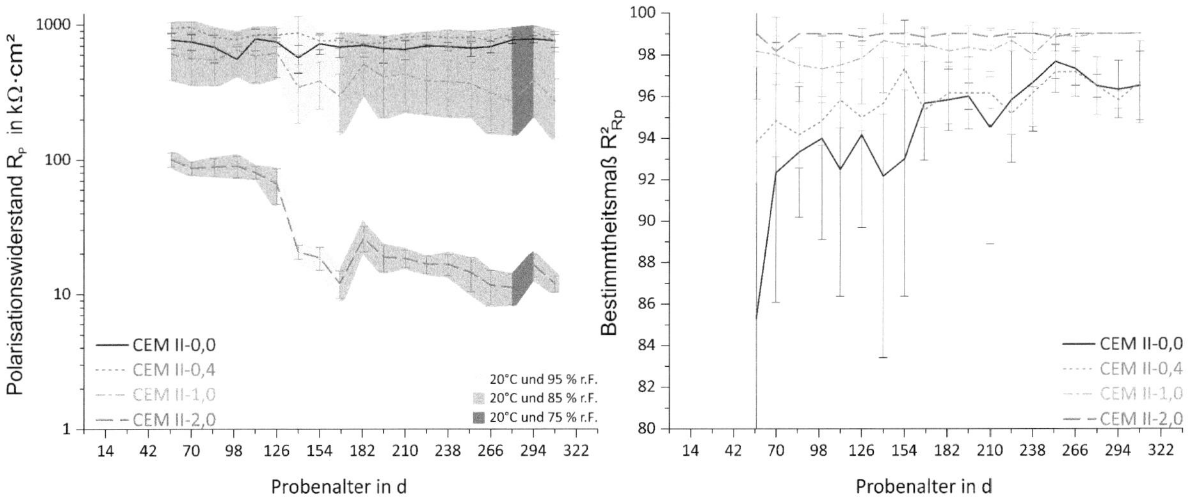

Abb. 75: Links: Polarisationswiderstände der vier Varianten aus Serie CEM II, rechts das zugehörige Bestimmtheitsmaß – Determinationskoeffizient

Fig. 75: Left: Polarization resistances of the four variants from the CEM II series, on the right the corresponding coefficient of determination

In Abb. 76 ist der Polarisationswiderstand sowie das zugehörige Bestimmtheitsmaß der linearen Regression der Serie CEM III dargestellt. Der Verlauf aller Varianten entspricht tendenziell dem der Serie CEM II. Das Bestimmtheitsmaß der Variante 0,0 ist von Beginn an deutlich höher als bei den anderen Serien. Eine Beeinflussung des R_p durch Änderung der Luftfeuchten ist bei der Serie CEM III nur bei den Varianten 1,0 und 2,0 gegeben. Der R_p der Varianten 0,0 und 0,4 ist nahezu konstant, der R_p der Varianten 1,0 und 2,0 fällt ebenso wie bei der Serie CEM II. Die Standardabweichung des R_p der Varianten 1,0 und 2,0 ist gegenüber den anderen Serien deutlich geringer. Die Variante 1,0 der Serie CEM III hat eine geringere Standardabweichung gegenüber den vergleichbaren Varianten der Serien CEM I und CEM II. Daraus ist ersichtlich, dass alle Proben der Variante eine tendenziell gleichartige Entwicklung des R_p aufweisen.

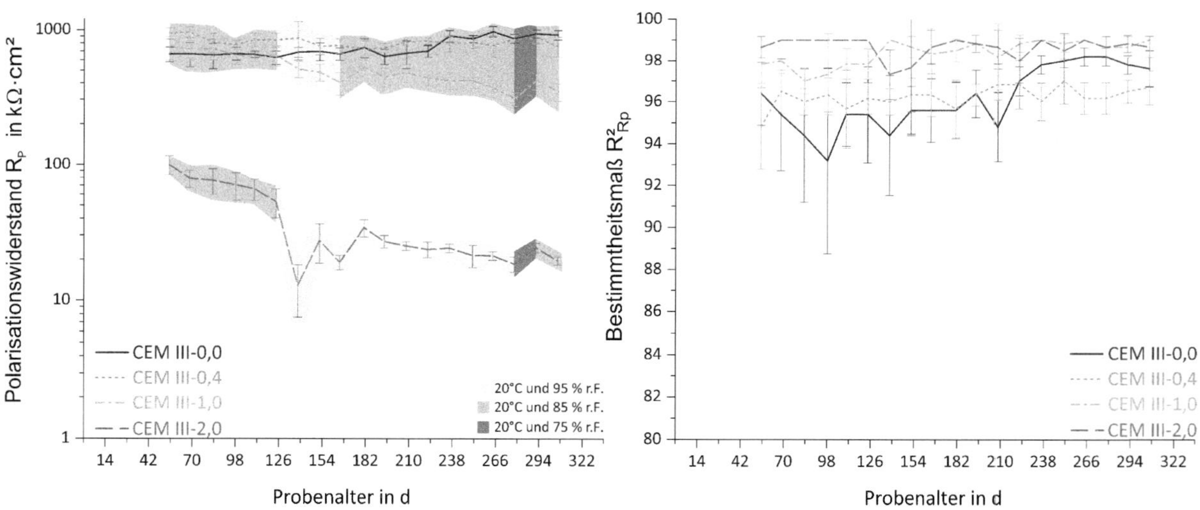

Abb. 76: Links: Polarisationswiderstände der vier Varianten aus Serie CEM III, rechts das zugehörige Bestimmtheitsmaß - Determinationskoeffizient

Fig. 76: Left: Polarization resistances of the four variants from the CEM III series, on the right the corresponding coefficient of determination

4.3.2.4 Elektrochemische Impedanzspektroskopie

Die Darstellung der Widerstände und Phasenwinkel erfolgt als Mittelwert aus jeweils sechs Proben. Eine Ausnahme bildet dabei die Variante 0,0 M. % Cl^- der Serie CEM III, hier bilden fünf Proben die Grundgesamtheit. Im Anschluss an die Darstellung der jeweiligen Varianten der drei Serien erfolgt die der Mittelwerte und Standardabweichungen der jeweiligen Phasenwinkel einer Serie über die Zeit.

Serie CEM I

In diesem Abschnitt sind die Ergebnisse der EIS-Messungen dargestellt, dabei werden nur die frequenzabhängigen Widerstände Z‘ und jeweiligen Phasenwinkel über die Zeit dargestellt. Veränderungen in der Klimalagerung werden durch farbige Kennzeichnung der jeweiligen Zeiträume in der Legende gekennzeichnet. In Abb. 77 sind die Ergebnisse der Variante 0,0 M. % Cl^- der Serie CEM I dargestellt. Anhand des Widerstandes in den hohen Frequenzbereichen kann ein Anstieg des Elektrolytwiderstandes mit der Zeit und während der Periode mit 75 % r.F. abgeleitet werden. Sowohl der gemessene Widerstand Z‘ 100 kHz als auch Z‘ 0,1 Hz steigt über die Zeit. Dabei beträgt die relative Änderung, ohne die gemessenen Widerstände bei 75 % r.F., bei 0,1 Hz ca. 1,1 kΩ, wohingegen die Widerstandsänderung bei 100 kHz ca. 350 Ω beträgt. Die Messung an Tag 293 zeigt den höchsten Widerstand über das gemessene Frequenzband und ist auf die Änderung der relativen Luftfeuchte auf 75 % r.F. zurückzuführen. Der Phasenwinkel im Bereich um 100 Hz ist über die Zeit nahezu unverändert, im Frequenzbereich von 0,1 Hz steigt dieser geringfügig an, von anfänglich -52 ° auf -46 °.

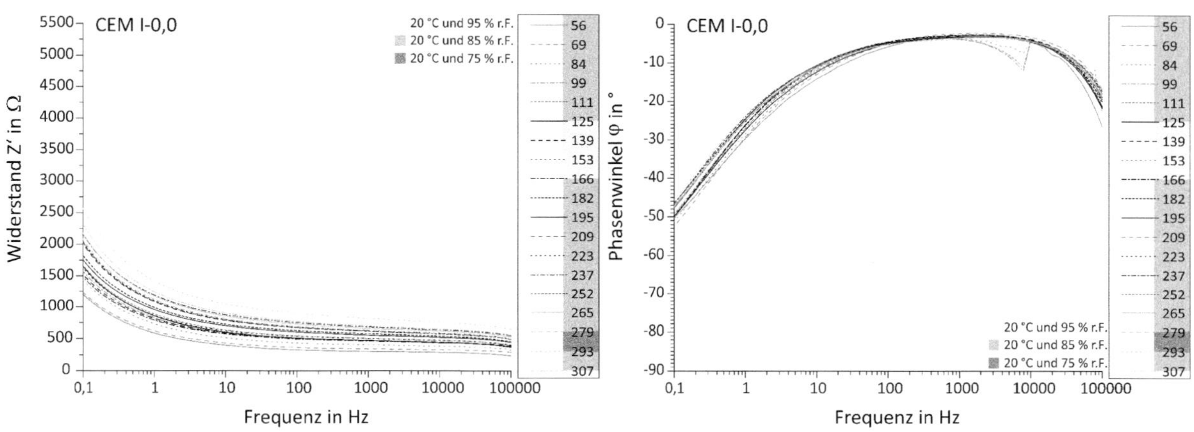

Abb. 77: Widerstand und Phasenwinkel der Variante 0,0 M. % Cl^- der Serie CEM I aus EIS-Messungen in Abhängigkeit vom Probenalter und kurzzeitigen Veränderungen der Lagerungsfeuchte

Fig. 77: Resistance and phase angle of the 0.0 M. % Cl^- variant of the CEM I series from EIS measurements as a function of sample age and short-term changes in storage moisture content

Die Variante 0,4 M. % Cl^- zeigt über das gesamte Frequenzband einen höheren Widerstand als die Variante 0,0 M. % Cl^-. Der höchste Widerstand wurde aufgrund der reduzierten Luftfeuchte bestimmt und liegt ca. 500 Ω oberhalb des zum Ende der Messreihe bestimmten Widerstands. Dies entspricht tendenziell den Ergebnissen aus der IR-Drop-Bestimmung. Der Phasenwinkel bei 0,1 Hz steigt über den Untersuchungszeitraum von -47 ° auf -39 °. Sowohl der gemessene Widerstand Z‘ 100 kHz als auch Z‘ 0,1 Hz steigt über die Zeit. Lässt man die ermittelten Widerstände bei 75 % r.F. außer Betracht, beträgt die relative Änderung bei 0,1 Hz ca. 1,0 kΩ, wohingegen die Widerstandsänderung bei 100 kHz ca. 350 Ω beträgt.

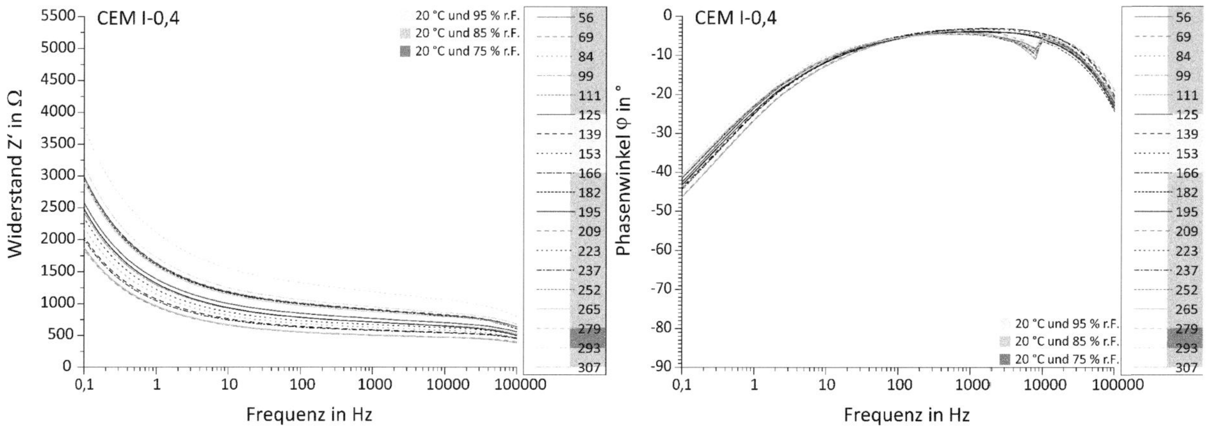

Abb. 78: Widerstand und Phasenwinkel der Variante 0,4 M. % Cl⁻ der Serie CEM I aus EIS-Messungen in Abhängigkeit vom Probenalter und kurzzeitigen Veränderungen der Lagerungsfeuchte

Fig. 78: Resistance and phase angle of the variant 0.4 M. % Cl⁻ of the CEM I series from EIS measurements as a function of sample age and short-term changes in storage moisture

Die Variante 1,0 M. % in Abb. 79 ist im Bereich der Widerstandsentwicklung nicht mit der Variante 0,4 M. %, zu vergleichen. Der Widerstand bei 0,1 Hz ist nach 182 Tagen rückläufig, dies ist deckungsgleich mit der Entwicklung des Polarisationswiderstandes. Der Phasenwinkel aus Abb. 79 rechts steigt über den gesamten Untersuchungszeitraum an und unterscheidet sich signifikant von den Varianten mit 0,0 und 0,4 M. % Cl^-. Zu Beginn beträgt der Phasenwinkel ca. -32 ° und am Ende der Untersuchungen ca. -19 °. Das entspricht einer Änderung des Phasenwinkels von 13 °.

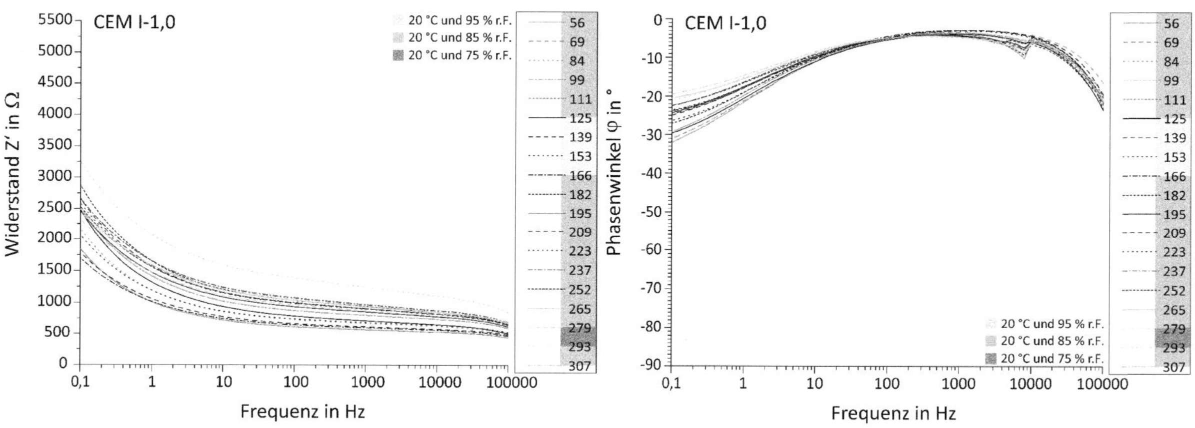

Abb. 79: Widerstand und Phasenwinkel der Variante 1,0 M. % Cl^- der Serie CEM I aus EIS-Messungen in Abhängigkeit vom Probenalter und kurzzeitigen Veränderungen der Lagerungsfeuchte

Fig. 79: Resistance and phase angle of the variant 1.0 M. % Cl^- of the CEM I series from EIS measurements as a function of sample age and short-term changes in storage moisture

Die Variante mit 2,0 M. % Cl^- aus Abb. 80 unterscheidet sich dann grundlegend von den anderen Varianten, es gibt keinen frequenzabhängigen ausgeprägten Widerstandsanstieg hin zu niedrigen Frequenzbereichen. Eine signifikante Änderung über die Zeit ist ebenfalls nicht gegeben. Der Einfluss der Umgebungsfeuchte hingegen ist deutlich zu erkennen. Mit zunehmender Feuchte sinkt der Widerstand, bei Reduktion der Feuchte gibt es einen signifikanten Anstieg. Der Phasenwinkel ist über den gesamten Untersuchungszeitraum fast konstant, er beträgt zu Beginn des Untersuchungszeitraumes ca. -4,5 ° und am Ende -3 °.

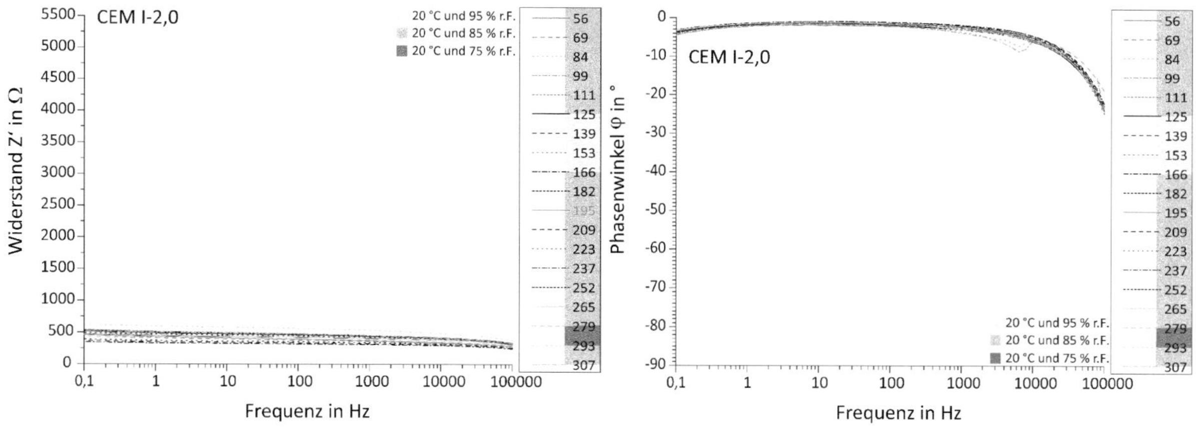

Abb. 80: Widerstand und Phasenwinkel der Variante 2,0 M. % Cl^- der Serie CEM I aus EIS-Messungen in Abhängigkeit vom Probenalter und kurzzeitigen Veränderungen der Lagerungsfeuchte

Fig. 80: Resistance and phase angle of the variant 2.0 M. % Cl^- of the CEM I series from EIS measurements as a function of sample age and short-term changes in storage moisture

Serie CEM II

Der frequenzabhängige Widerstand Z' und der zugehörige Phasenwinkel der Variante 0,0 M. % Cl^- der Serie CEM II sind in Abb. 81 dargestellt. Der gemessene Widerstand Z' 100 kHz als auch Z' 0,1 Hz steigt über den Untersuchungszeitraum. Dabei beträgt die relative Änderung, ohne die gemessenen Widerstände bei 75 % r.F., bei 0,1 Hz ca. 1,3 kΩ, wohingegen die Widerstandsänderung bei 100 kHz ca. 380 Ω beträgt. Der Phasenwinkel steigt über den Untersuchungszeitraum nur geringfügig von ca. -50 ° auf -47 °. Wie bei der Serie CEM I hat die Änderung der Luftfeuchte besonders infolge Desorption einen signifikanten Einfluss auf den gemessenen Widerstand, der Phasenwinkel hingegen wird davon nur geringfügig beeinflusst.

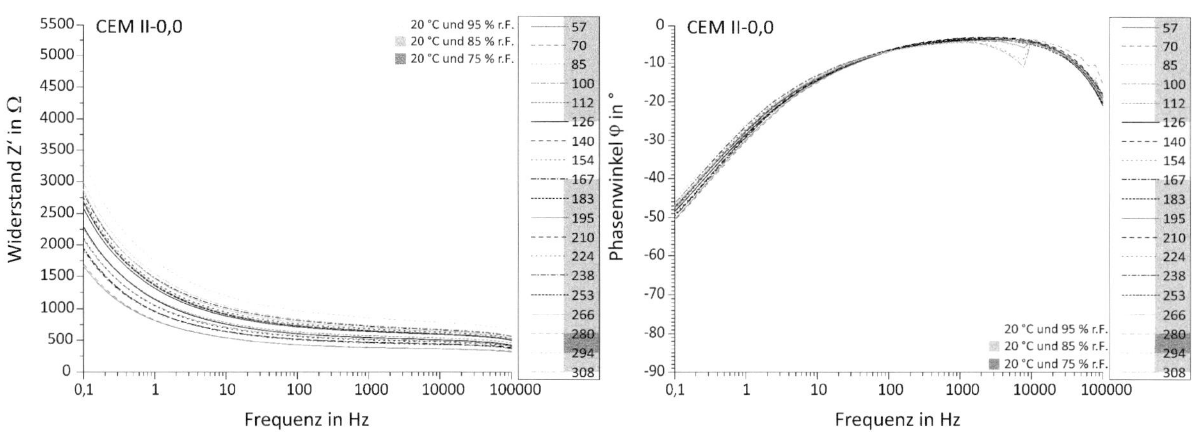

Abb. 81: Widerstand und Phasenwinkel der Variante 0,0 M. % Cl^- der Serie CEM II aus EIS-Messungen in Abhängigkeit vom Probenalter und kurzzeitigen Veränderungen der Lagerungsfeuchte

Fig. 81: Resistance and phase angle of the variant 0.0 M. % Cl^- of the CEM II series from EIS measurements as a function of sample age and short-term changes in storage moisture

Betrachtet man die gemessenen Widerstände Z' für 0,1 Hz, so sind die Werte der Varianten 0,0 und 0,4 nahezu identisch, Vergleich Abb. 82 und Abb. 81. Der gemessene Widerstand Z' 100 kHz als auch Z' 0,1 Hz steigen ebenfalls über den Untersuchungszeitraum. Dabei beträgt die relative Änderung des Widerstands Z' bei 100 kHz ca. 300 Ω, die gemessenen Widerstände bei 75 % r.F. werden nicht berücksichtigt. Der Phasenwinkel steigt über den Untersuchungszeitraum von ca. -53 ° auf ca. -49 °. Infolge der Luftfeuchtereduktion und der daraus resultierenden Desorption von Wasser aus der Probe ist der Phasenwinkel kurzfristig auf einen Wert von ca. -47 ° gestiegen.

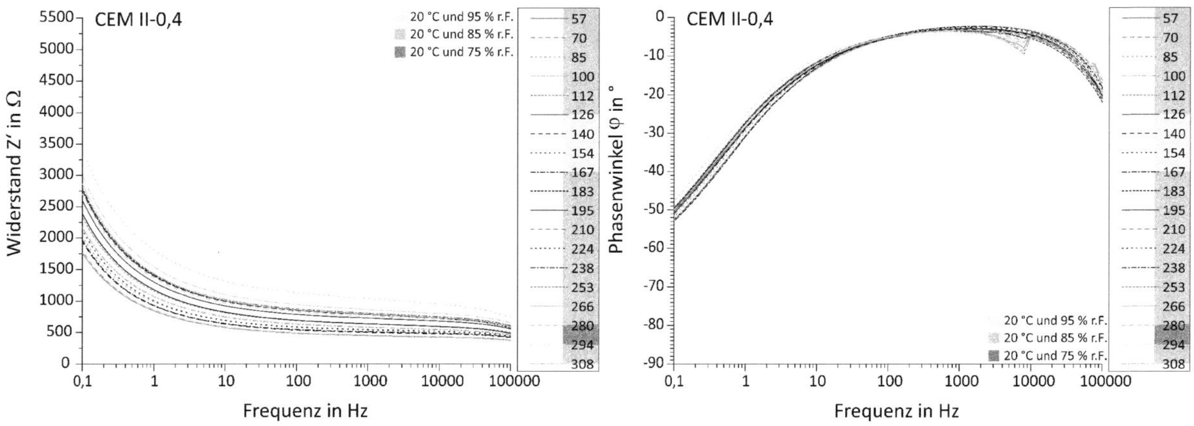

Abb. 82: Widerstand und Phasenwinkel der Variante 0,4 M. % Cl^- der Serie CEM II aus EIS-Messungen in Abhängigkeit vom Probenalter und kurzzeitigen Veränderungen der Lagerungsfeuchte

Fig. 82: Resistance and phase angle of the variant 0.4 M. % Cl^- of the CEM II series from EIS measurements as a function of sample age and short-term changes in storage moisture

Der Widerstand Z' der Variante 1,0 M. % Cl^- der Serie CEM II ist in Abb. 83 dargestellt, dieser ist, wie auch bei der Serie CEM I, nach Erhöhung der relativen Luftfeuchte während der Klimalagerung rückläufig und wird über den restlichen Untersuchungszeitraum geringer. Der Verlauf verhält sich qualitativ wie der zugehörigen LPR aus Abschnitt 4.3.2.3. Die Änderung des Phasenwinkels über den Untersuchungszeitraum ist signifikant. Dieser steigt von ca. -38 ° auf -21 ° und erreicht zum Ende des Untersuchungszeitraumes ähnliche Werte, wie das Äquivalent der Serie CEM I. Die Änderung des Phasenwinkels ($\Delta\varphi$) über die Zeit beträgt 17°.

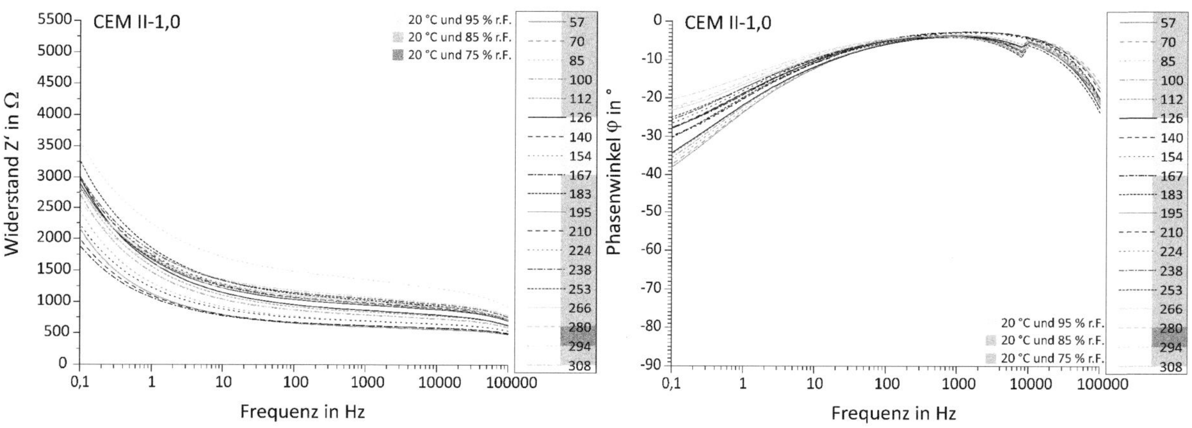

Abb. 83: Widerstand und Phasenwinkel der Variante 1,0 M. % Cl^- der Serie CEM II aus EIS-Messungen in Abhängigkeit vom Probenalter und kurzzeitigen Veränderungen der Lagerungsfeuchte

Fig. 83: Resistance and phase angle of the variant 1.0 M. % Cl^- of the CEM II series from EIS measurements as a function of sample age and short-term changes in storage moisture

In Abb. 84 sind der Widerstand Z' und Phasenwinkel der Variante 2,0 der Serie CEM II über die Zeit dargestellt. Der gemessene Widerstand Z' ist über das gesamte Frequenzband geringfügig höher als bei der Serie CEM I. Der zu Beginn des Untersuchungszeitraumes ermittelte Widerstand im hohen Frequenzbereich lag, mit Ausnahme der Ergebnisse bei hohen Luftfeuchten, zwischen 600 und 750 Ω. Im Vergleich zur Serie CEM I zeigen die Widerstände hier bei 0,1 Hz bis zur Erhöhung der Luftfeuchte einen kontinuierlichen Anstieg über die Zeit und bleiben anschließend nahezu unverändert. Die Phasenwinkel bei gleicher Frequenz steigen hingegen auch. Bei zunehmender Luftfeuchte, zwischen 126 und 140 Tagen, ist ein Sprung von ca. 4 ° zu erkennen. Zum Ende des Untersuchungszeitraumes ist der Phasenwinkel der Variante 2,0 M. % Cl^- nahezu identisch mit dem der Serie CEM I und ist über den Untersuchungszeitraum von -17 ° auf ca. -3 ° angestiegen.

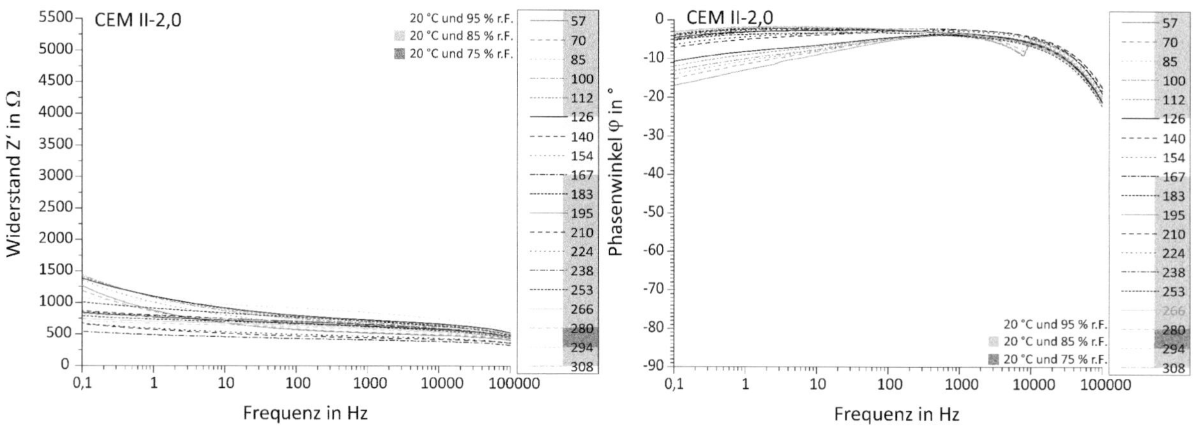

Abb. 84: Widerstand und Phasenwinkel der Variante 2,0 M. % Cl^- der Serie CEM II aus EIS-Messungen in Abhängigkeit vom Probenalter und kurzzeitigen Veränderungen der Lagerungsfeuchte

Fig. 84: Resistance and phase angle of the variant 2.0 M. % Cl^- of the CEM II series from EIS measurements as a function of sample age and short-term changes in storage moisture

Serie CEM III

Die Variante 0,0 M. % Cl^- der Serie CEM III ist in Abb. 85 dargestelt und unterscheidet sich im Vergleich zu den anderen Serien aufgrund eines höheren Widerstandes Z' im hohen Frequenzbereich. Der Phasenwinkel bei 0,1 Hz beginnt mit -44 ° und steigt bis auf -37 °. Der Widerstand bei einer Frequenz von 0,1 Hz liegt zu Beginn der Messungen bei ca. 2 kΩ und am Ende bei 4,0 kΩ. Die Verringerung der Luftfeuchte reduziert den Widerstandsanstieg, was durch einen relativ großen Zwischenraum in der Ergebnisdarstellung des Z'-Widerstands dokumentiert ist. Nach erneutem Einstellen der relativen Luftfeuchte auf 85 % steigt der Widerstand signifikant von ca. 2,7 kΩ auf 3,3 kΩ an.

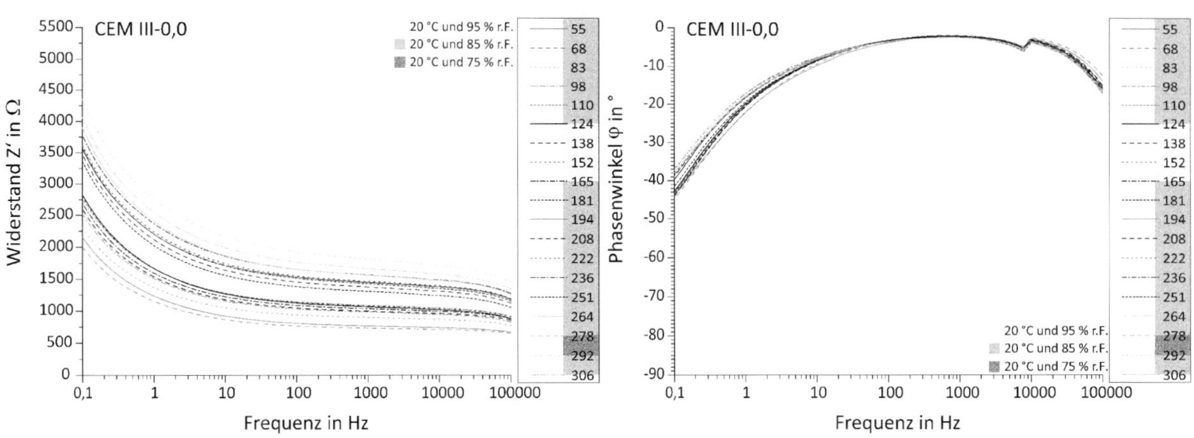

Abb. 85: Widerstand und Phasenwinkel der Variante 0,0 M. % Cl^- der Serie CEM III aus EIS-Messungen in Abhängigkeit vom Probenalter und kurzzeitigen Veränderungen der Lagerungsfeuchte

Fig. 85: Resistance and phase angle of the variant 0.0 M. % Cl^- of the CEM III series from EIS measurements as a function of sample age and short-term changes in storage moisture

Die Z'-Widerstände als auch die Phasenwinkel der Variante 0,4 M. % Cl^- der Serie CEM III sind in Abb. 86 dargestellt. Auffällig ist der niedrige, im Probenalter von 55 Tagen gemessene Widerstand, der im hohen Frequenzbereich ca. 0,5 kΩ beträgt. Der darauffolgend gemessene Widerstand bei einem Probenalter von 68 Tagen beträgt im gleichen Frequenzbereich ca. 1,3 kΩ. Die weitere Widerstandsentwicklung im Bereich von 0,1 Hz ist ähnlich der Variante 0,0 jedoch um 750 Ω größer als diese. Der Phasenwinkel der ersten Messung ist ebenfalls auffällig, da er sich bei 0,1 Hz ebenso wie der Widerstand deutlich von den anderen Messungen unterscheidet. Der weitere Verlauf der Phasenwinkel entspricht ungefähr der Varaiante 0,0 und steigt zum Ende der Untersuchung auf ca. -38 °.

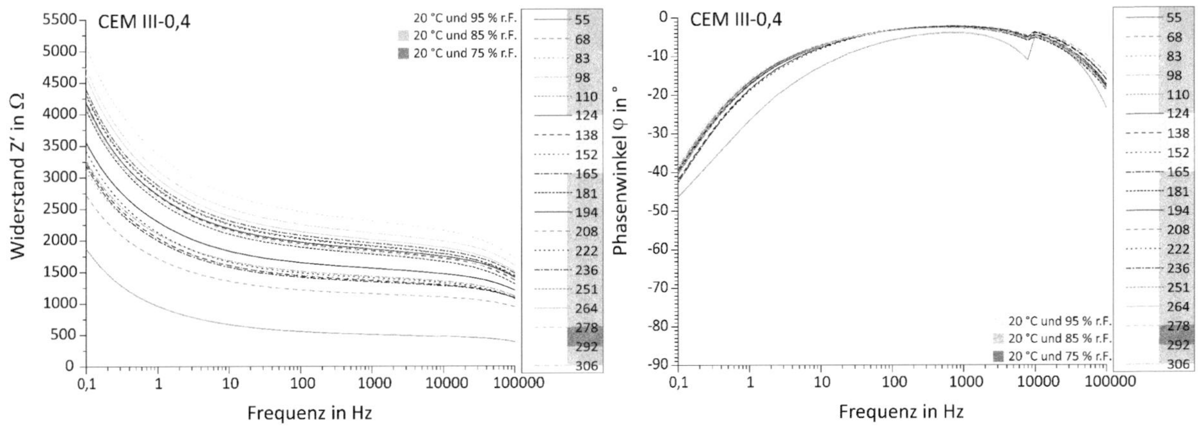

Abb. 86: Widerstand und Phasenwinkel der Variante 0,4 M. % Cl^- der Serie CEM III aus EIS-Messungen in Abhängigkeit vom Probenalter und kurzzeitigen Veränderungen der Lagerungsfeuchte

Fig. 86: Resistance and phase angle of the variant 0.4 M. % Cl^- of the CEM III series from EIS measurements as a function of sample age and short-term changes in storage moisture

Die Ergebnisse der EIS-Messungen der Variante 1,0 M. % Cl^- der Serie CEM III sind in Abb. 87 dargestellt. Der Widerstand im Hohenfrequenzbereich beträgt zu Beginn der Messungen ca. 1,1 kΩ und zum Ende ca. 2 kΩ. Betrachtet man die Widerstandsentwicklung bei einer Frequenz von 0,1 Hz, so ist kein signifikanter Einfluss der Erhöhung der Luftfeuchte zu erkennen, sehr wohl aber bei der Reduktion der Luftfeuchte. Zu Beginn der Messung ist der Widerstand größer als der der Variante 0,0, jedoch geringfügig kleiner als der der Variante 0,4 (Vergleich Probenalter 68 d). Am Ende des Untersuchungszeitraumes entspricht der Widerstand bei 0,1 Hz dem der Variante 0,0. Die Entwicklung des Phasenwinkels der Variante 1,0 über die Zeit verhält sich, wie bei den anderen Serien. Zu Beginn des Untersuchungszeitraumes liegt dieser bei ca. -37 °, zum Ende des Untersuchungszeitraumes nur noch bei -20 °.

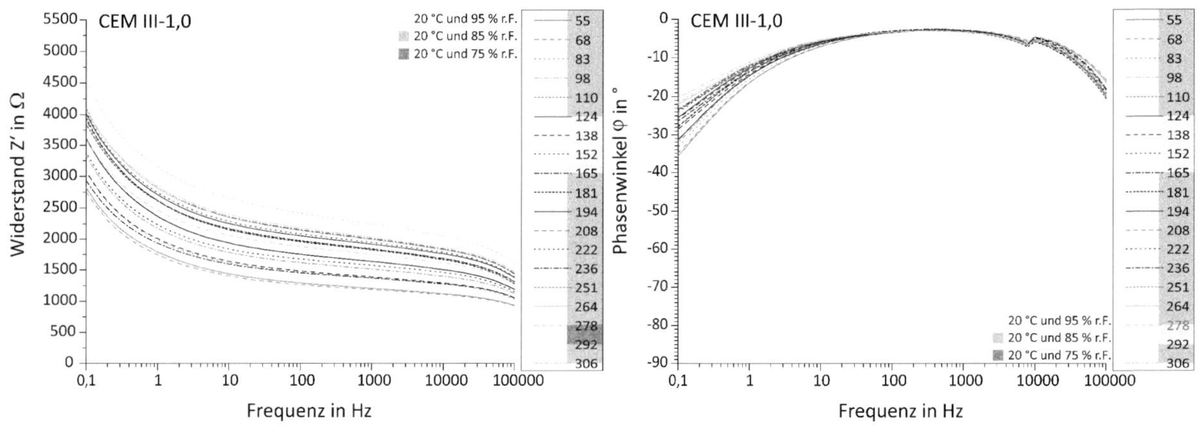

Abb. 87: Widerstand und Phasenwinkel der Variante 1,0 M. % Cl^- der Serie CEM III aus EIS-Messungen in Abhängigkeit vom Probenalter und kurzzeitigen Veränderungen der Lagerungsfeuchte

Fig. 87: Resistance and phase angle of the variant 1.0 M. % Cl^- of the CEM III series from EIS measurements as a function of sample age and short-term changes in storage moisture

Die Variante mit 2,0 M. % Cl^- verhält sich über den zeitlichen Verlauf relativ ähnlich zur entsprechenden Variante der Serie CEM II. Der Widerstand bei 0,1 Hz liegt zu Beginn der Untersuchung bei ca. 2,1 kΩ, steigt bis zur Änderung der Luftfeuchte an und fällt dann signifikant ab. Zum Ende der Untersuchung beträgt der Widerstand bei 0,1 Hz ca. 1,7 kΩ. Ähnliches kann auch bei der Entwicklung des Phasenwinkels beobachtet werden. Zu Beginn beträgt dieser ca. -9 ° und beträgt am Ende des Untersuchungszeitraumes -3 ° und somit ähnlich hoch wie bei den entsprechenden Varianten der anderen Serien.

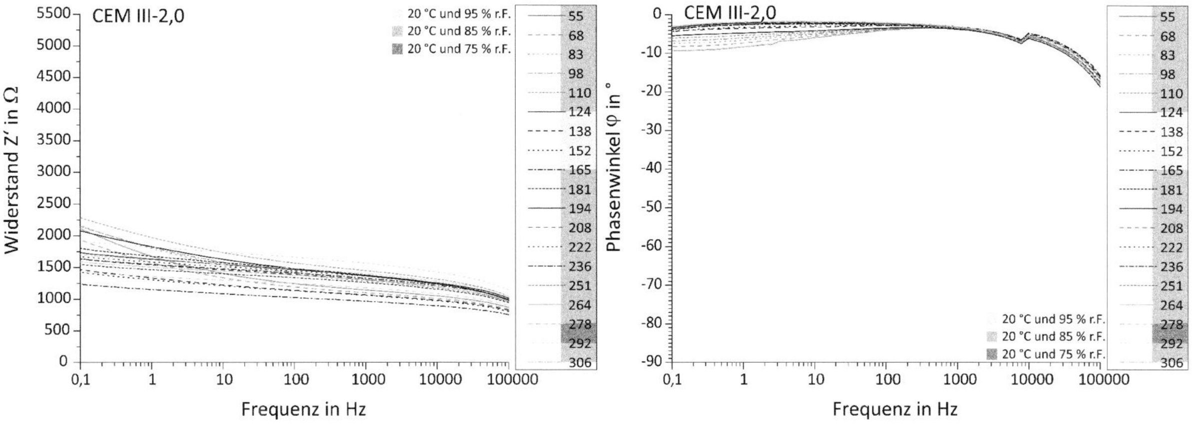

Abb. 88: Widerstand und Phasenwinkel der Variante 2,0 M. % Cl^- der Serie CEM III aus EIS-Messungen in Abhängigkeit vom Probenalter und kurzzeitigen Veränderungen der Lagerungsfeuchte

Fig. 88: Resistance and phase angle of the variant 2.0 M. % Cl^- of the CEM III series from EIS measurements as a function of sample age and short-term changes in storage moisture

Der in Abb. 89 dargestellte Verlauf der Phasenwinkel bei 0,1 Hz aller Varianten der Serie CEM I zeigt die Streuung als auch die zeitliche Änderung der Phasenwinkel. Die Varianten 0,0 und 0,4 verlaufen nahezu parallel mit einem Delta von ca. 4 °. Der Phasenwinkel der Variante 1,0 M. % Cl^- steigt über den gesamten Zeitraum kontinuierlich an. Die Standardabweichung der Varianten unterscheidet sich nicht bei den Varianten 0,0 und 0,4, die größte Standardabweichung ist bei der Variante 1,0 vorzufinden, die geringste bei der Variante 2,0.

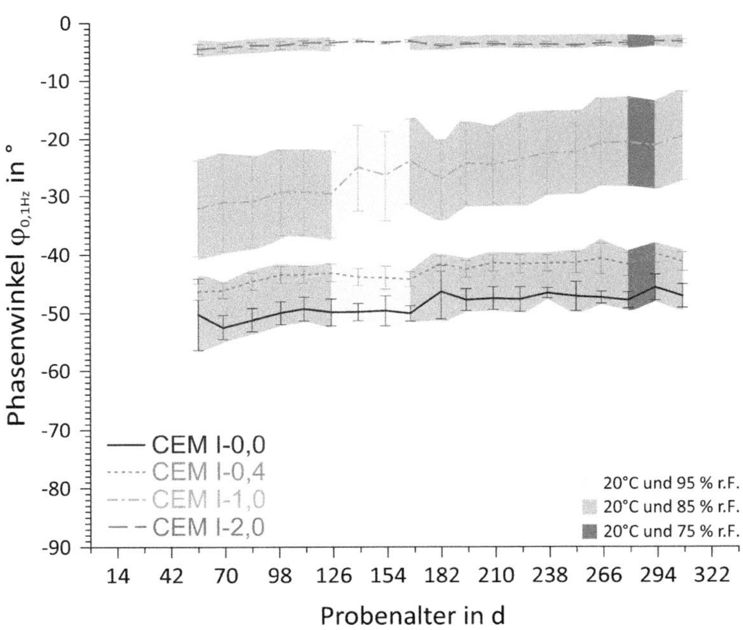

Abb. 89: Darstellung aller Phasenwinkel als Mittelwert mit zugehörigen Standardabweichungen der Serie CEM I

Fig. 89: Representation of all phase angles as mean value with associated standard deviations of the CEM I series

Der Phasenwinkel aller Varianten der Serie CEM II ist in Abb. 90 dargestellt. Tendenziell ist der Verlauf der Phasenwinkel aller Varianten nahezu identisch mit denen der Serie CEM I. Eine Ausnahme bildet dabei die Variante 2,0 M. % Cl^-, hier gibt es einen signifikanten Anstieg des Phasenwinkels bis zur Änderung der Luftfeuchte. Über die Zeit wird die Standardabweichung der Variante 2,0 geringer, die der Variante 1,0 ist vergleichbar mit dem Äquivalent der Serie CEM I. Der Anstieg des Phasenwinkels ist vergleichbar mit dem der Variante 1,0.

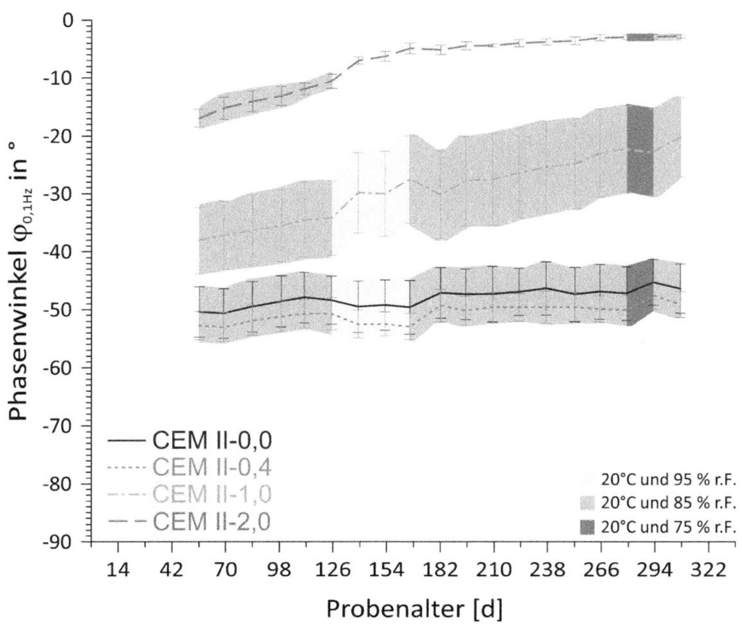

Abb. 90: Darstellung aller Phasenwinkel als Mittelwert mit zugehörigen Standardabweichungen der Serie CEM II

Fig. 90: Representation of all phase angles as mean value with associated standard deviations of the CEM II series

Die zusammenfassende Darstellung der Phasenwinkel aller Varianten der Serie CEM III erfolgt in Abb. 91. Der grundlegende Verlauf aller Varianten ist vergleichbar mit denen der Serie CEM II. Auch hier steigt der Phasenwinkel der Variante 2,0 bis zur Erhöhung der Luftfeuchte, ab diesem Zeitpunkt ist die Standardabweichung sehr gering und im gewählten Maßstab nicht mehr darstellbar. Die Standardabweichung der Variante 1,0 ist deutlich geringer als die bei den Äquivalenten der beiden anderen Serien.

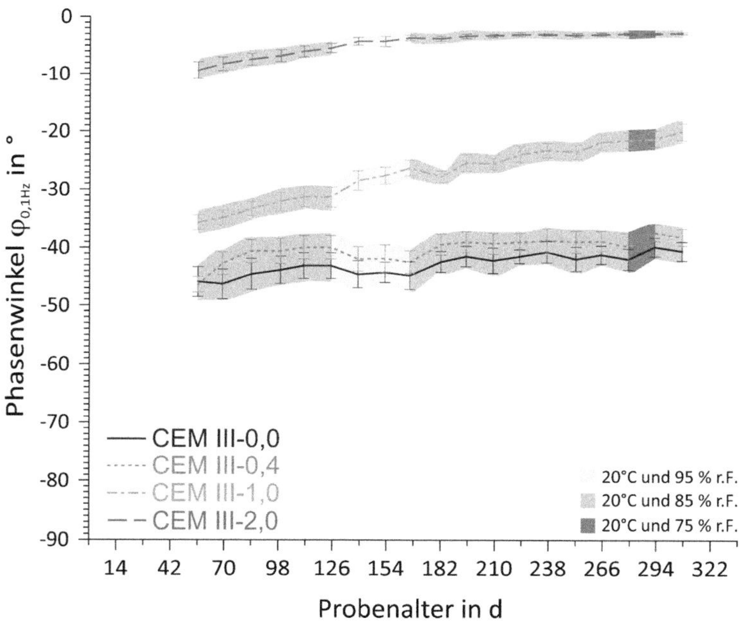

Abb. 91: Darstellung aller Phasenwinkel als Mittelwert mit zugehörigen Standardabweichungen der Serie CEM III

Fig. 91: Representation of all phase angles as mean value with associated standard deviations of the CEM III series

4.3.2.5 Ermittlung des I_{corr} und des B-Wertes aus Stromdichte-Potentialkurven

Die aus den Stromdichte-Potentialkurven ermittelten Korrosionsstromdichten und B-Werte der untersuchten Serien CEM I, CEM II und CEM III sind nachfolgend in Abb. 92 bis Abb. 94 dargestellt.

Serie CEM I

Die Korrosionsstromdichte der Variante 0,0 der Serie CEM I sinkt zu Beginn des Untersuchungszeitraums und ist ab einem Probenalter von ca. 80 Tagen vergleichbar mit der Korrosionsstromdichte der Variante 0,4. Nach der Luftfeuchteerhöhung gibt es einen Anstieg der ermittelten Korrosionsstromdichte, jedoch keine signifikante Änderung im B-Wert. Die Korrosionsstromdichte der Variante 1,0 ist am Ende des Untersuchungszeitraumes mit 2,0 mA·m^{-2} deutlich höher als die der zuvor beschriebenen Varianten 0,0 und 0,4, die zum gleichen Zeitpunkt eine Stromdichte von ca. 0,06 mA·m^{-2} aufweisen. Die Stromdichte der Variante 2,0 beträgt zum Ende des Untersuchungszeitraumes ca. 10 mA·m^{-2}. Der B-Wert der Variante 1,0 ist deutlich höher als bei den anderen Varianten. Der B-Wert der Variante 2,0 wird mit zunehmendem Probenalter geringer und ist ab einem Probenalter von 182 Tagen nahezu konstant. Die Standardabweichung der Varianten 0,0 und 1,0 ist sowohl bei der Korrosionsstromdichte als auch beim B-Wert deutlich größer als bei den Varianten 0,4 und 2,0.

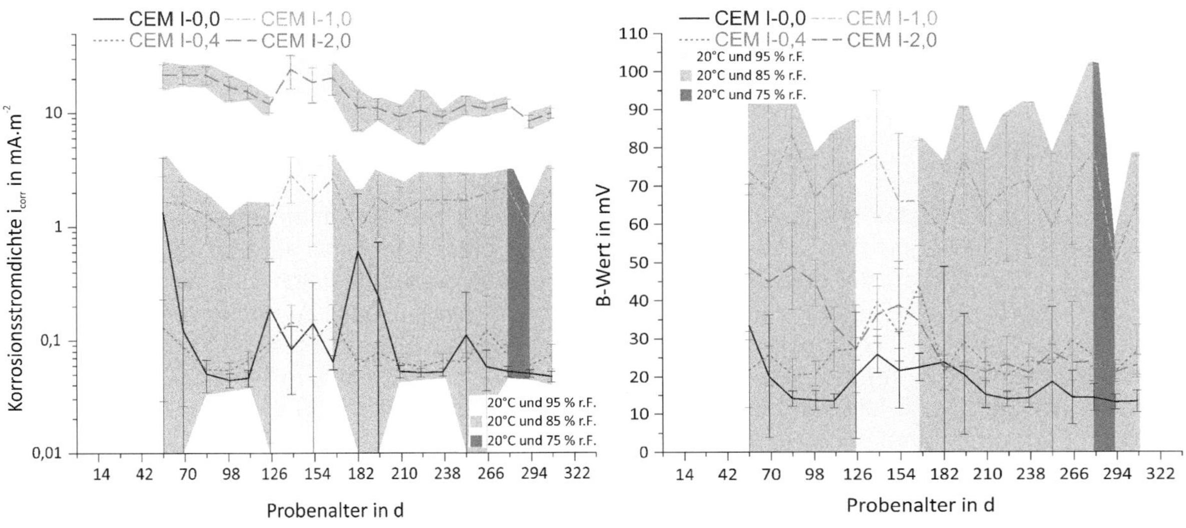

Abb. 92: Korrosionsstromdichte und B-Wert mit Standardabweichung für alle Varianten der Serie CEM I

Fig. 92: Corrosion current density and B-value with standard deviation for all variants of the CEM I series

Serie CEM II

Die Korrosionsstromdichten der Varianten 0,0 und 0,4 der Serie CEM II weisen deutlich geringere Standardabweichungen auf als die Äquivalente der Serie CEM I. Die Stromdichten beider Varianten sind über den Untersuchungszeitraum mit ca. 0,04 mA·m^{-2} konstant und geringer als die der Serie CEM I. Die Stromdichte der Variante 1,0 steigt über den Untersuchungszeitraum von 0,4 mA·m^{-2} auf ca. 2 mA·m^{-2} an. Die Variante 2,0 ist über den Zeitraum nicht konstant, bis zur Änderung der Luftfeuchte beträgt die Korrosionsstromdichte ca. 6 mA·m^{-2}, steigt dann auf bis zu 25 mA·m^{-2} und beträgt am Ende des Untersuchungszeitraumes ca. 10 mA·m^{-2}. Der B-Wert der Varianten 0,0 und 0,4 ist quasi vergleichbar. Er wird bis zur Änderung der Luftfeuchte geringer, steigt dann kurzzeitig an, ist nach Angleichen der relativen Luftfeuchte auf 85 % konstant und beträgt dann ca. 15 mV. Der B-Wert der Variante 1,0 hat eine große Standardabweichung und steigt über den Untersuchungszeitraum an. Zu Beginn der Untersuchung liegt der B-Wert bei ca. 53 mV und am Ende bei ca. 70 mV. Der B-Wert der Variante 2,0 nimmt dagegen kontinuierlich ab, zu Beginn der Untersuchung liegt dieser bei ca. 60 mV und am Ende bei ca. 30 mV.

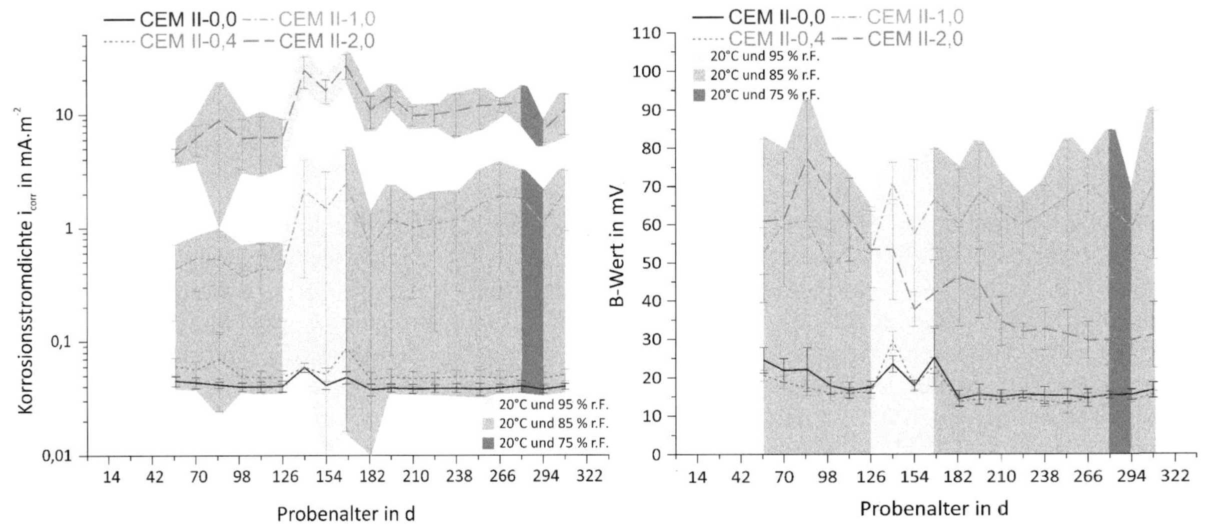

Abb. 93: Korrosionsstromdichte und B-Wert mit jeweiliger Standardabweichung für alle Varianten der Serie CEM II

Fig. 93: Corrosion current density and B-value with standard deviation for all variants of the CEM II series

Serie CEM III

Die Korrosionsstromdichte der Varianten 0,0 und 0,4 sind über den gesamten Untersuchungszeitraum deckungsgleich. Zu Beginn der Untersuchung liegt diese bei ca. 0,045 mA·m^{-2} und zum Ende bei ca. 0,035 mA·m^{-2}. Der B-Wert der beiden Varianten ist ebenfalls deckungsgleich und steigt minimal von 12 mV auf ca. 15 mV an. Die Standardabweichung ist beim Vergleich aller Varianten mit den anderen Serien deutlich geringer. Die Korrosionsstromdichte der Variante 1,0 sinkt bis zur Erhöhung der Luftfeuchte und steigt nach Verringerung auf 85 % r.F. kontinuierlich von 0,35 mA·m^{-2} auf ca. 0,9 mA·m^{-2} an. Der B-Wert der Serie fällt von 65 mV auf ca. 60 mV. Die Korrosionsstromdichte der Variante 2,0 beträgt zu Beginn der Untersuchung ca. 4 mA·m^{-2} und am Ende ca. 3 mA·m^{-2}. Der B-Wert der Variante 2,0 fällt bis zur Änderung der Luftfeuchte auf 95 % r.F. signifikant ab und nach erneuter Einstellung der Luftfeuchte auf 85 % r.F. nur noch geringfügig. Er beträgt zu Beginn der Untersuchungen ca. 60 mV und am Ende der Untersuchungen ca. 24 mV.

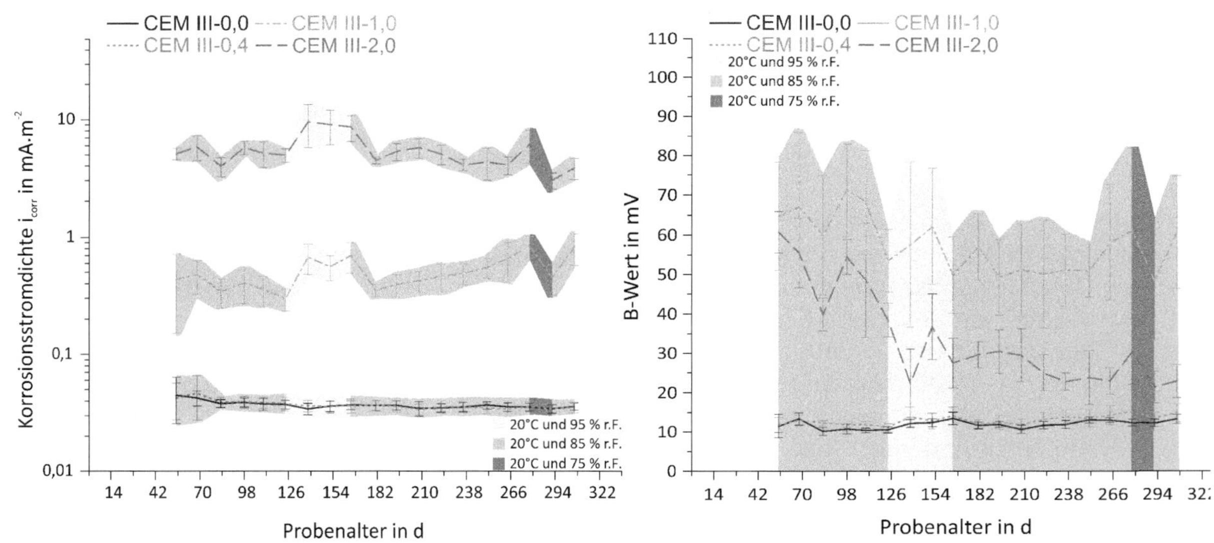

Abb. 94: Korrosionsstromdichte und B-Wert mit jeweiliger Standardabweichung für alle Varianten der Serie CEM III

Fig. 94: Corrosion current density and B-value with standard deviation for all variants of the CEM III series

4.3.3 Probekörpertyp M mit synthetisierter Porenlösung und Mörteldiaphragma

4.3.3.1 Informationen zur Ergebnisdarstellung für Probekörpertyp M

Nachfolgend werden die Ergebnisse der elektrochemischen Messungen der Probenserien mit synthetisierter Porenlösung und Mörteldiaphragma (M) für CEM I-M, CEM II-M und CEM III-M mit den Varianten 0,0, 1,0 und 2,0 M. % Cl^- gezeigt. Bei der Ergebnisdarstellung für die Varianten ohne Chloridzugabe sind nur zwei Proben betrachtet worden, somit sind die dargestellten Fehlerindikatoren als qualitative Streuung zu verstehen.

4.3.3.2 Freies Korrosionspotential E_{corr} und IR-Drop

Das freie Korrosionspotential der Variante 0,0 M. % Cl^- der Serie CEM I-M steigt über den Untersuchungszeitraum deutlich an, wobei die Streuung mit zunehmenden Probenalter kleiner wird (Abb. 94). Das freie Korrosionspotential der Variante 1,0 M. % Cl^- und der Variante 2,0 steigt über den Untersuchungszeitraum um ca. 50 mV, die Standardabweichung der beiden Varianten ist ähnlich. Der IR-Drop aller Varianten steigt über den Untersuchungszeitraum geringfügig an.

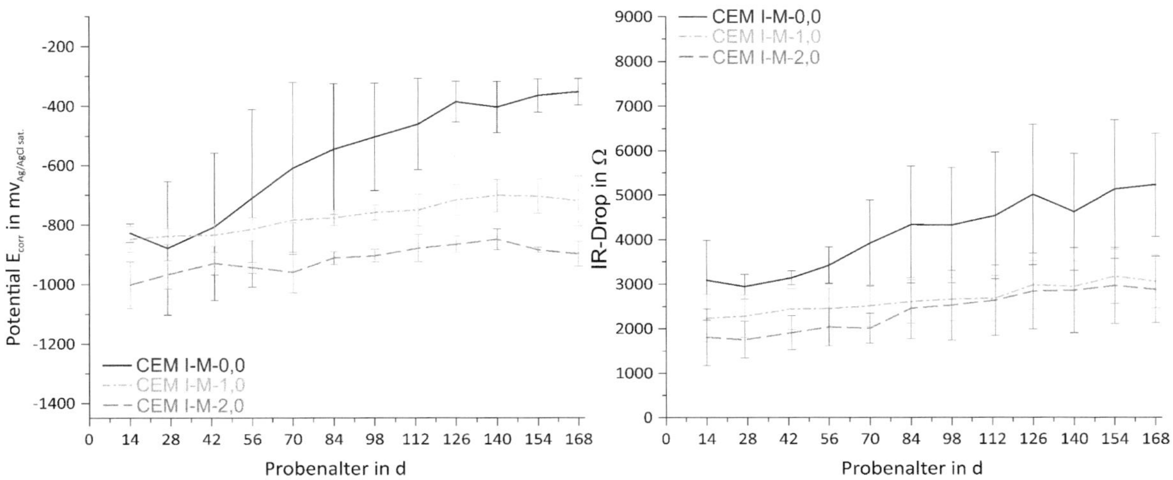

Abb. 95: Freies Korrosionspotential, links und IR-Drop aller Varianten der Serie CEM I-M rechts

Fig. 95: Free corrosion potential, left and IR-drop of all variants of the CEM II-M series right

Das freie Korrosionspotential aller Varianten ist bei der Serie CEM II-M ähnlich, dabei weist die Variante 0,0 das negativste Potential auf (Abb. 95). Die Potentiale und der IR-Drop der Variante 1,0 und 2,0 sind vergleichbar mit denen der äquivalenten Varianten der Serie CEM I-M.

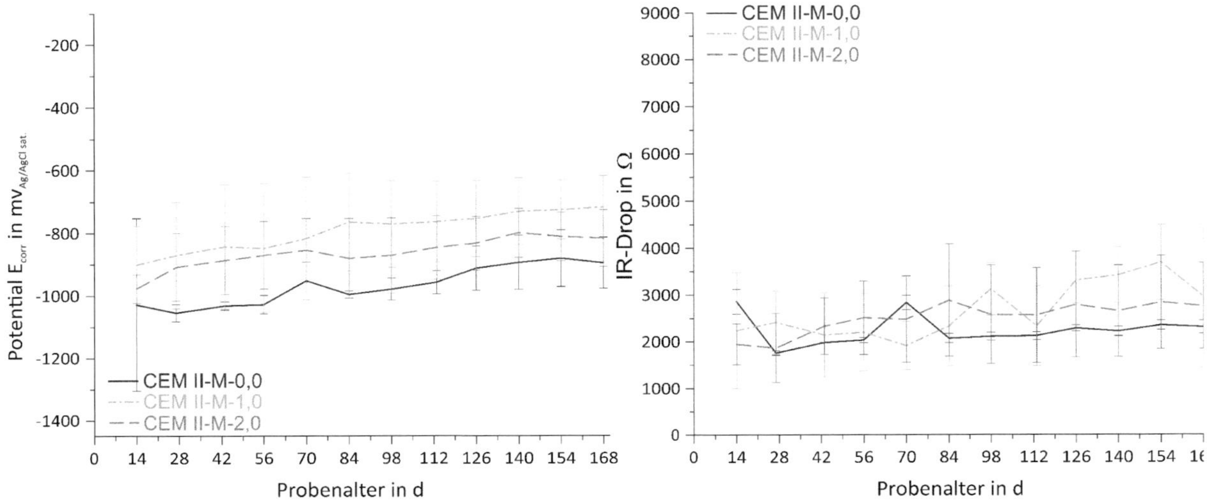

Abb. 96: Freies Korrosionspotential, links und IR-Drop aller Varianten der Serie CEM II-M rechts

Fig. 96: Free corrosion potential, left and IR-drop of all variants of the CEM II-M series right

Das freie Korrosionspotential der Variante 0,0 der Serie CEM III-M ist deutlich positiver als bei den anderen Serien, weist aber eine Streuung auf, die auf signifikant unterschiedliche Potentiallagen der der Serie zugehörigen Proben zurückzuführen ist. Das freie Korrosionspotential der Variante 1,0 und 2,0 ist quasi vergleichbar mit den äquivalenten Varianten der anderen Serien. Auch der in Abb. 97 dargestellte IR-Drop weist eine signifikante Streuung auf. Die Standardabweichung der Varianten 1,0 und 2,0 M. % Cl^- ist deutlich größer als die der anderen Serien.

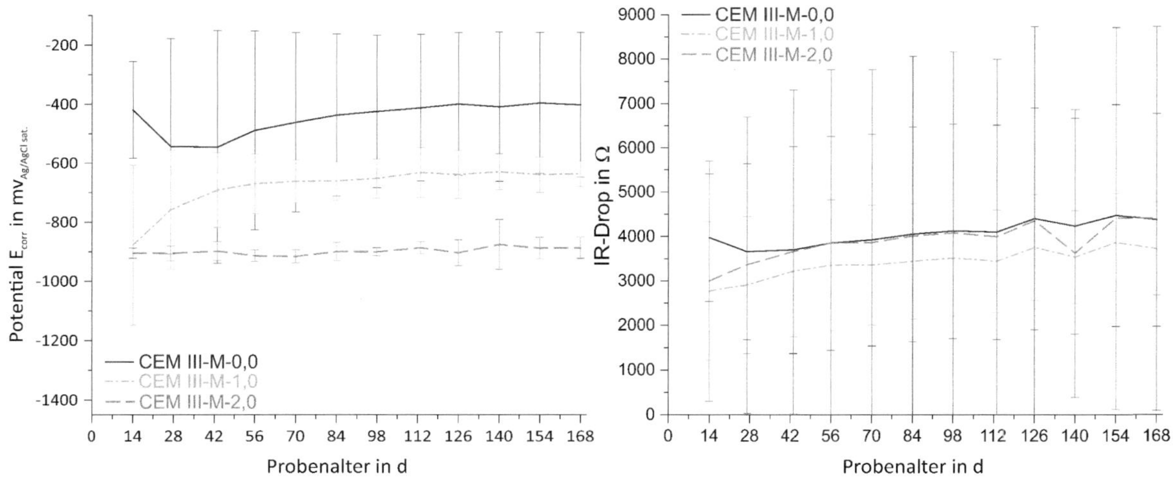

Abb. 97: Freies Korrosionspotential, links und IR-Drop aller Varianten der Serie CEM III-M rechts

Fig. 97: Free corrosion potential, left and IR-drop of all variants of the CEM III-M series right

4.3.3.3 Polarisationswiderstand

Bei der Serie CEM I-M steigt der Polarisationswiderstand der Variante 0,0 M. % Cl^- ebenso wie das zuvor dargestellte freie Korrosionspotential über den Untersuchungszeitraum an (Abb. 97). Der IR-Drop der Varianten 1,0 und 2,0 M. % Cl^- bleibt über den gesamten Untersuchungszeitraum konstant. Das ebenfalls in Abb. 98 dargestellte Bestimmtheitsmaß R^2 ist über den Untersuchungszeitraum für alle Varianten weitgehend konstant.

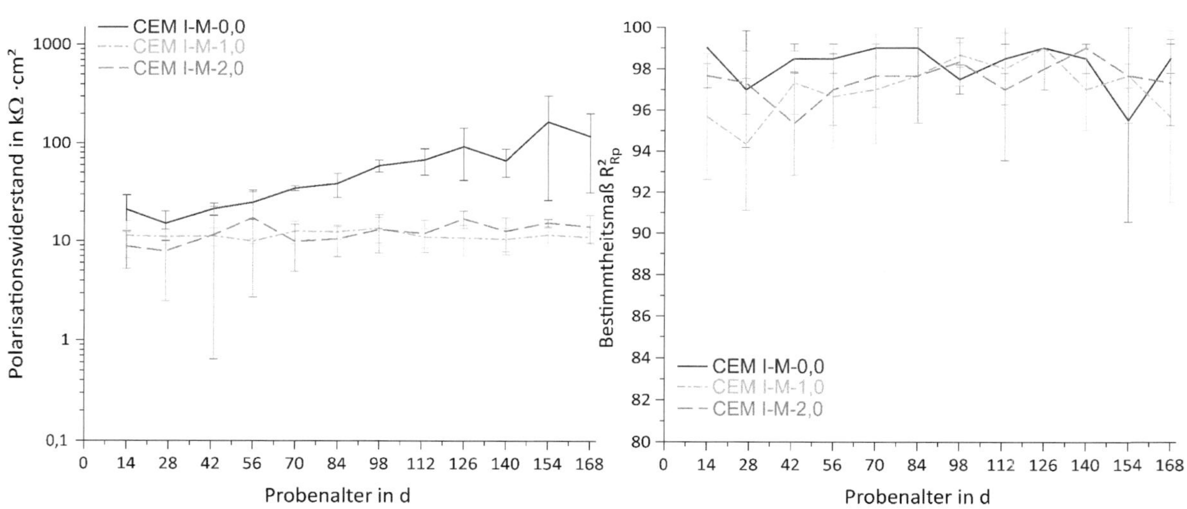

Abb. 98: Polarisationswiderstand und Bestimmtheitsmaß der Serie CEM I-M

Fig. 98: Polarisation resistance and coefficient of determination of the CEM I-M series

Die Polarisationswiderstände aller Varianten der Serie CEM II-M sind vergleichbar, dabei weist Variante 0,0 M. % Cl^- den geringsten Polarisationswiderstand auf. Die Polarisationswiderstände der Varianten 1,0 und 2,0 M. % Cl^- sind vergleichbar mit den Polarisationswiderständen der äquivalenten Varianten der Serie CEM I-M. Das Bestimmtheitsmaß der Variante 0,0 M. % Cl^- ist, anders als bei den Serien CEM I-M und CEM III-M, unstetig. Das Bestimmtheitsmaß der Variante 1,0 M. % Cl^- ist über den Untersuchungszeitraum konstant, dies gilt ab einem Probenalter von 42 Tagen auch für die Variante 2,0

M. % Cl⁻. Polarisationswiderstand und Bestimmtheitsmaß der Serie CEM II-M werden in Abb. 99 dargestellt.

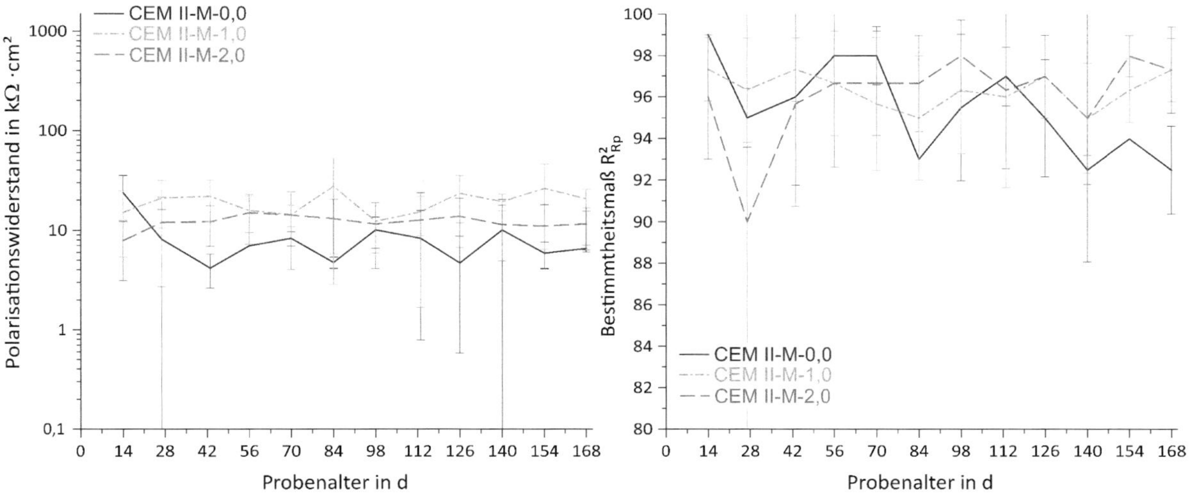

Abb. 99: Polarisationswiderstand und Bestimmtheitsmaß der Serie CEM II-M

Fig. 99: Polarisation resistance and coefficient of determination of the CEM II-M series

In Abb. 100 sind Polarisationswiderstand und Bestimmtheitsmaß der Serie CEM III-M dargestellt. Die Variante 0,0 M. % Cl⁻ hat im Mittel den höchsten Polarisationswiderstand, jedoch eine große Streuung, was auf signifikant unterschiedliche Messwerte für den Polarisationswiderstand der Variante zurückzuführen ist. Die Variante 1,0 hat bis zu einem Probenalter von 98 Tagen eine hohe Standardabweichung. Die Variante 2,0 M. % Cl⁻ zeigt hingegen einen gleichbleibenden Polarisationswiderstand und eine sehr geringe Standardabweichung. Der Verlauf des Bestimmtheitsmaßes über den Untersuchungszeitraum ist konstant und ähnlich denen der Serie CEM I-M.

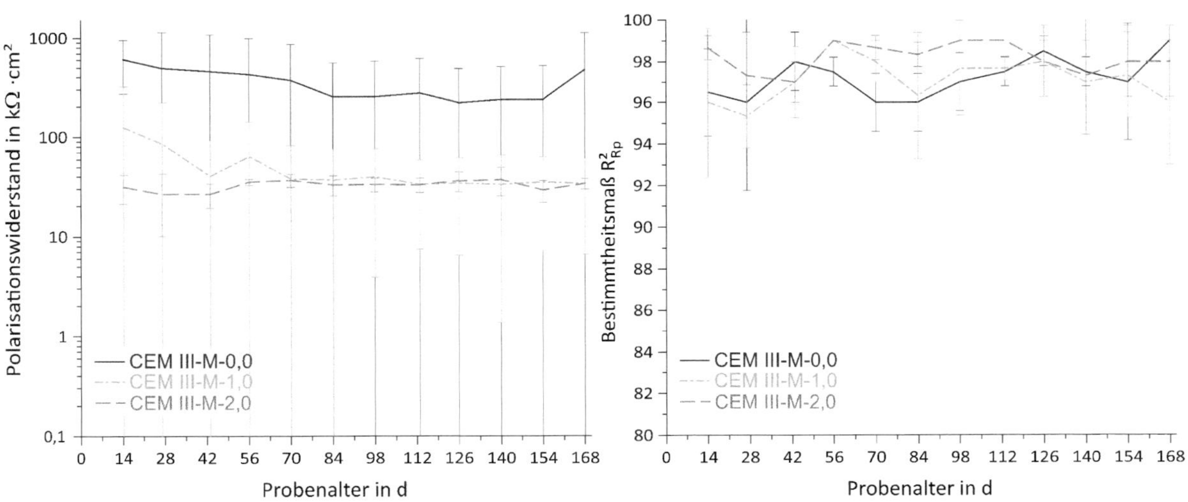

Abb. 100: Polarisationswiderstand und Bestimmtheitsmaß der Serie CEM III-M

Fig. 100: Polarisation resistance and coefficient of determination of the CEM III-M series

4.3.3.4 Korrosionsstromdichte und B-Wert

Die Korrosionsstromdichte und der B-Wert der Serie CEM I-M sind in Abb. 101 dargestellt. Äquivalent zum Polarisationswiderstand zeigt sich, dass die Korrosionsstromdichte der Variante 0,0 M. % Cl^- über den Untersuchungszeitraum geringfügig kleiner wird. Die Korrosionsstromdichten der Varianten 1,0 und 2,0 M. % Cl^- steigen von ca. 3 $\mu A/cm^2$ auf ca. 7 $\mu A/cm^2$. Der B-Wert der Variante 0,0 M. % Cl^- steigt über den Untersuchungszeitraum, die Streuung nimmt bis zu einem Probenalter von 126 Tagen zu und wird dann wieder geringer. Der B-Wert der Varianten 1,0 und 2,0 M. % Cl^- ist ab einem Probenalter von 28 Tagen konstant.

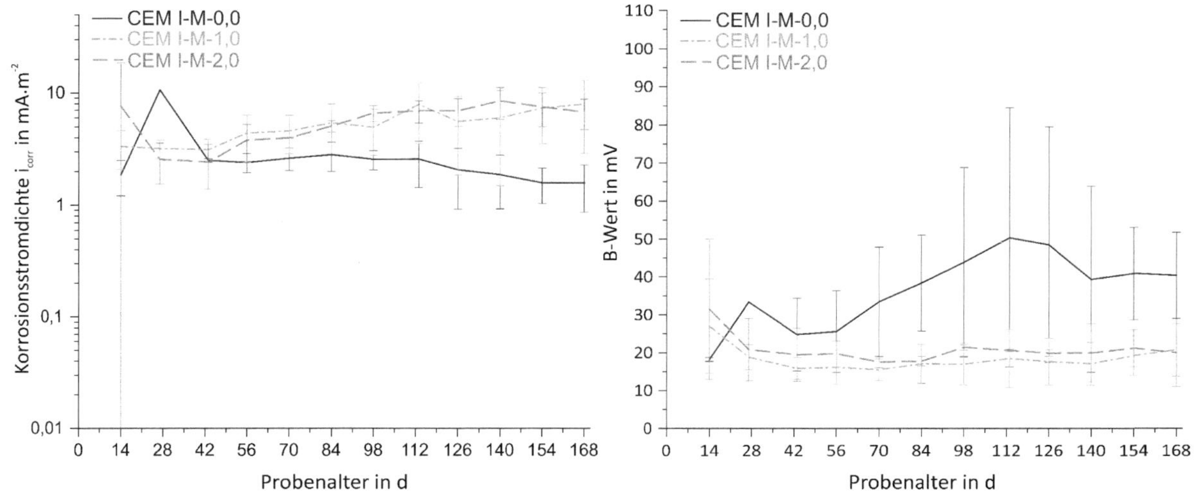

Abb. 101: Korrosionsstromdichte und B-Wert der Serie CEM I-M

Fig. 101: Corrosion current density and B-value of the CEM I-M series

Die Korrosionsstromdichte der Serie CEM II-M zeigt einen ähnlichen Verlauf wie Serie CEM I-M und ist in Abb. 102 dargestellt. Die Korrosionsstromdichte der Variante 0,0 ist bis zum Ende des Untersuchungszeitraums jedoch 1 $mA \cdot m^{-2}$ höher als bei Serie CEM I-M. Die Staffelung des B-Werts ist anders als bei Serie CEM I-M und CEM III-M, die Variante 0,0 M. % Cl^- weist hier den geringsten B-Wert von ca. 10 mV auf. Der B-Wert der Variante 2,0 M. % v ist vergleichbar mit dem Äquivalent der Serie CEM I-M. Alle ermittelten B-Werte dieser Serie sind ab einem Probenalter von 70 Tagen nahezu konstant. Bei den Varianten 1,0 und 2,0 M. % Cl^- ist bei einem Probenalter zwischen 14 und 42 Tagen ein Rückgang des B-Wertes, um jeweils 25 mV zu beobachten. Für die chloridfreie Variante konnten für die Probenalter von 27, 43 und 56 Tagen keine Korrosionsstromdichte und kein B-Wert ermittelt werden.

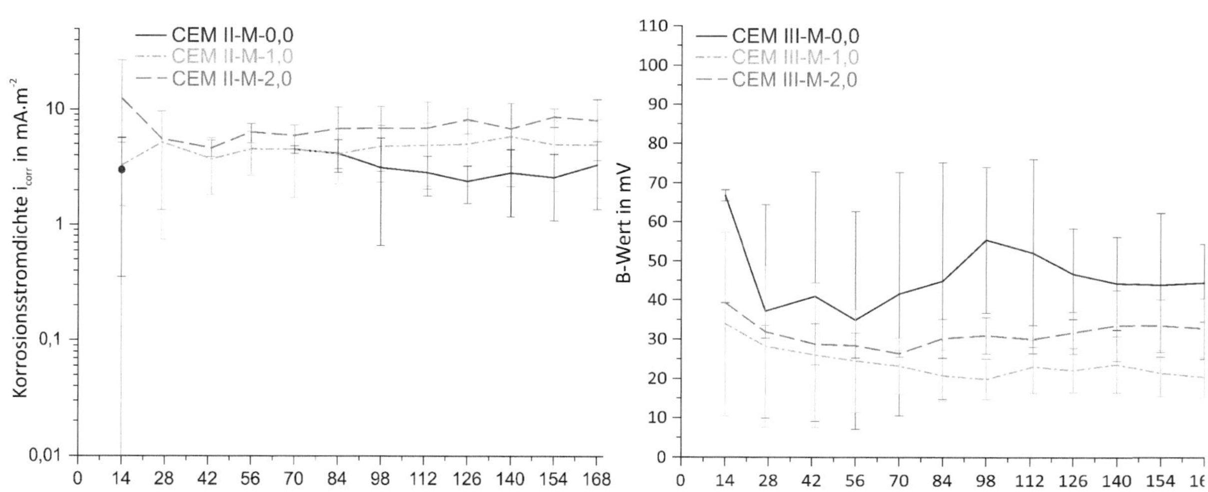

Abb. 102: Korrosionsstromdichte und B-Wert der Serie CEM II-M, chloridfreie Variante ohne Ergebnisse für 27, 43 und 56 d

Fig. 102: Corrosion current density and B-value of the CEM II-M series, chloride-free variant without results for 27, 43 and 56 d

In Abb. 103 sind die Korrosionsstromdichte und der B-Wert der Serie CEM III-M dargestellt. Die Korrosionsstromdichten der Serie CEM III-M ist deutlich in Abhängigkeit des Chloridgehalts gestaffelt. Die Korrosionsstromdichte der Variante 0,0 M. % Cl^- ist über den gesamten Untersuchungszeitraum konstant und hat eine Stromdichte von ca. 0,9 mA·m^{-2}. Die Stromdichte der Variante 1,0 M. % Cl^- ist ebenfalls über den Untersuchungszeitraum konstant und hat eine Stromdichte von ca. 30 mA·m^{-2}. Die Korrosionsstromdichte der Variante 2,0 M. % Cl^- hingegen steigt über den gesamten Untersuchungszeitraum von ca. 30 mA·m^{-2} auf ca. 45 mA·m^{-2} an. Die tendenzielle Staffelung des B-Werts der Serie CEM III-M ist vergleichbar mit der der Serie CEM I-M, zum Ende des Untersuchungszeitraumes ist der B-Wert der Variante 2,0 M. % Cl^- jedoch 10 mV höher als beim Äquivalent der Serie CEM I-M.

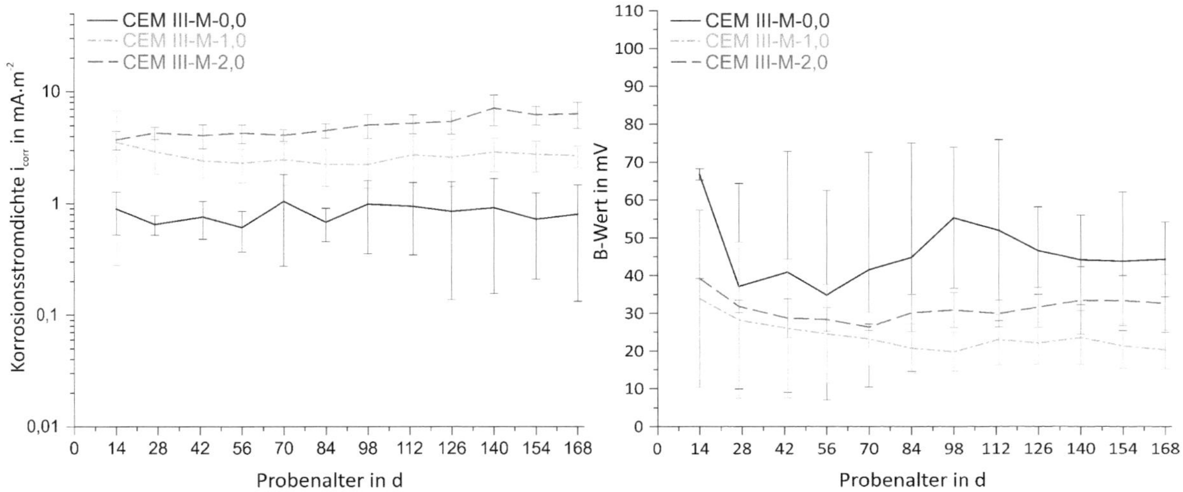

Abb. 103: Korrosionsstromdichte und B-Wert der Serie CEM III-M

Fig. 103: Corrosion current density and B-value of the CEM III-M series

4.3.3.5 Phasenwinkel aus EIS-Messungen

Nachfolgend werden in den Abb. 104, Abb. 105 und Abb. 106 die Phasenwinkel aller Serien und zugehörigen Varianten als Mittelwert mit Standardabweichung aus den EIS-Messungen bei einer Frequenz von 0,1 Hz dargestellt.

In Abb. 104 ist der Phasenwinkel der Serie CEM I-M dargestellt. Die Phasenwinkel der Varianten 1,0 und 2,0 M. % Cl^- steigen über den Untersuchungszeitraum gleichförmig an und weisen zum Ende des Untersuchungszeitraums einen ähnlichen Phasenwinkel von ca. -7° auf. Der Phasenwinkel der Variante 0,0 M. % Cl^- fällt hingegen von -20° auf -25°.

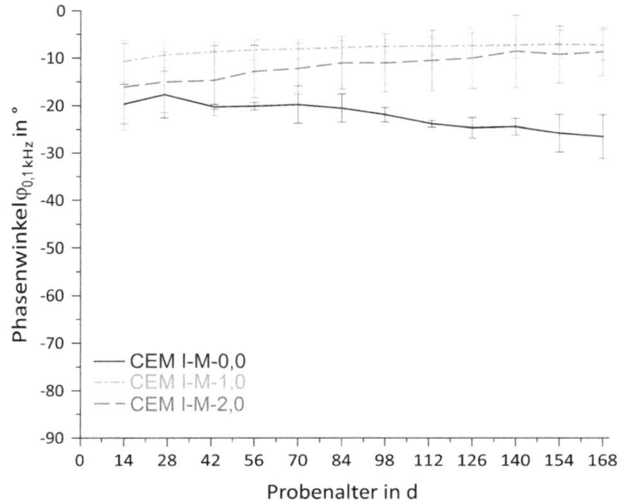

Abb. 104: Zusammenfassende Darstellung des Phasenwinkels aus EIS-Messungen der Serie CEM I-M

Fig. 104: Summarised representation of the phase angle from EIS measurements of the CEM I-M series

Bei der Serie CEM II-M steigen die Phasenwinkel aller Varianten gleichbleibend an. Die Varianten 0,0 und 2,0 M. % Cl^- weisen einen nahezu identischen Phasenwinkel auf, der am Ende jeweils ca. -10° beträgt. Der Phasenwinkel der Variante 1,0 % Chlorid verläuft parallel zu denen der anderen Varianten, ist jedoch ca. 7° kleiner und beträgt zum Ende des Untersuchungszeitraum -15°.

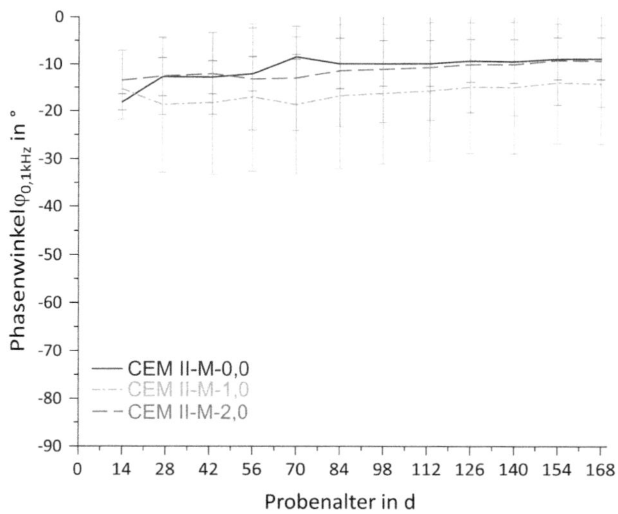

Abb. 105: Zusammenfassende Darstellung des Phasenwinkels aus EIS-Messungen der Serie CEM II-M

Fig. 105: Summarised representation of the phase angle from EIS measurements of the CEM II-M series

Der Phasenwinkel der Variante 0,0 M. % Cl^- der Serie CEM III-M steigt von -40° auf -22° innerhalb von 28 Tagen. Ab einem Probenalter von 42 Tagen steigt der Phasenwinkel geringfügig an, weist aber eine sehr hohe Steuerung auf. Der Phasenwinkel der Varianten 1,0 und 2,0 M. % Cl^- verläuft ähnlich. Zum Ende des Untersuchungszeitraumes ist der Phasenwinkel der Variante 1,0 M. % Cl^- um ca. 5° größer als der der Variante 2,0 M. % Cl^- und beträgt -7°.

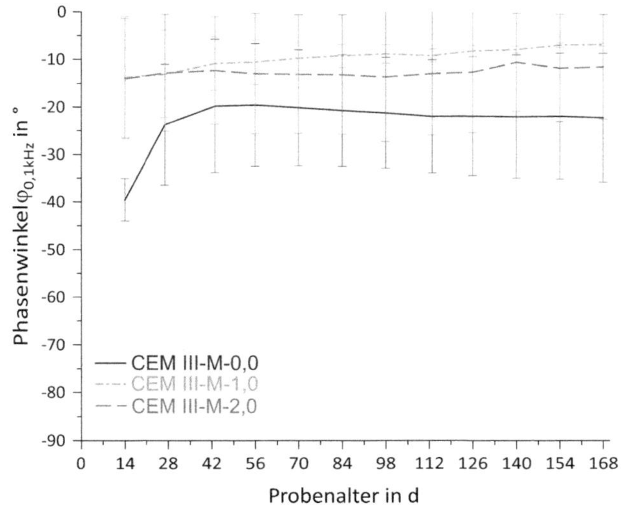

Abb. 106: Zusammenfassende Darstellung des Phasenwinkels aus EIS-Messungen der Serie CEM III-M

Fig. 106: Summarised representation of the phase angle from EIS measurements of the CEM III-M series

4.4 Deckschichtbestimmung

4.4.1 Informationen zu den Ergebnissen der Deckschichtbestimmung

Die Analyse der Deckschichten erfolgte mittels röntgendiffraktografischen Untersuchungen sowie rasterelektronenmikroskopischen Untersuchungen in Kombination mit energiedispersiver Röntgenanalyse an Proben des Probekörpertyps M.

4.4.2 XRD-Untersuchungen der Deckschichten

Die röntgendiffraktografischen Untersuchungen erfolgten an allen Proben. Nachfolgend sind die Ergebnisse je einer Probe der jeweiligen Variante einer Serie exemplarisch für die andern Proben in Tabelle 17 dargestellt.

Tabelle 17: Darstellung der unter Verwendung von röntgendiffraktografischen Untersuchungen festgestellten Deckschichtzusammensetzungen (*Index und Bwertung sind nachfolgend erörtert)

Table 17: Presentation of the surface layer compositions determined using X-ray diffraction analyses (*Index and evaluation are discussed below)

Phase / Verbindung	ICDD/COD	CEM I M-0	CEM I M-1	CEM I M-2	CEM II M-0	CEM II M-1	CEM II M-2	CEM III M-0	CEM III M-1	CEM III M-2	Kurz-bez.
Zn	4-831	o	+	+++	+++	++	++	+++	+++	+++	Zn
$Zn(OH)_2$	20-1437	+	+	++	++	++	++	++	++	++	
$Zn(OH)_2$ Wülfingit	**38-385**	**+++**	**+++**	**+++**	**+++**	**+++**	**+++**	**+++**	**+++**	**+++**	**Zn2**
$Zn(OH)_2$ Ashoverite	41-1359	o	o	o	o	o	o	o	o	o	
ZnO Zinkit	5-664	**+++**	**+++**	**+++**	**+++**	**+++**	**+++**	**+++**	**+++**	**+++**	**Zn1**
$Zn_5(OH)_8Cl_2 \cdot H_2O$ Simonkolleit	7-155	o	+++	+++	o	++	+++	-	++	+++	**Zn4**
$Zn_4SO_4(OH)_6 \cdot 5H_2O$ Osakaite	39-688	+	+	-	-	-	-	-	+	+	
$Zn_{12}(OH)_{15}Cl_2(SO_4)_3 \cdot 5H_2O$ Zinksulfathydrat	42-152	-	-	-	-	-	-	-	-	-	
$Ca(Zn_8(SO_4)_2(OH)_{12}Cl_2) \cdot (H_2O)_9$	N/A	-	+	+	-	o	+	-	+++	++	**Zn5**
$Ca(Zn(OH)_3)_2 \cdot 2\ H_2O$ Calciumhydroxozinkat (CHZ)	**24-222**	**+++**	**+++**	**+++**	**+++**	**+++**	**+++**	**+++**	**+++**	**+++**	**Zn3**
$CaZn(CO_3)_2$ Minrecordite	35-667	o	o	-	o	-	-	o	o	o	
$ZnCO_3$ Smithsonite	8-449	?	-	-	o	-	o	o	-	o	
$Zn_4CO_3(OH)_6 \cdot H_2O$ Zinkhydroxykarbonat	11-287	-	-	-	-	-	-	-	-	-	
$Zn_5(CO_3)_2(OH)_6$ Hydrozinkit	19-1458	-	-	-	-	-	-	-	-	-	

Bewertung	
+++	sicher zugeordnet, mind. zwei Reflexe eindeutig
++	wahrscheinlich enthalten, mind. zwei Reflexe passend
+	Hinweis durch mind. ein Reflex
o	möglich (nicht mehrere fehlende starke Reflexe im freien Bereich/Überlagerung)
-	unwahrscheinlich (mehrere fehlende starke Reflexe im freien Bereich)
--	ausgeschlossen (nur eindeutig falsche Reflexlagen)
()	widersprüchlich durch fehlenden starken Reflex

In Abb. 107 ist das Röntgendiffraktogram der Serie CEM I-M dargestellt. An den Proben wurden die in Tabelle 17 aufgeführten deckschichtbildenden Verbindungen nachgewiesen. Die Proben ohne Chloridzugabe haben keine signifikanten Simonkolleit-Verbindungen auf der Probenoberfläche. Neben Wülfingit und Zinkoxid wurde auch Calciumhydrozinkat festgestellt. Bei den Proben mit Chloridzugabe konnten mit einer geringen Wahrscheinlichkeit eine Calcium-Zink-Sulfat-Hydroxid-Chlorid-Verbindung nachgewiesen werden.

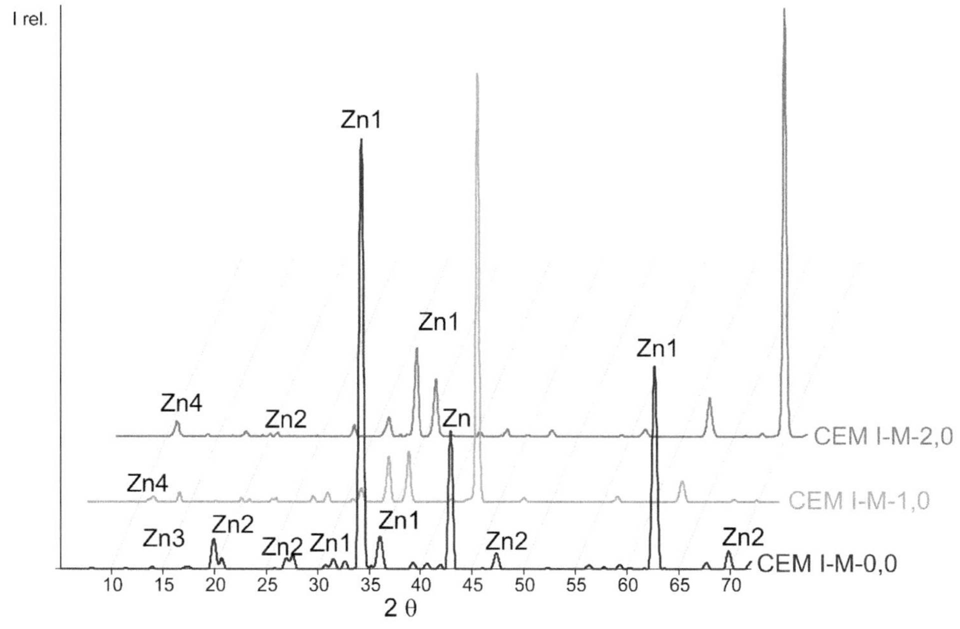

Abb. 107: Exemplarische Röntgendiffraktogramme der Serie CEM I-M

Fig. 107: Exemplary X-ray diffractograms of the CEM I-M series

Im Vergleich zur Serie CEM I-M sind bei der Serie CEM II-M identische deckschichtbildende Verbindungen festgestellt worden, deren exemplarische Diffraktogramme in Abb. 108 dargestellt sind. Bei den Varianten mit 1,0 und 2,0 M. % Cl konnte ebenfalls Simonkolleit festgestellt werden. Die Calcium-Zink-Sulfat-Hydroxid-Chlorid-Verbindung konnte tendenziell nur bei den Varianten mit 2,0 M. % Cl festgestellt werden.

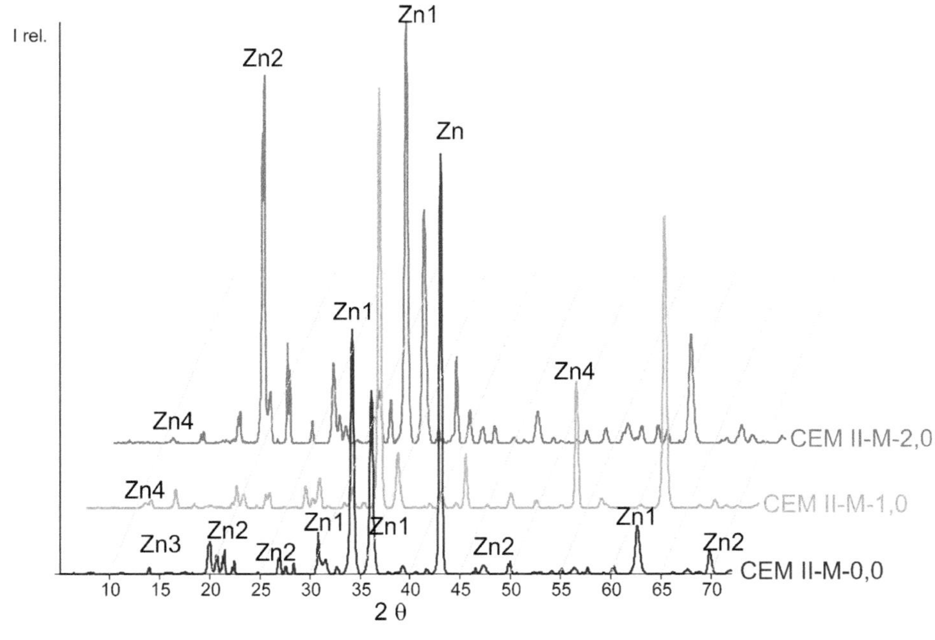

Abb. 108: Exemplarische Röntgendiffraktogramme der Serie CEM II-M

Fig. 108: Exemplary X-ray diffractograms of the CEM II-M series

Die Analyse der Serie CEM III-M hat bei den chloridhaltigen Serien ebenfalls Simonkolleit als deckschichtbildende Verbindung ergeben. In Abb. 109 sind exemplarisch Diffraktogramme für die Serie CEM III dargestellt. Bei der Variante 1,0 und 2,0 M. % Cl^- konnte eine Calcium-Zink-Sulfat-Hydroxid-Chlorid-Verbindung festgestellt werden. Ebenso konnten geringe Osakaeite ($Zn_4SO_4(OH)_6{\cdot}5H_2O$) nachgewiesen werden, jedoch nur mit geringer Wahrscheinlichkeit. Damit sind bei dieser Serie sulfathaltige Verbindungen an der Deckschichtbildung der chloridhaltigen Varianten beteiligt.

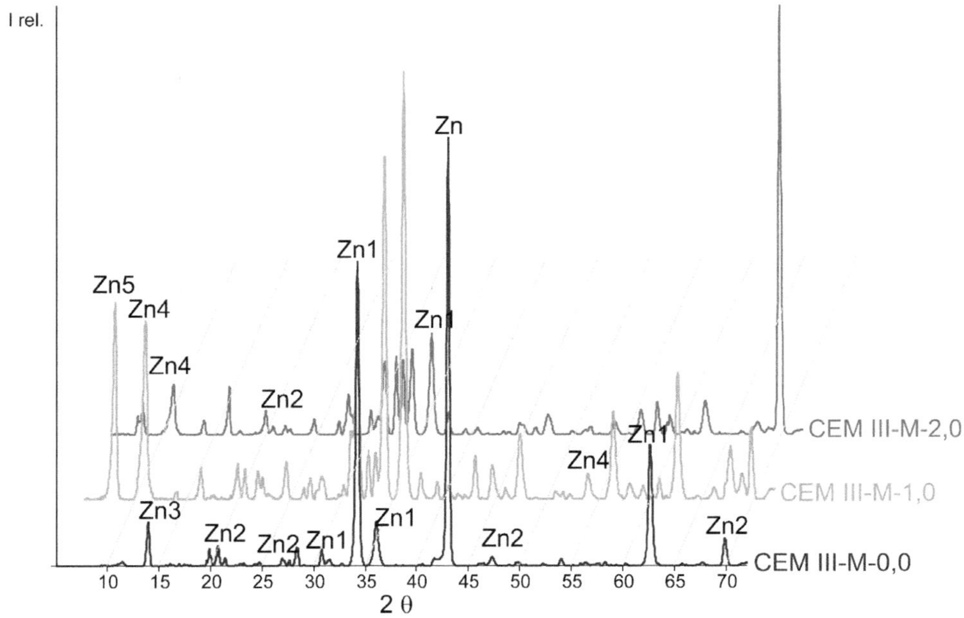

Abb. 109: Exemplarische Röntgendiffraktogramme der Serie CEM III-M

Fig. 109: Exemplary X-ray diffractograms of the CEM III-M series

4.4.3 REM-Untersuchungen der Deckschichten

Anhand der rasterelektronenmikroskopischen Untersuchungen konnten einige der an der Deckschichtbildung beteiligten Verbindungen visualisiert werden. In Abb. 109 ist das bei den chloridhaltigen Varianten vorkommende Simonkolleit dargestellt, den Spektren der EDX-Spotanalysen ist eine Zink-Chloridverbindung zu entnehmen. Das für die Darstellung verwendete Bild wurde an Probe CEM I-M-2,0-3 aufgenommen. Darüber hinaus ist an allen untersuchten Proben eine Natriumverunreinigung der Oberflächen in Form von Natriumkarbonat gegeben. Die plattigen Simonkolleit Verbindungen stehen fast vertikal auf der Probenoberfläche und zeigen trichterartige Freiräume zwischen den kristallinen Formationen.

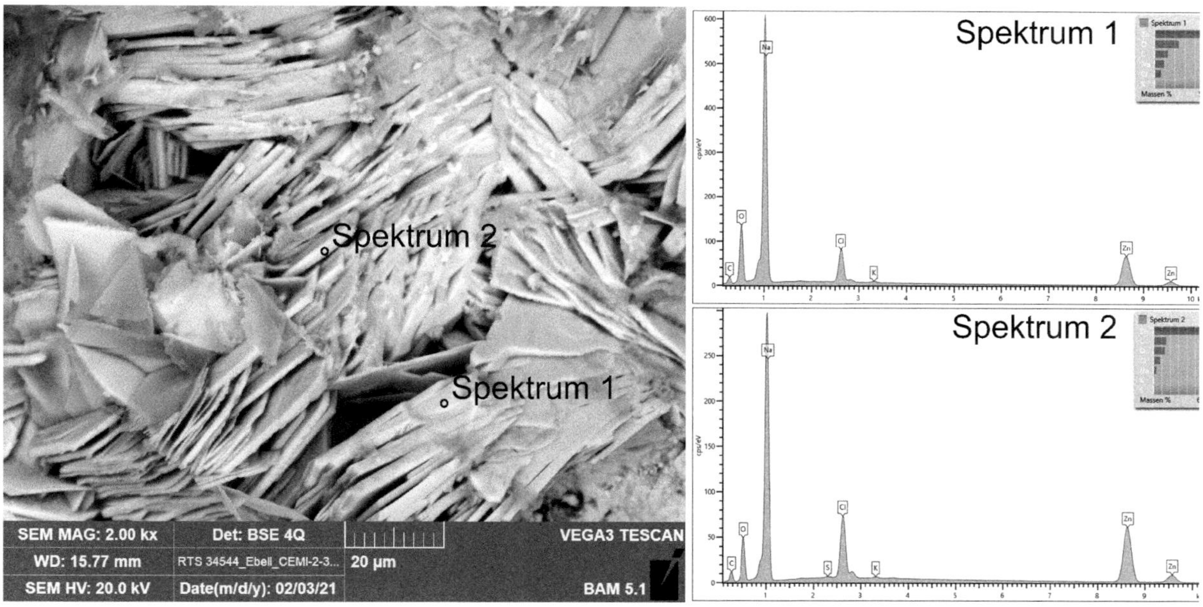

Abb. 110: REM-Aufnahme von Simonkolleit an der Probe CEM I-M-2,0-3 und zugehörige EDX-Spektren

Fig. 110: SEM image of Simonkolleit on the sample CEM I-M-2.0-3 and corresponding EDX spectra

Wie in Abb. 110 dargestellt wurde, konnte an einer Probe der Serie CEMI-M Simonkolleit mittels EDX bestätigt werden. In Abb. 111 wird ebenfalls Simonkolleit dargestellt, hier jedoch an einer Probe der Serie CEM III-M-2,0. Auf der Übersichtsaufnahme erkennt man unterschiedliche kristalline Strukturen. Im Untersuchungsbereich 1 ist Simonkolleit mit offenen Fugen zwischen den Kristallen zu erkennen. Im Untersuchungsbereich 2 sind diese Fugen mit Natriumhydrogenkarbonat oder Natriumkarbonat verschlossen, der Zutritt von Kohlenstoff in Form von Kohlenstoffdioxid ist jedoch erst nach dem Ausbau der Proben gegeben. Im eingebauten Zustand ist davon auszugehen, dass diese Fugen nicht verschlossen sind. Der Untersuchungsbereich 1 zeigt die Ausrichtung des Simonkolleits auf der Probenoberfläche deutlich, diese gewachsenen Strukturen zeigen keine geschlossene kristalline Oberfläche. Die dargestellten Spektren stehen stellvertretend für den jeweiligen Untersuchungsbereich, es gab keine signifikanten Unterschiede in den Spektren eines Untersuchungsbereiches. Für den Bereich 1 steht Singlespotspektrum 2 und für den Bereich 2 Spektrum 5.

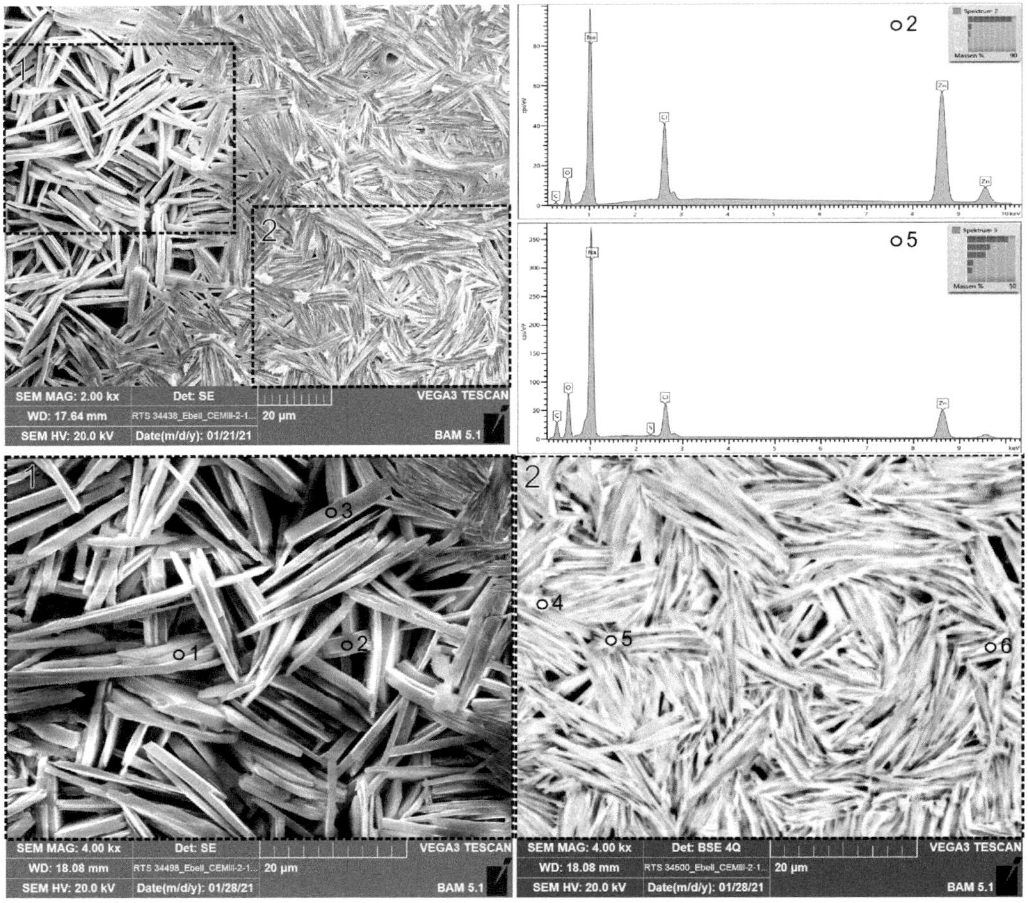

Abb. 111: REM-Aufnahme von Simonkolleit an der Probe CEM III-M-2,0-1 und zugehörige EDX-Spots, im unteren Bereich sind Detaildarstellungen der EDX-singlespot-Untersuchungen dargestellt

Fig. 111: SEM image of Simonkolleit on the sample CEM III-M-2.0-1 and corresponding EDX spots, the lower section shows detailed images of the EDX singlespot investigations

In Abb. 112 sind Zinkhydroxid und Calciumhydroxozinkat auf der Probe CEM III-M-0,0-1 dargestellt, die Zuweisung erfolgt anhand des EDX-Mappings. Das Calciumhydroxozinkat ist hier horizontal zur Zinkoberfläche angeordnet. Die schwefelhaltigen Verbindungen können auf sulfathaltigen Varianten basieren, wie z.B. $Ca(Zn_8(SO_4)_2(OH)_{12}Cl_2)\cdot(H_2O)_9$.

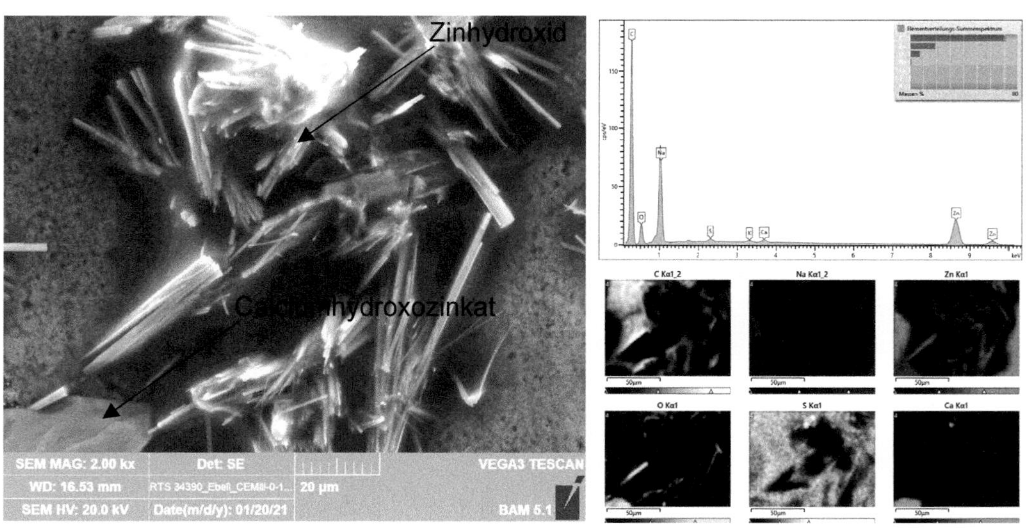

Abb. 112: REM-Aufnahme von Zinkhydroxid und Calciumhydroxozinkat an der Probe CEM III-M-0,0-1 und zugehörige EDX-Spektren sowie einem Natriumkarbonatfilm

Fig. 112: SEM image of zinc hydroxide and calcium hydroxozincate on the sample CEM III-M-0.0-1 and corresponding EDX spectra and a sodium carbonate film

In Abb. 113 ist Calciumhydroxozinkat dargestellt, das sich, ähnlich wie Simonkolleit, in plattigen Strukturen auf der Oberfläche verteilt. Anders als bei den zuvor gezeigten Anordnungen von Simonkolleit ist keine stringente orthogonale Anordnung zur Probenoberfläche zu erkennen. Auch auf dieser Probe ist Natriumkarbonat zu erkennen und eine lokale Anhaftung von Kaliumchlorid.

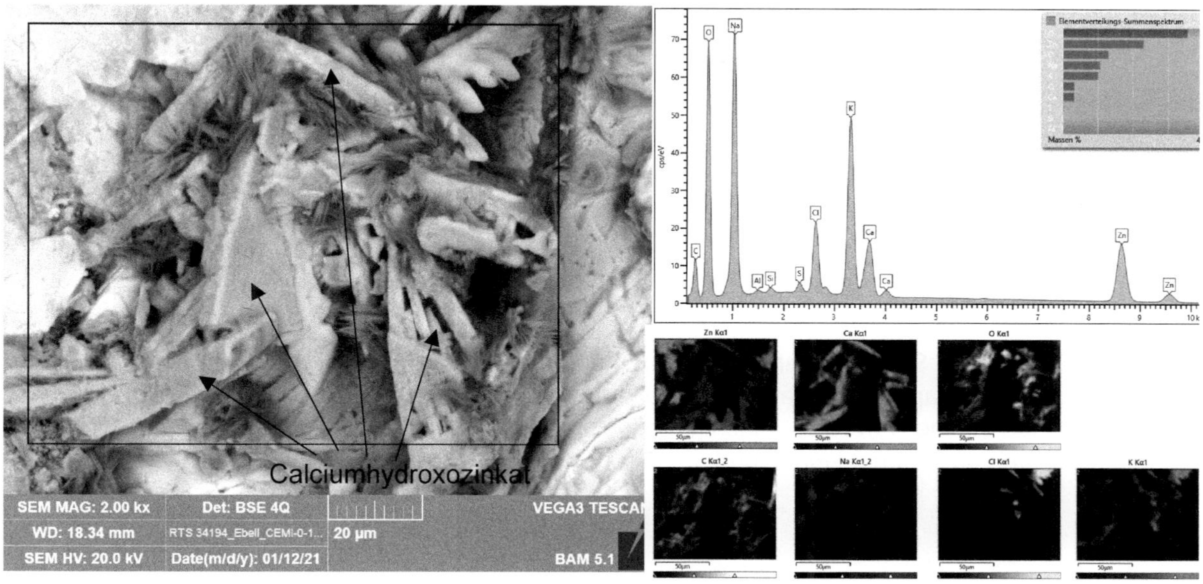

Abb. 113: REM-Aufnahme von Calciumhydroxozinkat an der Probe CEM I-M-0,0-1 und zugehörige EDX-Spektren sowie einem Natriumkarbonatfilm

Fig. 113: SEM image of calcium hydroxozincate on the sample CEM I-M-0.0-1 and corresponding EDX spectra as well as a sodium carbonate film

In Abb. 114 ist Zinkoxid dargestellt, das auf der Oberfläche der Probe CEM I-M-2,0-3 vorgefunden wurde. Neben Zinkoxid ist ein Natriumkarbonatfilm vorhanden, der sich jedoch nicht visualisieren lässt und nur anhand der Farbgebung des EDX-Mappings zu erkennen ist.

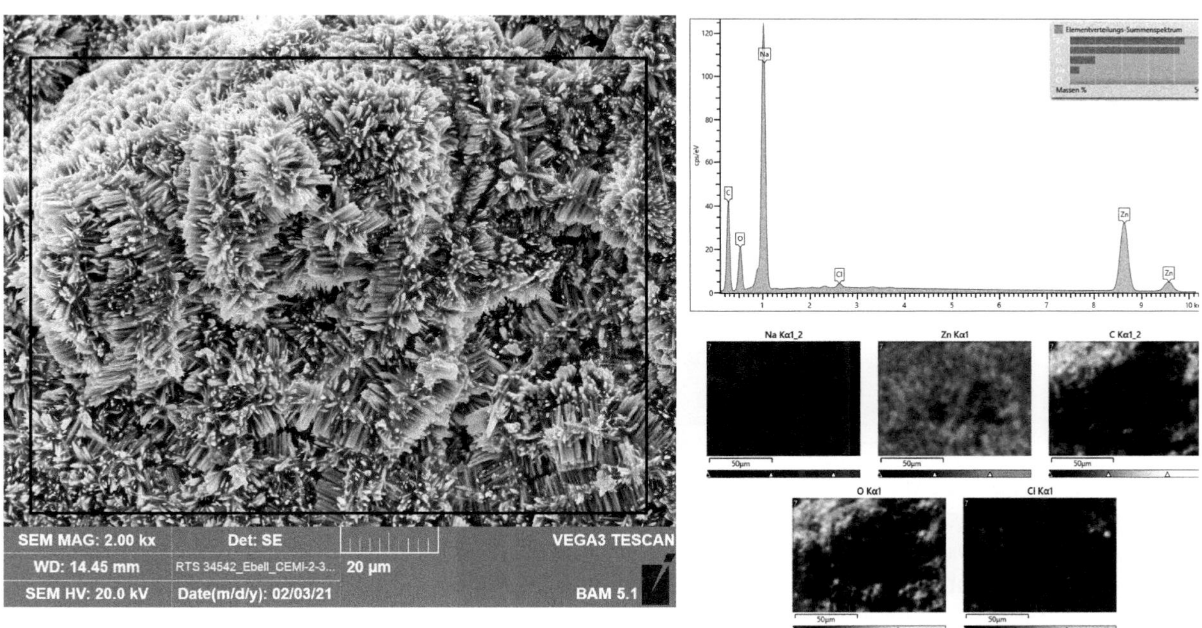

Abb. 114: REM-Aufnahme von Zinkoxid an der Probe CEM I-M-2,0-3 und zugehörige EDX-Spektren sowie einem Natriumkarbonatfilm

Fig. 114: SEM image of zinc oxide on the sample CEM I-M-2.0-3 and corresponding EDX spectra as well as a sodium carbonate film

4.4.4 Fotografie, Stereomikroskopie, Oberflächentopografie und metallographische Schliffe

Exemplarisch wurden die Proben CEM I-M-2,0-3 aus Serie 1 (mit Kontakt zum Frischmörtel) und aus der Serie 2 (mit Kontakt zum erhärteten Diaphragma) hinsichtlich ihrer Oberflächentopografie und daraus resultierender Wechselwirkung untersucht und in Abb. 114 dargestellt. Links oben in Abb. 114 ist die Probe der Serie 1 dargestellt, es sind deutliche Mörtelanhaftungen an der Probenoberfläche zu erkennen. Diese Mörtelanhaftungen sind aus dem Mörteldiaphragma ausgebrochen, im Mörteldiaphragma ist nun eine Fehlstelle (große Pore) in Form des Negativs der Mörtelanhaftung auf der Probe 1. Die Probe der Serie 2, also die nachträglich eingebaute Versuchsprobe unter Verwendung des zuvor hergestellten Diaphragmas, zeigt nach dem Ausbau, in genau diesem Bereich, weißliche, erhabene, Korrosionsprodukte (oben rechts in Abb. 114). Nach dem Beizen der Probe, dargestellt unten links in Abb. 114, ist in diesem Bereich eine deutlich andere Farbgebung zu erkennen. In diesem Bereich erfolgte ein signifikant größerer korrosionsbedingter Zinkdickenabtrag. In Abb. 114 rechts unten ist eine Übersicht der Probe aus Serie 2 in gebeiztem Zustand abgebildet, der schwarz umrandete Bereich stellt den Bildausschnitt dar.

An Proben, die in der Serie 1 lokale Mörtelanhaftungen aufweisen, erzeugt die inhomogene Oberflächentopografie der Diaphragmen an Proben der Serie 2 an diesen Bereichen eine höhere Schichtdickenreduktionen infolge Korrosion. Flächige, gleichförmige Mörtelanhaftungen an Proben der Serie 1, zeigen an Proben der Serie 2 keine vergleichbaren Erscheinungen.

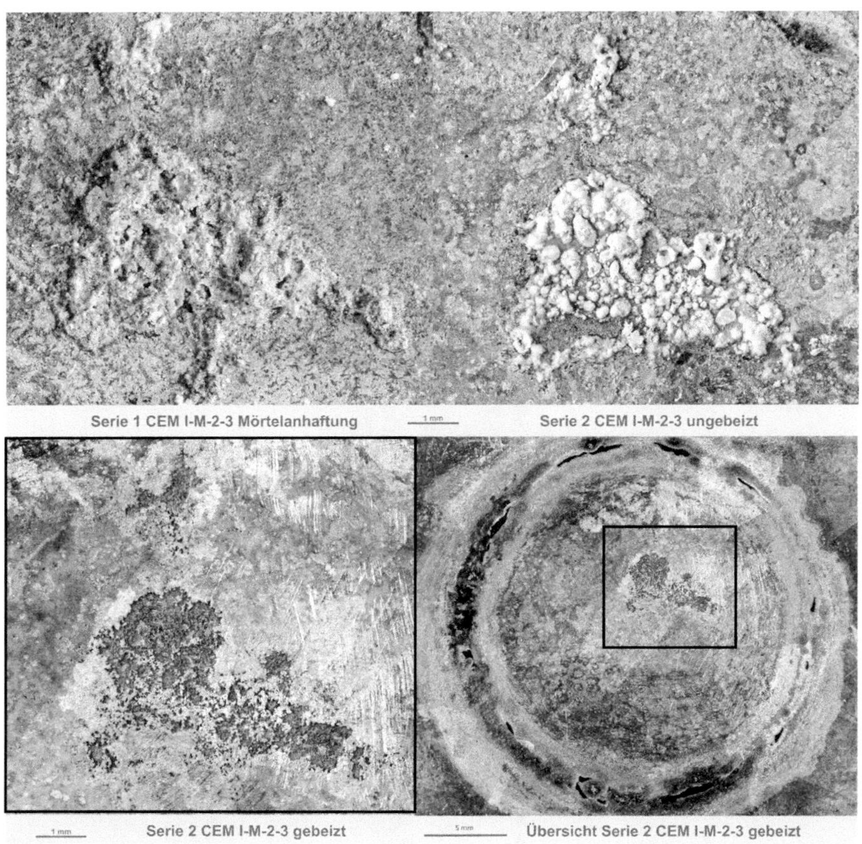

Abb. 115: Probe CEM I-M-2-3, oben links: Probe aus Serie 1 mit Mörtelanhaftungen (Mörteldiaphragma hat in diesem Bereich nun eine Fehlstelle) oben rechts: Probe aus Serie 2, die im Bereich der Fehlstelle im Diaphragma geometrisch identische weißliche Korrosionsprodukte aufweist, unten links: Gebeizte Probe aus Serie 2 mit örtliche höherem Zinkabtrag im Bereich der Fehlstelle, unten rechts: Übersichtsdarstellung der Probe aus Serie 2 im gebeizten Zustand

Fig. 115: Sample CEM I-M-2-3, top left: Sample from series 1 with mortar adhesions (mortar diaphragm now has a defect in this area), top right: Sample from series 2, which shows geometrically identical whitish corrosion products in the area of the defect in the diaphragm, bottom left: Pickled sample from series 2 with locally higher zinc removal in the area of the defect, bottom right: Overview of the sample from series 2 in pickled condition

Nachfolgend sind die Oberflächen aller in den Messzellen untersuchten Proben in Abb. 116 und Abb. 117 dargestellt. Grundlegend ist die Bildabfolge in den Darstellungen horizontal zu betrachten. Die Tabelle ist in drei Segmente unterteilt, links beginnend mit 0,0 M. % Cl^- (zwei Proben), gefolgt von 1,0 M. % Cl^- und abschließend 2,0 M. % Cl^- mit jeweils drei Proben. Die Bildabfolge innerhalb eines Segmentes ist zeilenweise zu betrachten und ist im Folgenden beschrieben:

- Darstellung einer Probe der Serie 1 mit Anhaftungen von Mörtel, ungebeizt nach dem Ausbau aus der Messzelle
- Darstellung der zugehörigen Probe der Serie 2 nach dem Ausbau mit anhaftenden Korrosionsprodukten
- die zuvor dargestellte Probe der Serie 2 im gebeizten Zustand

Die Darstellung der Oberflächentopografie in Abb. 116 zeigt eine signifikant größere Schichtdickenreduktion des feuerverzinkten Überzuges. Diese Darstellung spiegelt die Darstellung der Probe CEM I-M-2,0-3 aus Abb. 115 unten rechts wider und validiert die Aussage, dass in diesem Bereich höhere Korrosionsraten aufgrund des geänderten, von der Topografie der Phasengrenze beeinflussten, Diffusionswiderstandes zu erwarten sind. Das Mörteldiaphragma der Probe ist ebenfalls dargestellt, an diesem sind deutlich die weißen Anhaftungen in Form von Korrosionsprodukten zu erkennen. Bei dem Vergleich zwischen der topografischen Darstellung links unten und dem Diaphragma rechts unten in Abb. 116 ist festzustellen, dass die Pore, die im Diaphragma unterhalb der Korrosionsprodukte gut zu erkennen ist (schwarzer Pfeil), in der topografischen Darstellung der Arbeitselektrode eine lokal höhere Korrosionsrate generiert.

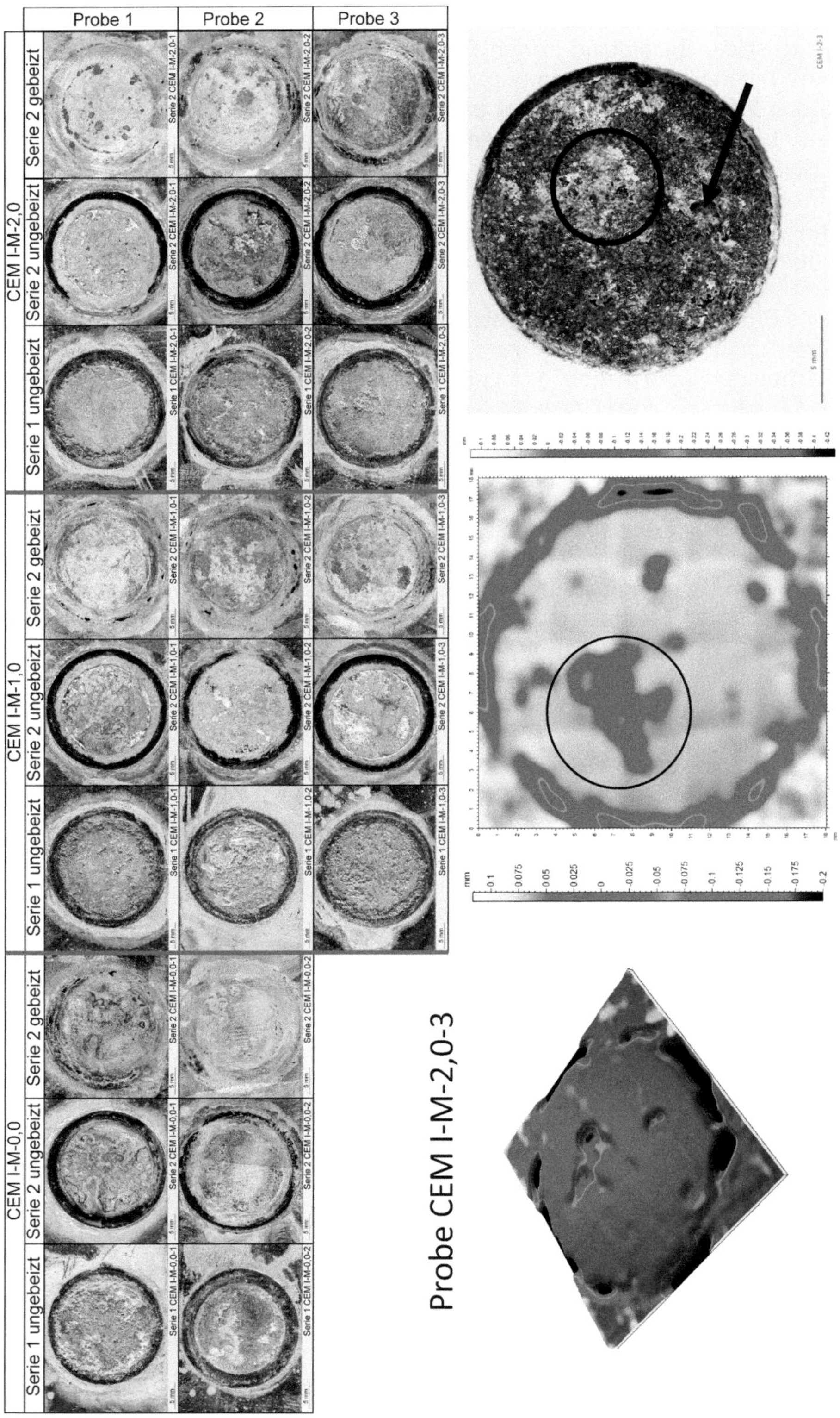

Abb. 116: Darstellung der ungebeizten Proben der Serie 1 und der Serie 2 sowie der gebeizten Proben der Serie 2 des Probekörpertyps-M Serie CEM I-M, unten links und Mitte: Oberflächentopografie der Probe CEM I-M-2,0-3 und unten rechts: Abbildung des Mörteldiaphragmas der Probe CEM I-M-2,0-3, schwarzer Pfeil markiert die Pore

Fig. 116: Illustration of the unstained samples of series 1 and series 2 as well as the stained samples of series 2 of test specimen type M series CEM I-M, bottom left and centre: surface topography of sample CEM I-M-2.0-3 and bottom right: illustration of the mortar diaphragm of sample CEM I-M-2.0-3, black arrow marks the pore

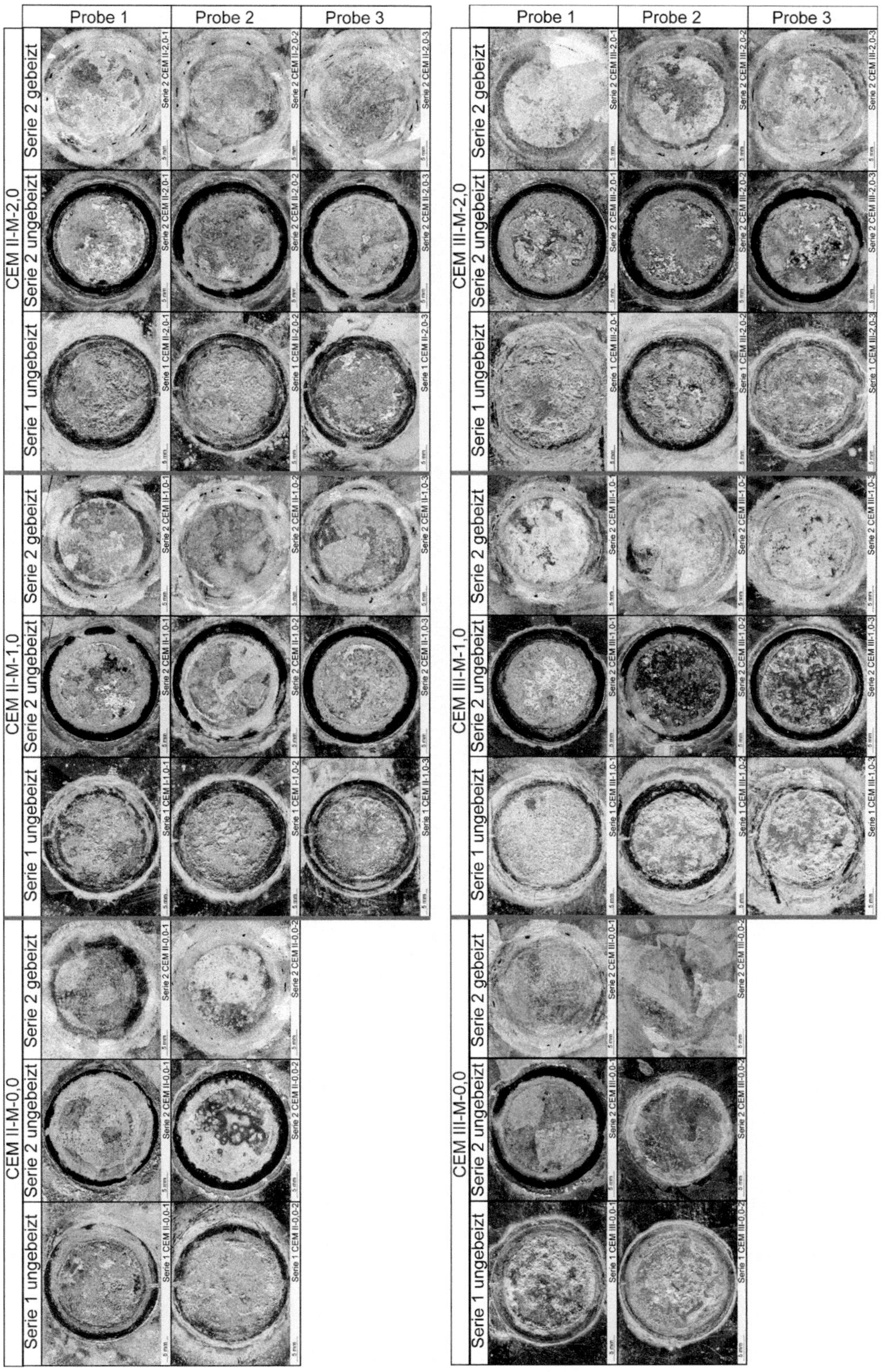

Abb. 117: horizontal und zeilenweise betrachtet: Darstellung der ungebeizten Proben der Serie 1 und der Serie 2 sowie der gebeizten Proben der Serie 2 der Probenserie CEM II-M (oben) und CEM III-M (unten)

Fig. 117: Viewed horizontally and line by line: Illustration of the unpickled samples of series 1 and series 2 as well as the pickled samples of series 2 of the sample series CEM II-M (top) and CEM III-M (bottom)

Neben den muldenförmigen Korrosionserscheinungen konnten anhand der nachfolgenden Abbildungen 117 bis 129 ausgehend von makroskopischen und lichtmikroskopischen Aufnahmen der Probenoberflächen, über konfokalmikroskopische Darstellungen der Oberflächentopgraphie bis hin zu metallographischen Schliffen verschiedenartige Lochkorrosionserscheinungen festgestellt werden.

Eine beispielhafte Darstellung verschiedener auf einer Probenfläche vorkommenden Korrosionserscheinungen zeigt Abb. 118.

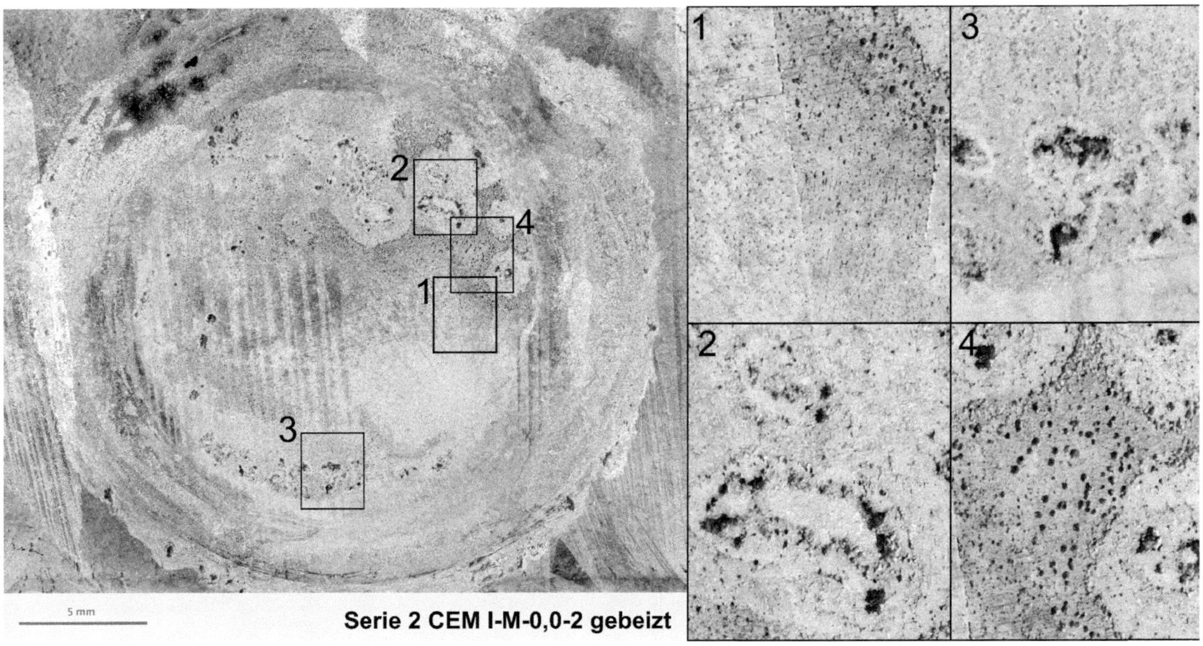

Abb. 118: Makroskopische Aufnahme der Probenoberfläche von Probe CEM I-M-0-2, Serie 2 sowie Detailvergrößerungen von vier verschiedenartigen Korrosionserscheinungen

Fig. 118: Macroscopic image of the sample surface of sample CEM I-M-0-2, series 2 as well as detailed enlargements of four different types of corrosion phenomena

Bei der Betrachtung der Probe CEM I-M-0-2 aus Serie 1 in Abb. 119 und dem Vergleich mit den Detaildarstellungen der gleichen Probe aus Serie 2 in Abb. 118, ist der Einfluss der Mörtelanhaftung und der daraus resultierenden Unebenheit im Mörteldiaphragma klar zu erkennen.

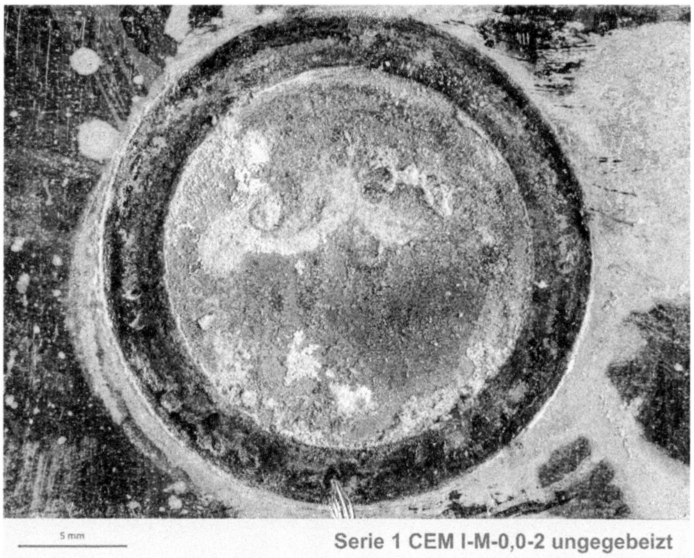

Abb. 119: Probe CEM I-M-0-2 der Serie 1 mit Mörtelanhaftungen

Fig. 119: Sample CEM I-M-0-2 of series 1 with mortar adhesions

Die Probe CEM I-M-0-2 zeigt entlang einer Grenzlinie zwischen verschiedenartigen kristallinen Ausrichtungen der Zinklegierungsphase auch verschiedene Formen von Lochkorrosion. In Abb. 120 sind in der Ausschnittsvergrößerung links der Grenzlinie, zwischen den Kristalliten, klassische Formen der Lochkorrosion zu erkennen. Auf der rechten Seite hingegen sind es eher linienförmige Korrosionserscheinungen.

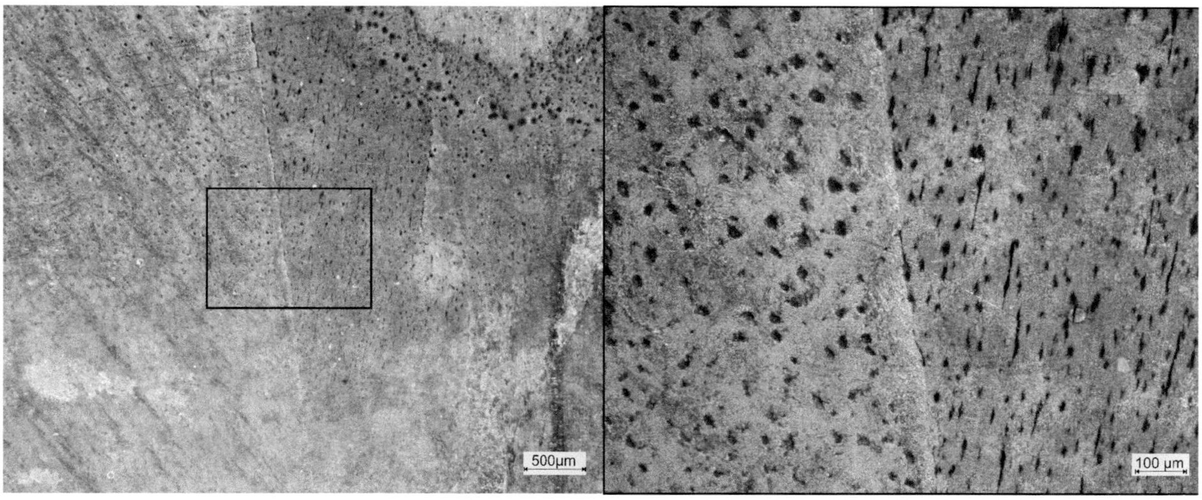

Abb. 120: Lichtmikroskopische Aufnahme der Oberflächenstruktur von Probe CEM I-M-0-2

Fig. 120: Light microscope image of the surface structure of sample CEM I-M-0-2

Die Darstellung der Oberflächentopografie in Abb. 121 spiegelt die linienförmige Korrosionserscheinung rechts der Grenzlinie aus Abb. 120 wider. Die Lochtiefen betragen hier bis zu 20 µm. Im Vergleich dazu sind die Lochkorrosionserscheinungen links der Grenzlinie mit 7-14 µm deutlich flacher.

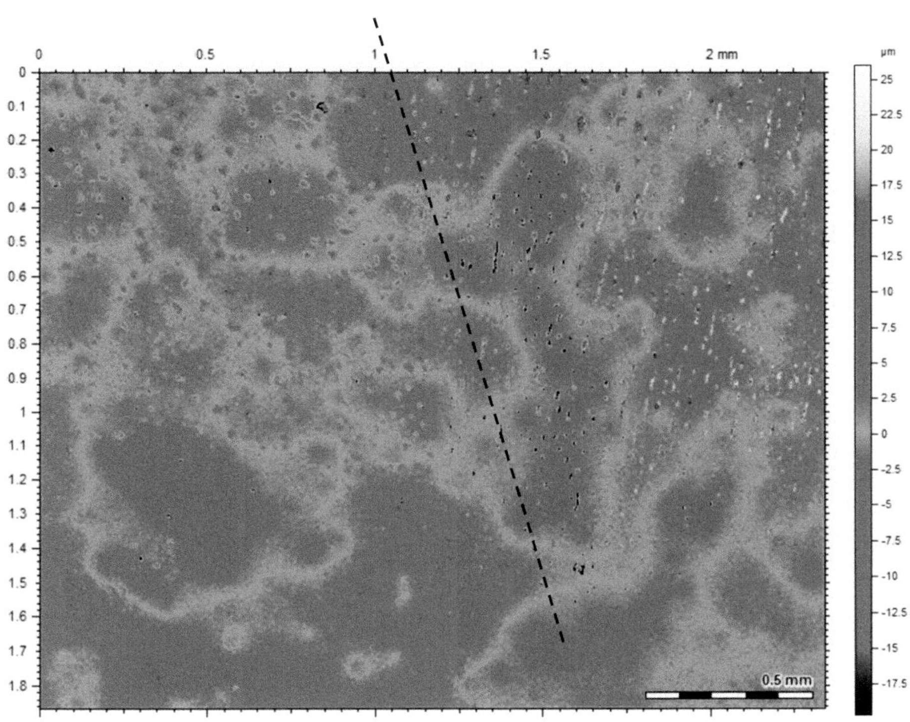

Abb. 121: Oberflächentopografie der Probe CEM I-M-0-2

Fig. 121: Surface topography of the CEM I-M-0-2 sample

In der rasterelektronenmikroskopischen Aufnahme der Probe CEM I-M-0-2 in Abb. 122 sind die Grenzlinien und die variierenden Lochkorrosionserscheinungen ebenfalls sehr gut zu erkennen. Hier ist auf der linken Seite der Darstellung eine klassische Lochkorrosionserscheinung zu erkennen, in der Mitte eine linienförmige Variante und auf der rechten Seite wieder klassische Lochkorrosion.

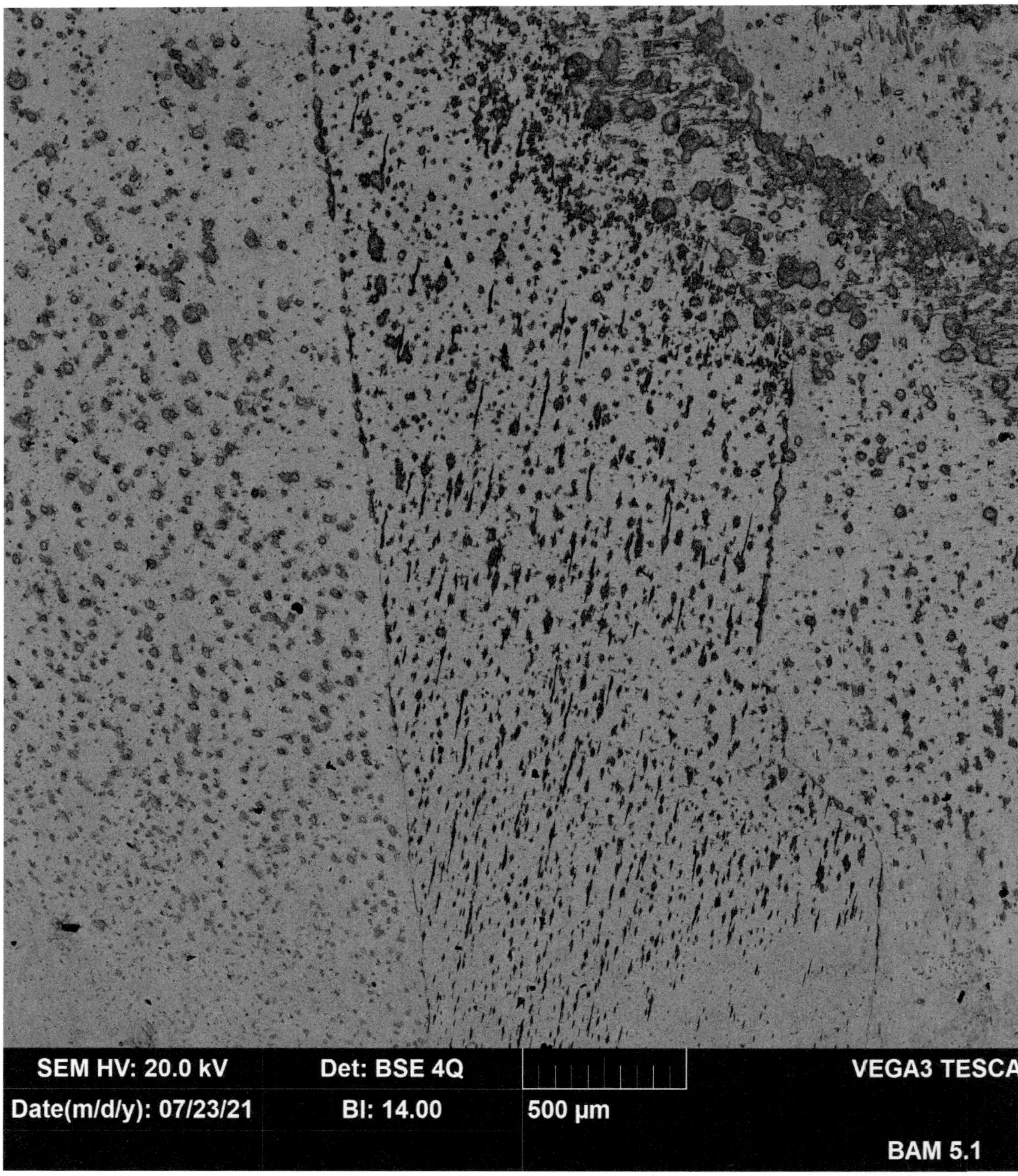

Abb. 122: REM-Aufnahme der Probe CEM I-M-0-2 mit erkennbaren verschiedenartigen Lochkorrosionsgeometrien

Fig. 122: SEM image of the sample CEM I-M-0-2 with recognizable different types of pitting corrosion geometries

Auch an der Probe CEM I-M-1-3 (Abb. 123) sind klassische Lochkorrosionserscheinungen, in Form von Kugelkalotten oder Mulden zu erkennen, aber auch filamentartige, linienförmige Korrosionserscheinungen.

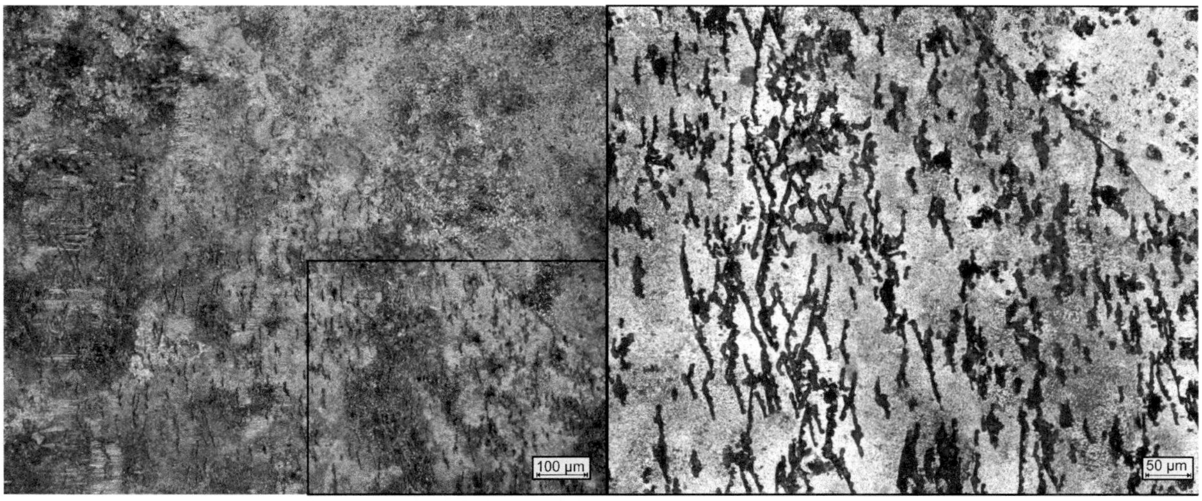

Abb. 123: Lichtmikroskopische Aufnahme der Oberflächenstruktur von Probe CEM I-M-1-3, rechts Ausschnittsvergrößerung

Fig. 123: Light microscope image of the surface structure of sample CEM I-M-1-3, enlarged section on the right

Die in Abb. 124 dargestellte Oberflächentopografie der Probe CEM I-M-1-3 spiegelt die filamentartigen Korrosionserscheinungen nicht in dem Maße wider, wie diese in Abb. 123 zu erkennen sind. Dies ist auf die geringe Tiefe der fadenförmige Korrosionserscheinungen zurückzuführen. Die Lochkorrosionserscheinungen scheinen sich in Abhängigkeit von der kristallenen Ausrichtung des Zinks andersartig auszubilden. Die gestrichelte Linie in Abb. 124 steht für die Grenze verschiedener kristalliner Ausrichtungen im Zinkgefüge. Rechts der Grenzlinie haben sich nur klassische Lochkorrosionserscheinungen ausgebildet, links davon die filamentartigen, die jedoch innerhalb des Filaments auch lokale größere Lochtiefen haben. Die Lochtiefen betragen hier ca. 32 µm.

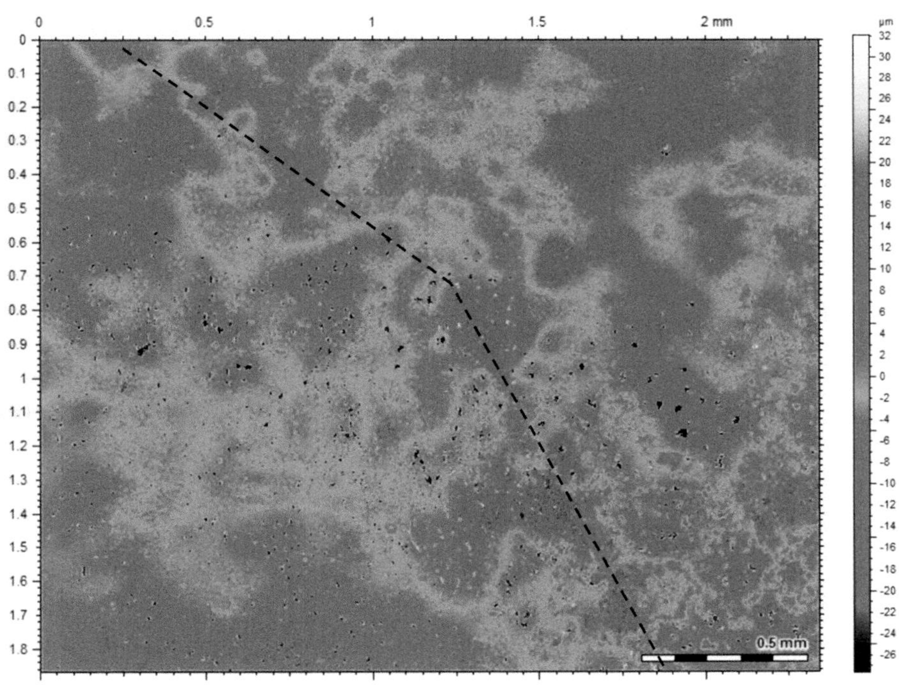

Abb. 124: Oberflächentopografie der Probe CEM I-M-1-3

Fig. 124: Surface topography of the CEM I-M-1-3 sample

Abb. 125 zeigt noch einmal das Ausgangsmaterial ohne Korrosionsbeanspruchung. Deutlich sind die Reinzinkschicht sowie die beiden Legierungsphasen zu erkennen. Ein Aufwachsen der ξ-Schicht (Stengelkristalle, Dendriten) durch die η-Schicht bis an die Oberfläche ist vereinzelt gegeben.

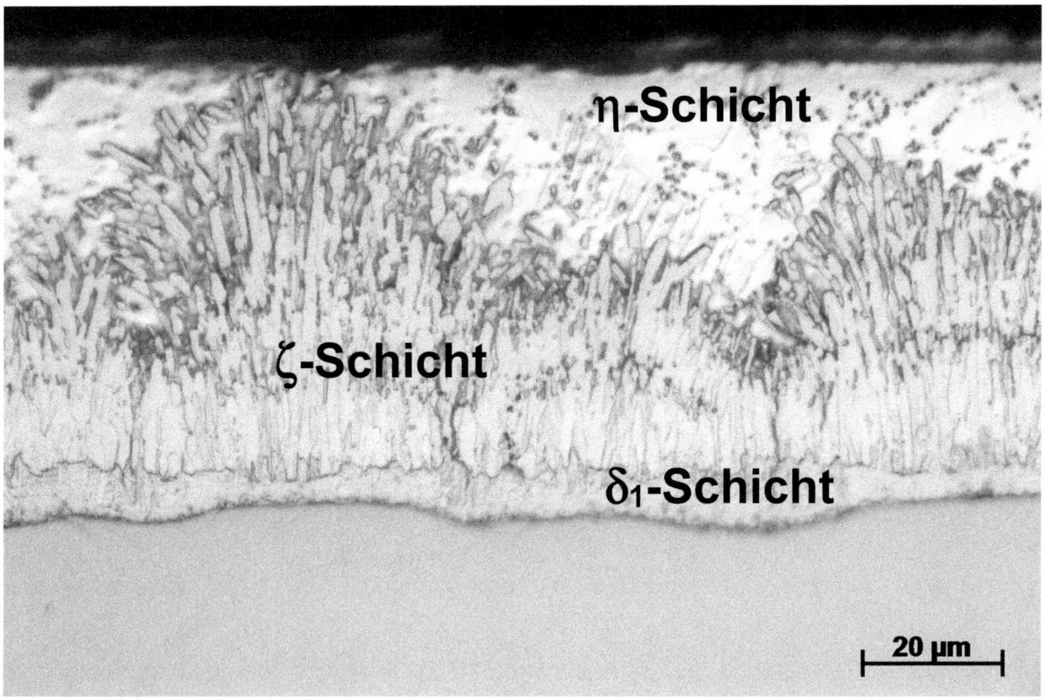

Abb. 125: Metallographischer Schliff mit Nitalätzung des Ausgangsmaterials mit Zinküberzug ohne Korrosionsbeanspruchung und Bezeichnung der Reinzinkschicht sowie der Eisen-Zinklegierungsphasen

Fig. 125: Metallographic section with nital-etching of the starting material with zinc coating without corrosion stress and designation of the pure zinc layer and the iron-zinc alloy phases

Nachfolgend sind metallographische Schliffe der Probe CEM I-M-1,0-3 nach Korrosionsbeanspruchung dargestellt, in Abb. 126 sind links und rechts Lochkorrosionserscheinungen zu erkennen, die sich vornehmlich in der η-Schicht ausgebildet haben. In der rechten Abbildung sind nach der Nitalätzung Mikrorisse in der ξ-Schicht zu erkennen.

Abb. 126: Metallographische Schliff der Probe CEM I-M-1,0-3 nach Korrosionsbelastung, links: Lochkorrosionserscheinungen in der η-Schicht ohne Nitalätzung, rechts: geätzte Oberfläche mit Mikrorissen in der ξ-Schicht

Fig. 126: Metallographic micrograph of the CEM I-M-1.0-3 sample after corrosion exposure, left: Pitting corrosion phenomena in the η-layer without nital etching, right: etched surface with microcracks in the ξ-layer

Neben den Lochkorrosionserscheinungen in der η-Schicht zeichnen sich auf der linken Seite der Abb. 127 selektive Korrosionserscheinungen ab, dabei scheint ein bevorzugtes in Lösung gehen der η-Schicht bei elektrolytischem Kontakt mit der ξ-Schicht zu erfolgen. Ist die η-Schicht gänzlich in Lösung gegangen, erfolgt der weitere Korrosionsfortschritt bevorzugt in den orthogonal zur Probenoberfläche angeordneten Mikrorissen der ξ-Schicht. Durch Auskorrodieren der vorhandenen Mikrorisse schreitet die Korrosion anschließend bis zum Stahl fort, Abb. 127 rechts.

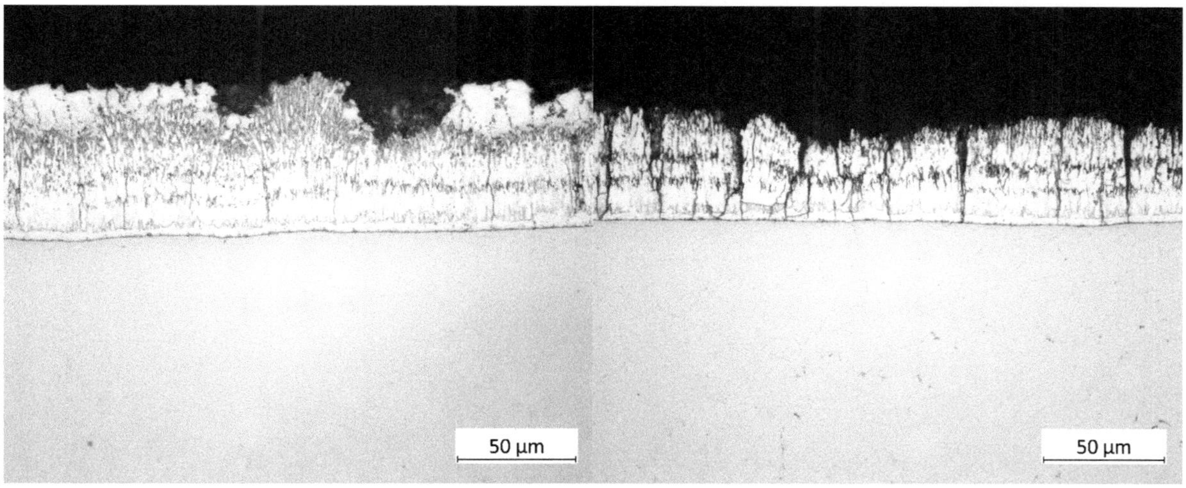

Abb. 127: Metallographische Schliffe der Probe CEM I-M-1,0-3 mit Nitalätzung nach Korrosionsbeanspruchung, mit Lochkorrosionserscheinungen in der η-Schicht links und Spaltkorrosionserscheinungen in der ξ-Schicht rechts

Fig. 127: Metallographic microsections of the CEM I-M-1.0-3 sample with nital-etching after corrosion exposure, with pitting corrosion in the η-layer on the left and crevice corrosion in the ξ-layer on the right

Eine ähnliche Darstellung der Probe aus Abb. 127 wird in Abb. 128 in einer anderen Vergrößerung gezeigt. Auf der linken Seite ist zu erkennen, dass einzelne Dendriten der ξ-Schicht bestehen bleiben, während die η-Schicht zwischen den Dendriten bevorzugt in Lösung gegangen ist. Auf der rechten Seite sind ebenfalls die orthogonal zur Oberfläche angeordnete auskorrodierten Risse bis zum Grundwerkstoff zu erkennen.

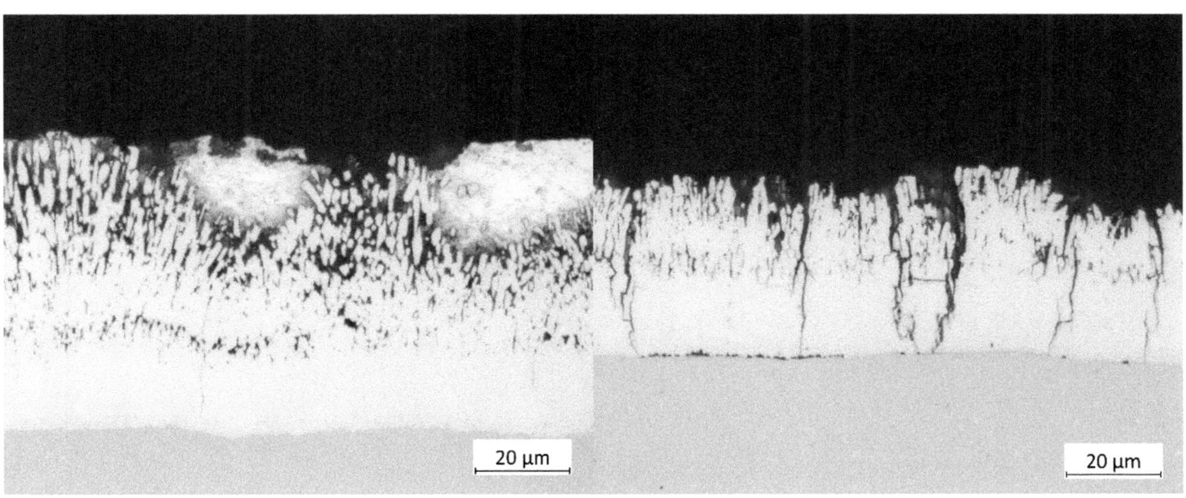

Abb. 128: Metallographische Schliff der Probe CEM I-M-1,0-3, links: selektive Korrosionserscheinungen in der ξ-Schicht, rechts: auskorrodierte Mikrorisse in der ξ-Schicht bis zum Grundwerkstoff

Fig. 128: Metallographic micrograph of the CEM I-M-1.0-3 sample, left: selective signs of corrosion in the ξ-layer, right: corroded microcracks in the ξ-layer down to the base material

Ein Schliff durch die fadenförmige Korrosionserscheinungen der Probe CEM I-M-1,0-3 ist in Abb. 129 dargestellt. Diese verlaufen anders als die zuvor dargestellten Korrosionserscheinungen in den Mikrorissen nicht orthogonal zur Probenoberfläche.

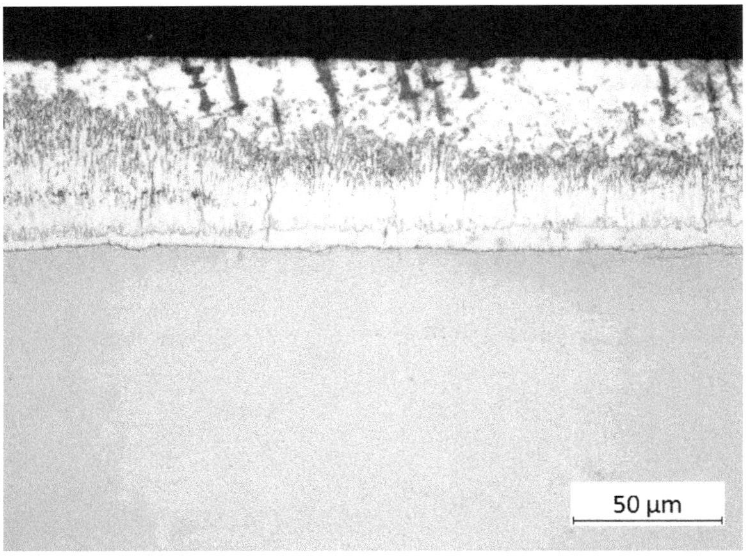

Abb. 129: Metallographische Schliff durch die filamentartigen Korrosionserscheinungen der Probe CEM I-M-1,0-3

Fig. 129: Metallographic section through the filamentary corrosion phenomena of the sample CEM I-M-1.0-3

Auch die Probe CEM II-M-2,0-1 zeigt beide Formen der zuvor vorgstellten Korrosionsformen an einem metallographischen Schliff mit Niatlätzung in Abb. 130. In der linken Hälfte der Abbildung sind vereinzelt Reste der η-Schicht vorhanden, während auf der rechten Seite der Abbildung die η-Schicht bereits vollständig aufgelöst ist. Die in der ξ-Schicht vorhandenen Mikrorisse sind in Bereichen, in denen noch Reste der η-Schicht vorhanden sind, deutlich feiner als die Risse in Bereichen ohne η-Schicht in der rechten Bildhälfte. Dies ist ein deutlicher Hinweis auf das Auskorrodieren der Rissflanken im Anschluss an die vollständige Auflösung der η-Schicht.

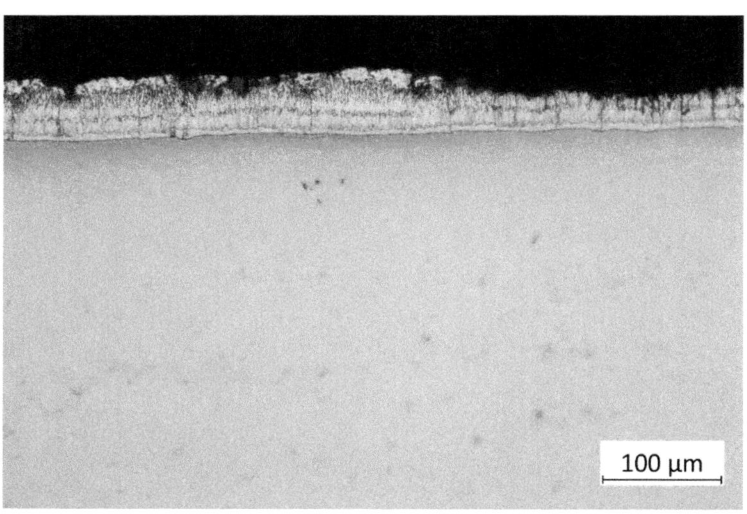

Abb. 130: Metallographischer Schliff durch die Probe CEM II-M-2,0-1 mit bevorzugter Auflösung der η-Schicht und auskorrodierten Mikrorissen in der ξ-Schicht

Fig. 130: Metallographic section through the sample CEM II-M-2.0-1 with preferential dissolution of the η-layer and corroded microcracks in the ξ-layer

5 Diskussion

5.1 Einleitung in die Diskussion

Ziel dieser Arbeit ist die Klärung des Einflusses von Chloriden auf die Deckschichtbildung an feuerverzinkten Stählen in chloridhaltigen Mörteln. Gleichzeitig wurde die Wirkung der Chloridzugabe auf den Mörtel als Elektrolyten untersucht, da dieser einen maßgebenden Einfluss auf die elektrochemischen Messungen zur Beschreibung der Deckschichtentwicklung über die Zeit haben kann. Die Untersuchungen erfolgten sowohl an in Mörtel eingebetteten feuerverzinkten Blechen als auch an feuerverzinkten Blechen in einer Messzelle, welche die Quantifizierung verschiedener Korrosionsprodukte, die an der Deckschichtbildung beteiligt sind, ermöglicht. Unter Verwendung dieser Messzelle ist es möglich, die Phasengrenze feuerverzinkter Stahl/Mörtel zu simulieren und die gebildeten Deckschichten anschließend mittels geeigneter analytischer Untersuchungsverfahren, ohne den Einfluss anhaftender Mörtelreste, zu bestimmen.

5.2 Weiterentwicklung der Vorstellung zum Einfluss des Elektrolyten auf die Frühphase der Deckschichtbildung

5.2.1 Beeinflussung der Deckschicht durch den Elektrolyten

Der Elektrolyt bestimmt maßgebend die thermodynamischen, aber auch die kinetischen Korrosions- und Deckschichtbildungsprozesse der untersuchten Korrosionssysteme. In hochalkalischen Medien, wie Mörtel, kann es zu Komplexbildungen kommen. Abb. 131 zeigt zusammenfassend eine auf Kaesche und Vetter [28, 29] basierende pH-Wert abhängige Darstellung der anodischen und kathodischen Teilreaktion. Die vielfach beschriebene Wasserstoffentwicklung in hochalkalischen Medien kann, wie im Fall von sauerstoffarmer, gesättigter $Ca(OH)_2$ -Lösung, mit einem geringen Ladungsumsatz erfolgen. Betrachtet man die anodische Teilreaktion der Linie C und die zugehörige kathodische Teilreaktion, so erfolgt bei pH-Werten zwischen 13 und 14 eine Komplexbildung. Dabei werden, wie in Abschnitt 0 beschrieben, bestehende Deckschichten reduziert, zusätzlich Wasserstoff gebildet und Zink geht erneut in Lösung, um das Lösungsungleichgewicht auszugleichen. Maßgeblich für die Dauer dieses Prozesses scheint der Diffusionswiderstand gegenüber dem Abdiffundieren von Zinkionen zu sein. Wie in Abschnitt 2.2 beschrieben, ist eine gewisse Zinkionenkonzentration im Phasengrenzbereich erforderlich, um Deckschichten zu bilden. Werden die Zinkionen infolge des Erstarrens des Betons oder Mörtels und der damit einhergehenden geänderten Permeabilität des Mörtels in ihrem Vermögen behindert, sich von der Phasengrenze wegzubewegen (Diffusion, Migration), so stellt sich ein Lösungsgleichgewicht ein, das eine quasi stabile Deckschicht gewährleistet.

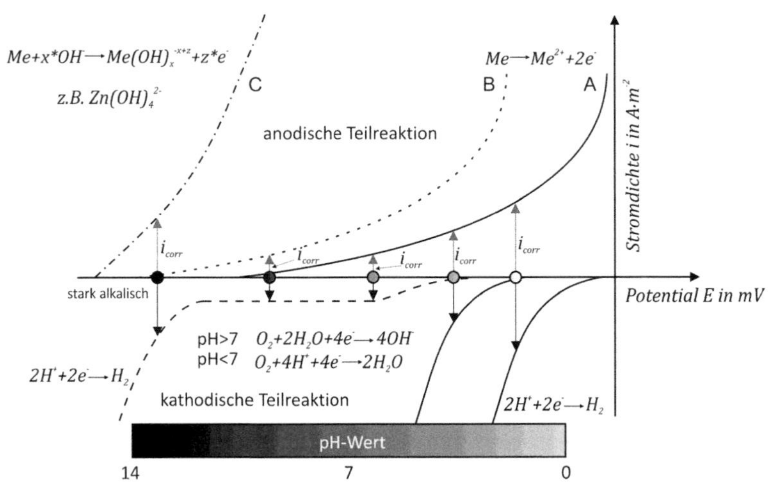

Abb. 131: pH-Abhängigkeit der Korrosionsgeschwindigkeit nach Kaesche und Vetter [28, 29]

Fig. 131: pH-value dependence of the corrosion rate according to Kaesche and Vetter [28, 29]

Die Permeabilität eines zementgebundenen Elektrolyten kann aber auch durch das Zink selbst, wie in Abschnitt 0 beschrieben, beeinflusst werden. Untersuchungen haben gezeigt, dass Zinkionen, die in Form von Zinkoxid Zementen beigemengt werden, eine erstarrungsverzögernde Wirkung haben können. Dabei wird vornehmlich die Hydratation der C_3S basierten Phase Alit blockiert. Bei hochalkalischen Elektrolyten ist davon auszugehen, dass die Zinkionenkonzentration im Phasengrenzbereich zu verzinktem Betonstahl ausreichend hoch ist, um die gleiche Wirkung hervorzubringen. Gegenüber unverzinkten Betonstählen ist somit von einer deutlich langsamer erstarrenden Verbundzone zwischen Mörtel bzw. Beton und verzinktem Betonstahl auszugehen. Dies hat zur Folge, dass der Diffusions- bzw. Migrationswiderstand gegenüber Zinkionen geringer ist und ein Lösungsgleichgewicht zur Sicherstellung einer stabilen Deckschicht gegenüber einer erstarrten Verbundzone zeitlich verzögert eintritt. Untersuchungen mit chromathaltigen Zementen wie in [35-38], die ein signifikantes in Lösung gehen von Zinkionen inhibieren, zeigen über den Potentialverlauf ein solches Bild, da die Verbundzone nicht durch einen erhöhten Zinkionengehalt beeinflusst wird und die Erstarrung dieser somit nicht verzögert wird.

Die Reduktion vorhandener Deckschichten kann infolge der Komplexbildung und der daraus resultierenden intensiveren Wasserstoffentwicklung die Verbundzone beeinflussen, da diese während der Wasserstoffentwicklung noch nicht gänzlich erstarrt ist. Dass vorhandene Deckschichten reduziert werden, konnte anhand der Vorversuche, die in Abschnitt 3.1.1 dargestellt wurden, und der Potentialverläufe belegt werden.

Unter Betrachtung der Formel (34) und (35) ist ersichtlich, dass die Komplexbildung auch einen Einfluss auf die Deckschichtbildung hat. Bei pH-Werten >13 erfolgt die Bildung von CHZ auch aus den gebildeten Komplexen, dabei werden zusätzlich 2 OH^--Ionen frei, was zu einer Beeinflussung des pH-Wertes infolge der Deckschichtbildung führt. Durch die Bildung der Deckschicht, Reduktion von freiem Zn in der Phasengrenze, und pH-Wertanstieg kommt es zu einem höheren Bedarf an Zn zur Erreichung des Löslichkeitsgleichgewichts. Dies hat zwangsläufig eine Steigerung der Korrosionsrate während der Deckschichtbildung zur Folge, dies zeigen die Elementstrommessungen aus [38] deutlich. Durch intensivientes in Lösung gehen erhöht sich die Zinkionenkonzentration bis zum Erreichen des Löslichkeitsgleichgewichts für die Bildung von CHZ, siehe Abb. 19. Während dieser Phase kann ebenfalls $Zn(OH)_2$ gebildet werden, was aufgrund des pH-Werts wiederum zu einer Komplexbildung unter Wasserstoffentwicklung führen kann.

5.2.2 Beeinflussung des Elektrolyten durch Chloridzugabe

Neben der erstarrungsverzögernden Wirkung der Zinkkorrosionsprodukte auf den Erstarrungsprozess gibt es einen entgegenwirkenden, also erstarrungsbeschleunigenden Prozess durch die Zugabe von Chloriden. Die Zugabe von Chloriden in der Frischbeton- bzw. Mörtelphase ist in der Praxis nicht mehr zulässig, jedoch ist für die Untersuchung des Einflusses von Chloriden auf die Deckschichtbildung ein Bestreben nach einer quasi homogenen Chloridverteilung in einem Feststoffelektrolyten zielführend. Werden Chloride durch kapillares Saugen oder Diffusion in den Elektrolyten eingebracht, ist ein undefinierter Chloridgehalt im Phasengrenzbereich die Folge. Dieser kann verschiedenartige elektrochemische Kennwerte hervorbringen, die jedoch keinem Chloridgehalt zuzuweisen sind. Die Wirkung des Chlorids ist dabei abhängig von dessen Gehalt im Phasengrenzbereich. Anhand der Ergebnisse aus den Kalorimetermessungen in Abschnitt 4.2.2.1 wurde das Maximum an Erstarrungsbeschleunigung, ebenso wie die maximale Hydratationswärme bei 1,0 M. % Chloridzugabe erreicht. Eine Zugabe von 0,4 M. % hat bei den Zementen CEM I und CEM II/A-LL im Vergleich zu 1,0 M. % Cl^- eine fast identische Hydratationswärmesteigerung zur Folge, bei einer Zugabe von 2,0 M. % Cl^- geht diese jedoch signifikant zurück. Der verwendete CEM III/A spiegelt ein anderes Bild wider, aufgrund des geringen Portlandzementklinkeranteils, der maßgebend für die Wechselwirkung mit Chloriden ist, zeigt sich bei der Zugabe von 0,4 bis 2,0 M. % Chlorid kein signifikanter Unterschied.

Die gesteigerte Hydratationswärme basiert auf einer anders gearteten Phasenbildung, während der Zementerstarrung. Wie in Abschnitt 2.3.6 beschrieben, beeinflusst die Zugabe von Chlorid die Ausbildung von Afm-Phasen, genauer gesagt die des Monosulfats, durch Bildung friedelscher Salze. Die Bildung von friedelschen Salzen hat eine vorzeitige CSH-Phasenbildung zur Folge und beeinflusst die Ettringitbildung im Falle von CEM III/A signifikant.

Die röntgendiffraktografischen Untersuchungen der Zementleime aus den Kalorimetermessungen, erfolgten 128 h nach deren Herstellung. Die Ergebnisse aus Abschnitt 4.2.2.2 zeigen bei allen chloridhaltigen Varianten die Bildung friedelscher Salze, bei den chloridfreien Varianten bildet sich erwartungsgemäß Monosulfat. Bei der Zugabe von 2,0 M. % Chlorid und der Verwendung von CEM III/A ist eine Besonderheit zu beobachten, hier ist ein kritisches Verhältnis zwischen C_3A-Gehalt und Chloridzugabe erreicht, da sich kein Ettringit mehr ausbildet.

Eine Auswirkung geänderter Phasenausbildung und Erstarrungszeiten infolge der Chloridzugabe, ohne den Einfluss von Zinkionen, hat gem. [92] auch einen Einfluss auf das Porengefüge des Mörtels. Hierzu wurden, wie in Abschnitt 3.4.9 beschrieben, Quecksilberdruckporosimetrie-Untersuchungen durchgeführt. Bei einer Chloridzugabemenge von 2,0 M. % reduziert sich der Porenanteil im Bereich von 0,1 bis 1 µm (Mikrokapillare) und erhöht sich im Bereich von 0,8 bis 2 nm (Mikroporen). Im Bereich der Kapillarporen, 2 bis 50 µm, haben die Varianten mit 2,0 M. % Cl^- einen größeren Porenanteil als die anderen Varianten. Bei CEM I und CEM III/A reduziert sich die Gesamtporosität bei 2,0 M. % Chloridzugabe. Eine Zugabe von 0,4 M. % hat bei CEM I und CEM II/A-LL eine Erhöhung der Gesamtporosität zur Folge. CEM II/A-LL zeigt bei der Darstellung des kumulativen Porenvolumens keine solch deutlichen Unterschiede wie bei CEM I und CEM III/A. Ein deutlicher Unterschied wird, wie zuvor beschrieben, erst bei der Betrachtung des inkrementellen Porenvolumens und einer Chloridzugabe von 2,0 M. % sichtbar. Eine Darstellung der Poreneigenschaften bzw. -benennung ist nach Setzer [119] in Abb. 132 abgebildet. Dabei wird die Poreneigenschaft in Abhängigkeit vom Porendurchmesser definiert.

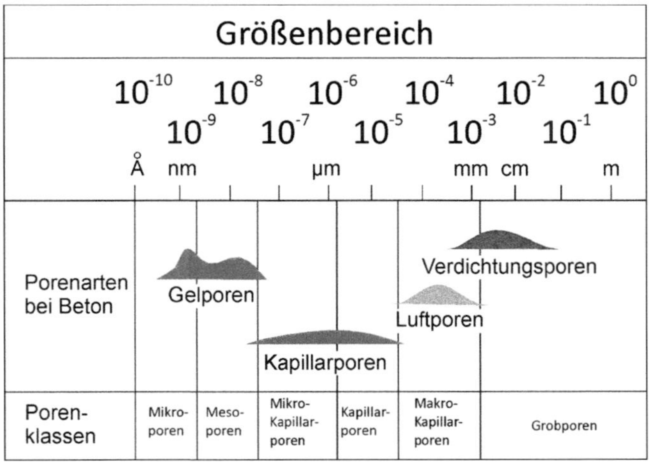

Abb. 132: Darstellung der Porenklassen in Abhängigkeit der Porendurchmesser in Anlehnung an Setzer [5]

Fig. 132: Illustration of the pore classes as a function of pore diameter based on Setzer [5]

Die geänderte Phasenausbildung infolge der Bildung von friedelschem Salz hat zwangsläufig einen Einfluss auf die Zusammensetzung des Porenwassers und somit auf den Mörtel als Elektrolyten. Die pH-Werte sinken, wie in Abb. 133 dargestellt, geringfügig mit steigender Chloridzugabemenge, dabei ist $NaCl$ nicht direkt pH-Wert beeinflussend. Nach [120] kann aber eine Silikareaktion mit $NaCl$ den pH-Wert signifikant beeinflussen, scheint aber in diesem Fall nicht maßgebend zu sein. Das Natriumäquivalent ist bei CEM I am höchsten, gefolgt von CEM II/A-LL und zuletzt CEM III/A, in gleicher Staffelung sollten ohne Beeinflussung durch $NaCl$ auch die pH-Werte vorliegen. Der pH-Wert von CEM I und CEM II/A-LL in der Variante 0,0 ist deckungsgleich, der von CEM III/A geringer. Für die Beeinflussung des pH-Wertes bei Chloridzugabe ist hier die Bildung friedelscher Salze und die gemäß Formel (39) damit einhergehende Reduktion von OH^- maßgebend. Die Bildung friedelscher Salze und somit die Reduktion des pH-Wertes wird durch den C_3A-Gehalt der Proben beeinflusst.

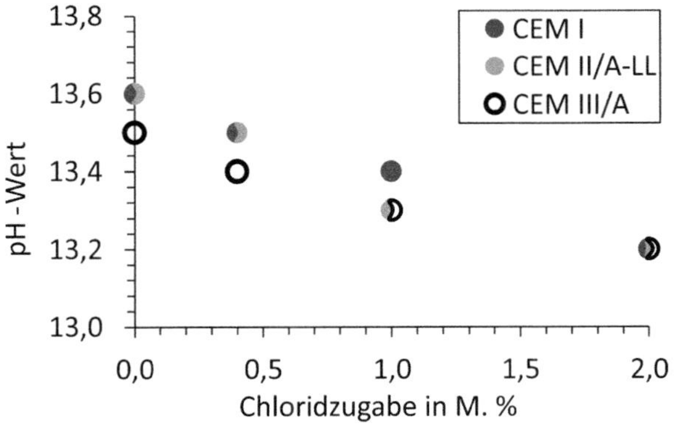

Abb. 133: Darstellung des pH-Werts der ausgepressten Porenlösung aller Varianten über die Chloridzugabemenge

Fig. 133: Illustration of the pH value of the squeezed pore solution of all variants via the amount of chloride added

Neben der Reduktion von OH^- wird SO_4 im Zuge der Bildung von friedelschen Salzen frei. In Abb. 134 ist die Zunahme an SO_4 in der Porenlösung in Abhängigkeit von der Chloridzugabe dargestellt. Dabei werden die SO_4-Gehalte ohne Chloridzugabe von denen mit variierender Zugabe einer Serie abgezogen und als ΔSO_4 dargestellt. Neben dem pH-Wert wird demnach durch die Bildung friedelscher Salze auch der SO_4-Gehalt der Porenlösung signifikant beeinflusst.

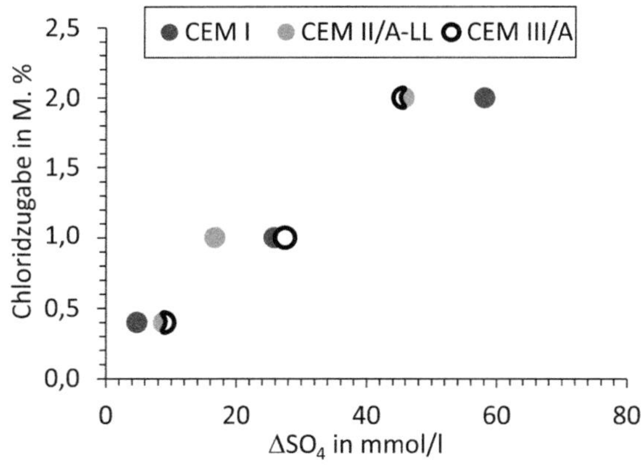

Abb. 134: Zunahme des SO_4-Gehalts der Porenlösung als ΔSO_4 durch Berücksichtigung des SO_4-Gehaltes von chloridfreien Porenlösung des jeweiligen Zementes in Abhängigkeit von der Chloridzugabe durch Bildung friedelscher Salze

Fig. 134: Increase in the SO_4 content of the pore solution as ΔSO_4 by taking into account the SO_4 content of chloride-free pore solution of the respective cement as a function of the chloride addition due to the formation of Friedel salts

Der Chloridgehalt und das Chloridbindevermögen wurden gem. Abschnitt 3.4.6 ermittelt und in Abschnitt 4.2.3.3 dargestellt. Die einheitliche Chloridzugabe hat nicht in jedem Fall korrelierende nasschemisch ermittelte Chloridgehalte ergeben. Der saure Aufschluss, der den Gesamtchloridgehalt der Proben widerspiegelt, ergab bis zu einer Zugabe von 1,0 M. % für alle Serien ein nahezu der Zugabemenge entsprechendes Analyseergebnis. Bei der Zugabe von 2,0 M. % Chlorid ist dies nicht mehr gegeben. Die Löslichkeit von NaCl liegt bei 358 g/l (bei 22 °C), die Zugabemenge bei 2,0 M. % entspricht 73 g/l und ist somit weit unter der maximalen NaCl-Konzentration. Ein Erklärungsansatz für inhomogene Chloridgehalte bei einer Zugabe von 2,0 M. % Cl^- ist die Bildung von FeCl an der Wandung des Mischers.

Das Chloridbindevermögen der verwendeten Zemente ist bei einer Zugabe von 1,0 M. % nahezu identisch. Bei einer Chloridzugabe von 0,4 M. % erfolgt eine Abstufung, die in Anlehnung an den CaO-Gehalt der Zemente eine ähnliche Reihung ergibt. CEM I und CEM II/A-LL weisen eine geringfügige Abweichung auf. Erst bei der maximalen Chloridzugabemenge von 2,0 M. % zeigt sich, dass der verwendete CEM I ein größeres Chloridbindevermögen hat, gefolgt von CEM II/A-LL und mit dem geringsten Chloridbindevermögen der CEM III/A. Unabhängig von der betrachteten Zementart sinkt das Chloridbindevermögen mit steigender Chloridzugabemenge, siehe Abb. 135.

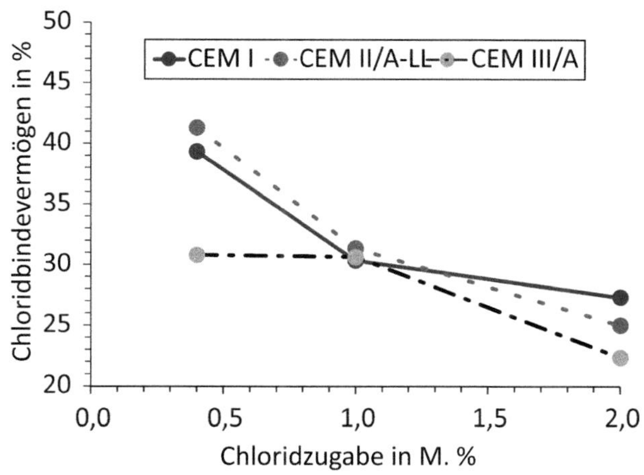

Abb. 135: Abhängigkeit des Chloridbindevermögens von der Zugabemenge an Chlorid, prozentuale Angabe des gebundenen Chlorids bezogen auf den analysierten Gesamtchloridgehalt bei saurem Aufschluss

Fig. 135: Dependence of the chloride binding capacity on the amount of chloride added, percentage of chloride bound in relation to the total chloride content analysed in acid digestion

Zu berücksichtigen ist, dass der wässrig gelöste Teil des Chlorids maßgebend für die Korrosionsbeeinflussung bzw. Deckschichtvariation ist. In Abb. 136 ist der ermittelte Gehalt an wässrig lösbarem Chlorid aller Varianten dargestellt. Bis zu einer Chloridzugabe von 1,0 M. % Chlorid sind die Ergebnisse aller verwendeten Zemente ohne signifikante Unterschiede, diese gibt es erst bei einer Chloridzugabemenge von 2,0 M. % Chlorid. CEM I hat den höchsten Gehalt an wässrig lösbarem Chlorid mit 1,5 M. % bei 2,0 M. % Chloridzugabe, CEM II/A-LL hat hier den geringsten Wert mit 1,2 M. % und CEM III/A 1,4 M. % wässrig lösbares Chlorid.

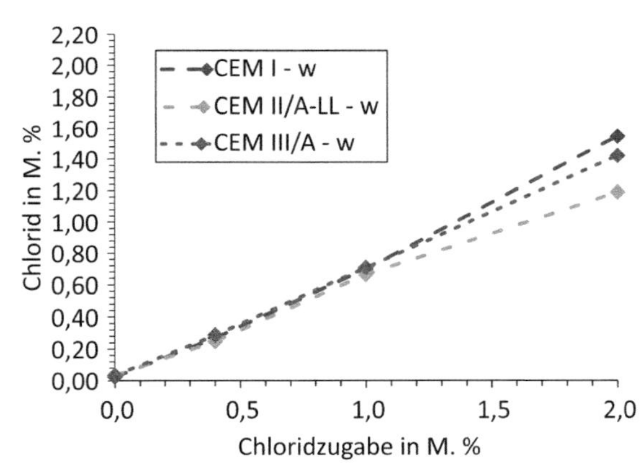

Abb. 136: Wässrig lösbares Chlorid der untersuchten Varianten aller verwendeten Zemente

Fig. 136: Aqueous soluble chloride of the analyzed variants of all types of cement used

Neben dem für Phasengrenzreaktionen theoretisch zur Verfügung stehendem Chlorid, gilt es die Frage zu beantworten, ob dies über den Probenquerschnitt auch homogen verteilt ist. Hierzu wurde die in Abschnitt 3.4.8 beschriebene Laser induzierte Plasmaspektroskopie angewandt. Die Ergebnisse aus Abschnitt 4.2.3.4 zeigen deutlich, dass die Chloridverteilung nicht homogen ist. Die effektive Gesamtchloridkonzentration auf Höhe der Arbeitselektrode ist, basierend auf den Ergebnissen aus Abschnitt 4.2.3.4, in Abb. 137 links zusammenfassend mit der zugehörigen Standardabweichung dargestellt. Auf Basis des zuvor ermittelten prozentualen Chloridbindevermögens wurde das freie, wässrig lösbare Chlorid auf Höhe der Arbeitselektrode errechnet und in Abb. 137 rechts dargestellt.

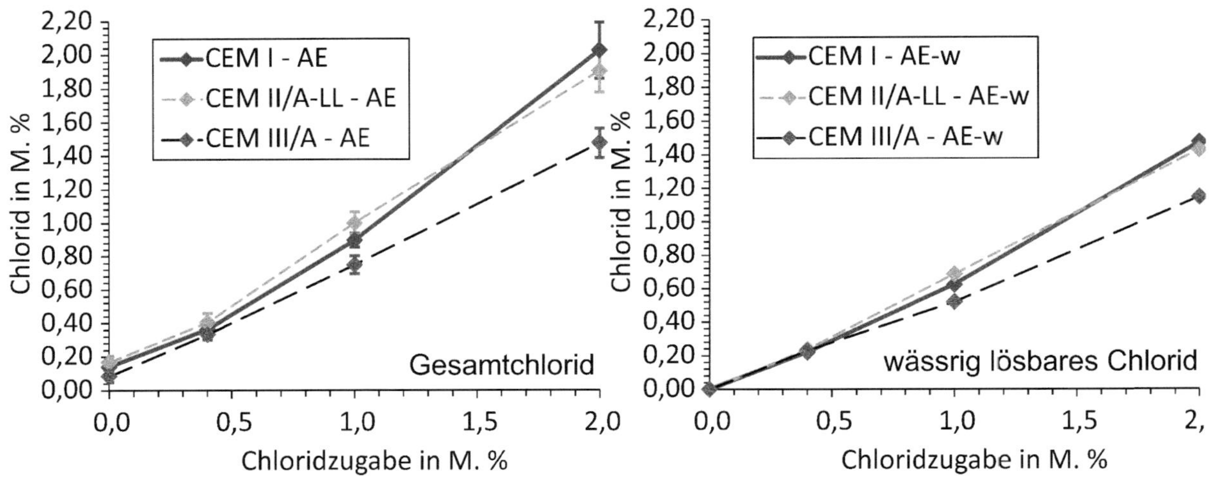

Abb. 137: Gesamtchloridgehalt aus LIBS-Untersuchungen (links) sowie der errechnete wässrig lösbare Chloridgehalt rechts auf Höhe der Arbeitselektrode

Fig. 137: Total chloride content from LIBS tests (left) and the calculated aqueous soluble chloride content on the right at the level of the working electrode

Der Chloridgehalt auf Höhe der Arbeitselektrode bei Verwendung von CEM I und CEM II/A-LL entspricht in etwa der planmäßigen Chloridzugabemenge. Bei Verwendung des CEM III/A scheint durch Diffusionsprozesse eine signifikante Chloridverschiebung innerhalb der Mörtelmatrix erfolgt zu sein. Der Chloridgehalt nahe der Oberfläche der untersuchten Mörtelprismen liegt bei einer Chloridzugabe von 2,0 M. % bei 2,3 M. %. Der maximale Chloridgehalt bei allen untersuchten Proben liegt an der Oberseite der Mörtelprismen kurz unterhalb der karbonatisierten Randzone. Dieses Phänomen ist erstmals vorgefunden worden. Eine ursprünglich angestrebte homogene Chloridverteilung ist nicht gegeben. Die Chloridverteilung wurde nur an unbewehrten Proben ermittelt. Da die maximalen Chloridgehalte bei allen Proben an der Oberseite ermittelt wurden, die Proben jedoch in Lochkisten unter Gewährleistung gleichmäßiger Belüftung seitlich gelagert wurden, kann der für die inhomogene Chloridverteilung verantwortliche Diffusionsprozess nur bei der Erhärtung der Proben erfolgt sein. Es wurden keine Scheiben auf die Probenschalung gelegt, da die unbewehrten Proben ebenso wie die bewehrten gleichbehandelt werden sollten und bei Proben mit eingebetteten Elektroden keine Scheibe aufgelegt werden kann. Anstelle dessen wurden alle Probenschalungen mit einer Folie abgedeckt. Aufgrund der inhomogenen Chloridverteilung ist anzunehmen, dass die Chlorid-konzentration an der Oberseite und Unterseite der Arbeitselektrode geringfügige Unterschiede aufweist, die zerstörungsfrei nach der Probenherstellung nicht untersucht werden konnten.

Aus Gründen der Vergleichbarkeit mit Chloridangaben aus der Literatur, wird die weitere Diskussion auf die ursprüngliche Chloridzugabemenge bezogen.

5.2.3 Elektrischer Mörtelwiderstand

Unter Verwendung von Design Expert kann eine Modellbildung für die Widerstandsentwicklung und die Feuchteaufnahme (relative Masseänderung) erfolgen. Hier wird noch einmal darauf hingewiesen, dass die Proben bis zu einem Alter von 28 Tagen unter Laborbedingungen bei ca. 20 °C und 40 % relativer Luftfeuchte gelagert wurden. Ab einem Probenalter von 28 bis 56 Tagen erfolgte die Klimalagerung bei 20 °C und 85 % r.F. und im Nachgang die Klimalagerung und die jeweilige Entnahme zur Durchführung der elektrochemischen Messungen. Die Exposition der Widerstandsmessproben in Leitungswasser hat keinen signifikanten Einfluss auf den Elektrolytwiderstand.

Für alle Varianten mit 2,0 M. % Chlorid kann festgehalten werden, dass die Masseänderung infolge Erhöhung der relativen Luftfeuchte im Vergleich am größten war. Gleichzeitig gingen der elektrische Mörtelwiderstand und der Phasenwinkel deutlich zurück. Daraus kann geschlossen werden, dass die kapazitiven Anteile der Poren durch die Feuchteaufnahme und daraus resultierender geänderter Porensättigung signifikant zurückgehen und die Änderung des gemessenen Widerstands nicht ausschließlich auf eine Erhöhung der Leitfähigkeit durch Feuchteaufnahme zurückzuführen ist.

Sowohl das Modell für den elektrischen Mörtelwiderstand, als auch das für die relative Masseänderung basieren auf einem Volumenmodell und betrachten dabei ausschließlich die bei einer Luftfeuchte von 85 % ermittelten Mittelwerte ab dem Beginn der elektrochemischen Untersuchungen (Probenalter 56 Tagen) und haben ein Bestimmtheitsmaß R^2 von 0,99. Deutlich ist in Abb. 138 die Wechselwirkung zwischen hohem Chloridgehalt und hygroskopischer Wirkung des Chlorids und dessen Auswirkung auf den elektrischen Mörtelwiderstand und die relative Masseänderung infolge Desorption und Adsorption von Wasser zu erkennen. Dabei ist eine andersartige Widerstandsentwicklung erst bei einem Chloridgehalt > 1,0 M. % zu erkennen. Unter Betrachtung der ermittelten Leitfähigkeiten der Porenlösung scheint diese nicht maßgebend für die Widerstandsentwicklung der Variante mit 2,0 M. % Cl^- zu sein. Die Feuchteaufnahme ist hier der maßgebende Parameter, der den elektrischen Widerstand dieser Variante, im Vergleich zu den anderen Varianten, drastisch reduziert. Hinzu kommt, dass die Porenstruktur gegenüber einem chloridfreien Mörtel anders geartet ist und im Porenradienbereich von 0,1 bis 1,0 µm deutlich weniger Poren aufweist, die die Leitfähigkeit signifikant beeinflussen können. Dieser Einflussfaktor reduziert die Leitfähigkeit. Würde die Porenstruktur durch die Zugabe von Chloriden im Frischbeton oder -mörtel nicht beeinflusst werden, wäre die Leitfähigkeit bei gleich hohem Chloridgehalt im Festbeton oder -mörtel höher.

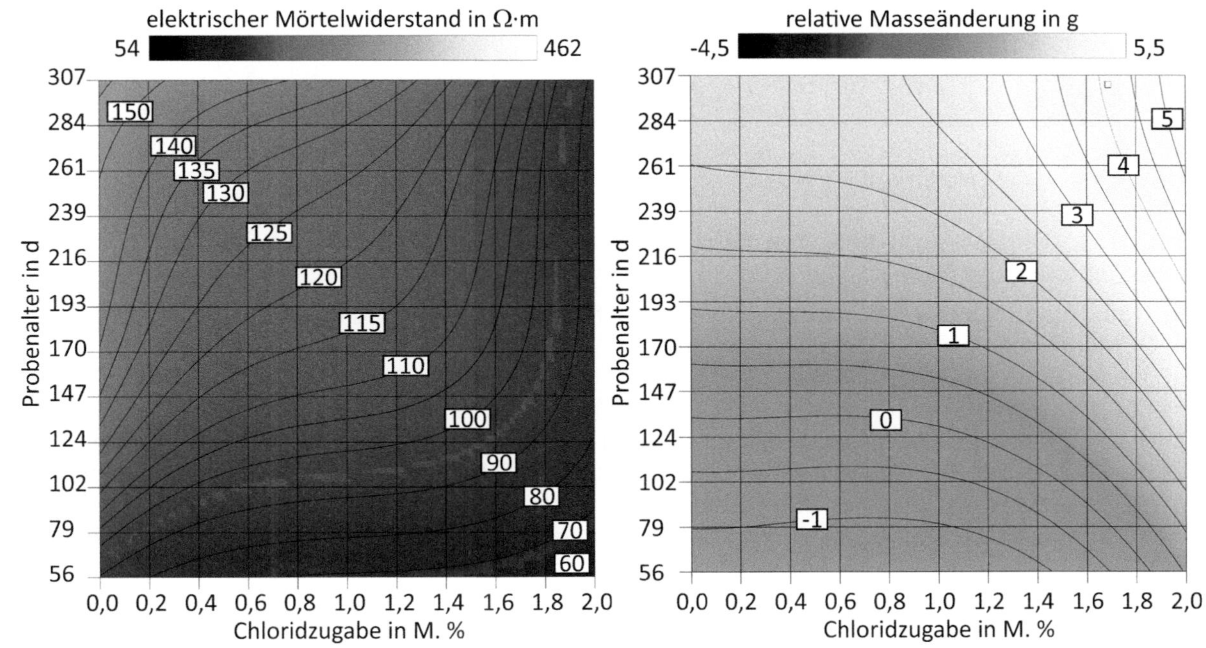

Abb. 138: Darstellung eines Volumenmodells für den Elektrolytwiderstand und die relative Masseänderung der Serie CEM I-R bei 85 % relativer Luftfeuchte

Fig. 138: Illustration of a volume model for the electrolyte resistance and the relative mass change of the CEM I-R series at 85 % relative humidity

Anhand der Phasenverschiebung, die im Rahmen der Widerstandsmessung des elektrischen Mörtelwiderstandes bei 1 kHz erfasst wurde, kann zwischen chloridhaltigen und chloridfreien Proben differenziert werden. Hier ist anzunehmen, dass die geänderte Porenstruktur einen signifikanten Einfluss hat, ebenso wie der Feuchtegehalt der Poren. Bei Erhöhung der Luftfeuchte ist auch hier die hygroskopische Wirkung der Chloride ab einer Chloridzugabe von 1,0 M. % erkennbar, indem die Phasenverschiebung deutlich abnimmt. Dabei reagieren die Proben mit 2,0 M. % deutlich sensitiver auf eine Desorption des Wassers, wenn die relative Luftfeuchte auf 75 % abgesenkt wird. Stellt man sich eine Pore, unabhängig von ihrer tatsächlichen Geometrie vor, so ist der Wassersättigungsgrad maßgebend für den kapazitiven Anteil. Das bedeutet, je geringer der Feuchtegehalt in der Pore ist, desto höher wird der kapazitive Anteil und desto größer wird die Phasenverschiebung.

Nachfolgend werden in Abb. 139 der Widerstand über die Zeit und Chloridzugabe sowie die relative Masseänderung für den verwendeten CEM II/A-LL dargestellt. Die Widerstandsentwicklung ist im Vergleich zum CEM I nahezu identisch, die Feuchteaufnahme verhält sich tendenziell ähnlich. Jedoch war die Desorption während der Lagerung unter Laborbedingungen deutlich stärker ausgeprägt als bei den Serien CEM I.

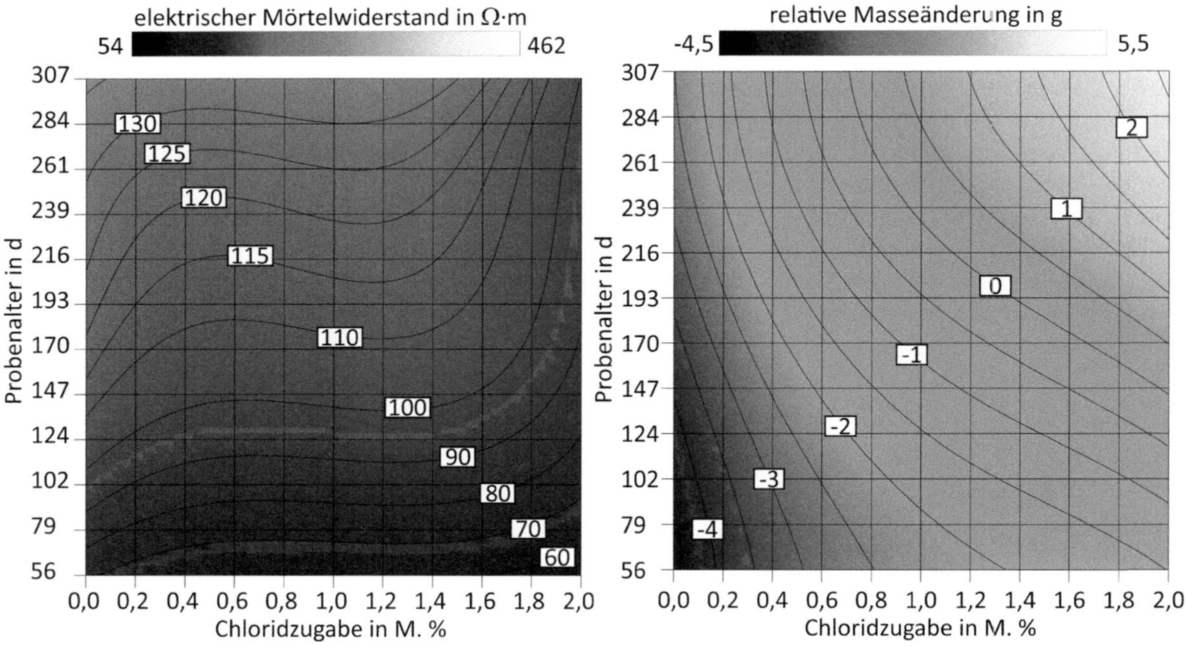

Abb. 139: Darstellung eines Volumenmodells für den Elektrolytwiderstand und die relative Masseänderung der Serie CEM II-R bei 85 % relativer Luftfeuchte

Fig. 139: Illustration of a volume model for the electrolyte resistance and the relative mass change of the CEM II-R series at 85 % relative humidity

Die in Abb. 140 dargestellte Widerstandsentwicklung der Serie CEM III unterscheidet sich von den zuvor gezeigten Serien, erwartungsgemäß signifikant. Auffallend ist jedoch, dass bis zu einem Probenalter von 102 Tagen kein signifikanter Unterschied bei der Höhe des elektrischen Mörtelwidertands der einzelnen Varianten zu erkennen ist. Erst mit zunehmendem Probenalter ist ein signifikanter Unterschied zu erkennen, der auch hier auf der deutlich ausgeprägteren Adsorption bei hohen Chloridgehalten basiert. Da die Adsorption bei dem hier verwendeten CEM III/A ähnlich der des CEM I ist, scheint die Porenstruktur anders geartet zu sein, die Leitfähigkeit der Porenlösung weist keinen signifikanten Unterschied auf. Hinzu kommt, dass die bei der Analyse der Chloridverteilung festgestellte Inhomogenität auf signifikante Diffusionsprozesse in Kombination mit einer, gegenüber den anderen Varianten, ausgeprägten Desorption zurückzuführen ist. Die gerichtete Feuchtigkeitsabgabe und der daraus resultierende Chloridgradient kann aufgrund der Historie und Lagerungsbedingungen, wie bereits beschrieben, nur im eingeschalten Zustand innerhalb der ersten 24 h erfolgt sein. Die Betrachtung des Phasenwinkels bei der Frequenz von 1 kHz zeigt, bei den Proben mit 2,0 M. % Cl^-, zum Zeitpunkt der Feuchteänderung auf 95 % relative Luftfeuchte, eine signifikante Änderung hin zu kleineren Phasenwinkeln, was auf eine zunehmende Wassersättigung der Poren zurückzuführen ist. Da dies in dem Maße nur bei Proben mit hohem Chloridgehalt gegeben ist, basiert das Ausfallen von Wasser auf dem Überschreiten der Deliqueszenzfeuchte. Für eine gesättigte Natriumchloridlösung beträgt die Deliqueszenzfeuchte unabhängig von der Temperatur ca. 75 % r.F. Es muss von einer partiell nicht wassergesättigten Porenstruktur ausgegangen werden, die wie im Fall von 95 % r.F. und der Chloridzugabe von 2,0 M. % Wasserdampf aufnehmen kann und zu einer zunehmenden Sättigung der Porenstruktur führt.

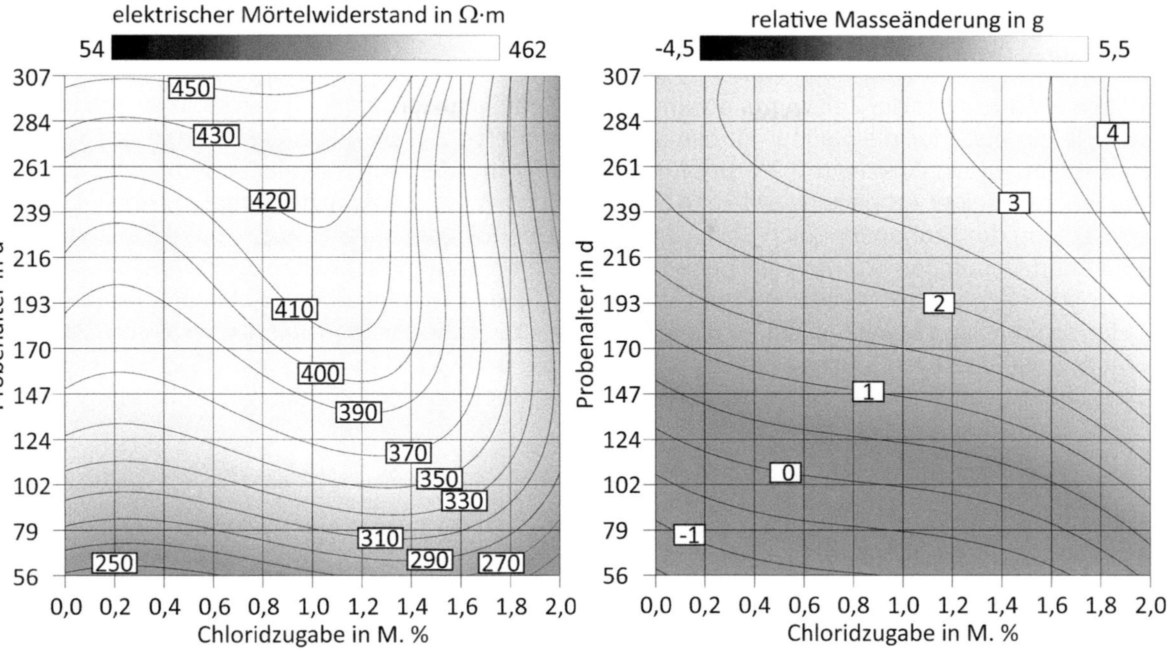

Abb. 140: Darstellung eines Volumenmodells für den Elektrolytwiderstand und die relative Masseänderung der Serie CEM III-R bei 85 % relativer Luftfeuchte

Fig. 140: Illustration of a volume model for the electrolyte resistance and the relative mass change of the CEM III-R series at 85 % relative humidity

Der Einfluss der Deliqueszenzfeuchte wird bei allen Probenserien sichtbar, da der Masseverlust der Proben bis zum Beginn des Betrachtungszeitraumes (Probenalter 56 d) variiert. Hier zeigen Proben ohne Chloridzugabe gegenüber denen mit Chloridzugabe einen höheren relativen Masseverlust. Im besonderen Maße ist dies bei den Varianten mit CEM II/A-LL als Bindemittel zu beobachten. Bei den Proben mit Chlorid ist ein signifikanter Masseverlust in Abhängigkeit von der Chloridzugabe festzustellen. Die Serien CEM I und CEM III weisen dies nur bei einer Chloridzugabe von 2,0 M. % auf.

Das Delta, also die Feuchtezunahme während des Betrachtungszeitraums, ist bei allen Serien und einem Chloridgehalt von 2,0 M. % gleich und beträgt ca. 4,5 bis 5,0 g. Das bedeutet, dass sie gegenüber der Ausgangsmasse nach dem Ausschalen deutlich mehr Wasser in den Poren haben als die anderen Varianten. Bei den Varianten ohne Chlorid ist die Feuchteaufnahme bei der Serie CEM II am geringsten, gefolgt von Serie CEM III und CEM I mit einer vergleichbaren Feuchteaufnahme von 2,5 g.

Die Änderung des elektrischen Mörtelwiderstands aller Serien verhält sich bei Betrachtung des Parameters Chlorid über den Betrachtungszeitraum ähnlich. Die Variante mit 2,0 M. % Cl^- weist auch bei Verwendung eines CEM III/A, obwohl dieser für seine ausgeprägte Nachhydration bekannt ist, deutlich geringere Widerstandsanstiege auf. Bei Varianten der Serie CEM III mit geringerer Feuchteaufnahme (0,0 bis 1,0 M. % Cl^-) kann davon ausgegangen werden, dass ein Teil des adsorbierten Wassers im Rahmen der Nachhydratation chemisch gebunden wird und nicht zur Reduktion des elektrischen Widerstands beiträgt.

Die deutlich geringeren elektrischen Mörtelwiderstände bei Varianten mit 2 M. % Chlorid basieren somit weder auf einer signifikanten Erhöhung der Leitfähigkeit der Porenlösung noch auf einer Änderung der Porenstruktur durch die Chloridzugabe, sondern auf dem signifikant höheren Wassergehalt dieser Proben.

5.2.4 Einfluss der Wasserstoffentwicklung an der Probenoberfläche und deren Auswirkung auf die Wasseraufnahme

Der Masseverlust über die Zeit wurde sowohl für die Serien zur Bestimmung des elektrischen Mörtelwiderstands als auch für die Serien mit eingebetteten feuerverzinkten Arbeitselektroden bestimmt. Für letztere kann, wie in Abschnitt 3.2.3 beschrieben, aufgrund der elektronenleitenden Verbindung zwischen feuerverzinkter Arbeitselektrode und Stahlschalung Wasserstoff an der Schalung entstehen. Eine Beeinflussung der Probenoberfläche hinsichtlich der Oberflächenporosität, kann einen Einfluss auf Adsorption und Desorption von Wasser haben und zu einem anderen relativen Masseverlust der Mörtelprüfkörper für die elektrochemischen Versuche führen. In den nachfolgenden Abbildungen sind die Modelle für den relativen Masseverlust für die beiden zuvor beschriebenen Prüfkörpervarianten dargestellt. Die Modelle der relativen Masseänderungen sind für die Serie CEM I mit 7 g und CEM I-R mit ca. 6,5 g ähnlich und weisen keinen signifikanten Unterschied in der Modellbildung auf, wie Abb. 141 zeigt.

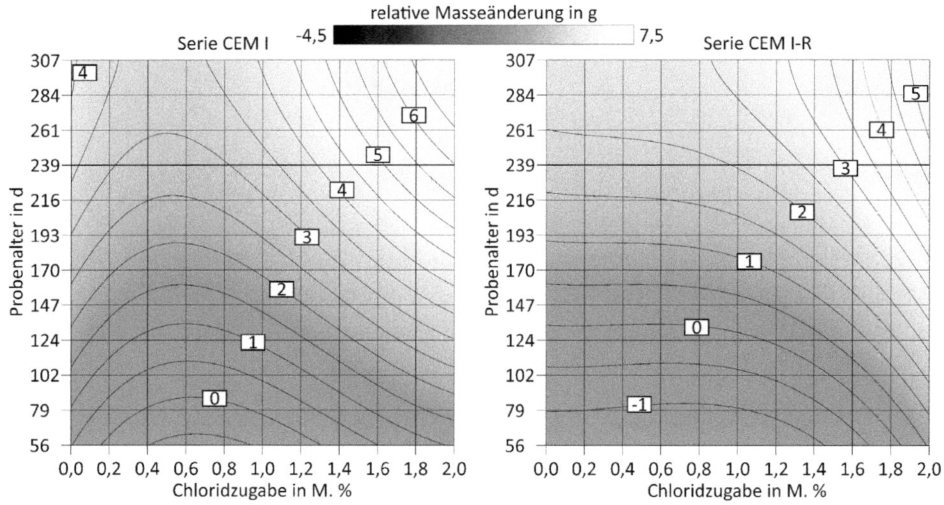

Abb. 141: Darstellung eines Volumenmodells für die relative Masseänderung der Serien CEM I und CEM I-R bei 85 % relativer Luftfeuchte

Fig. 141: Illustration of a volume model for the relative mass change of the CEM I and CEM I-R series at 85 % relative humidity

Der Masseverlust der Serie CEM II-R ist für alle Varianten bei einem Probenalter von 56 Tagen ca. 1 g größer als bei den vergleichbaren Varianten der Prüfkörper für die elektrochemischen Messungen, siehe **Abb. 142**. Der rel. Masseverlust für beide Serien ist mit 6 g und 7 g vergleichbar.

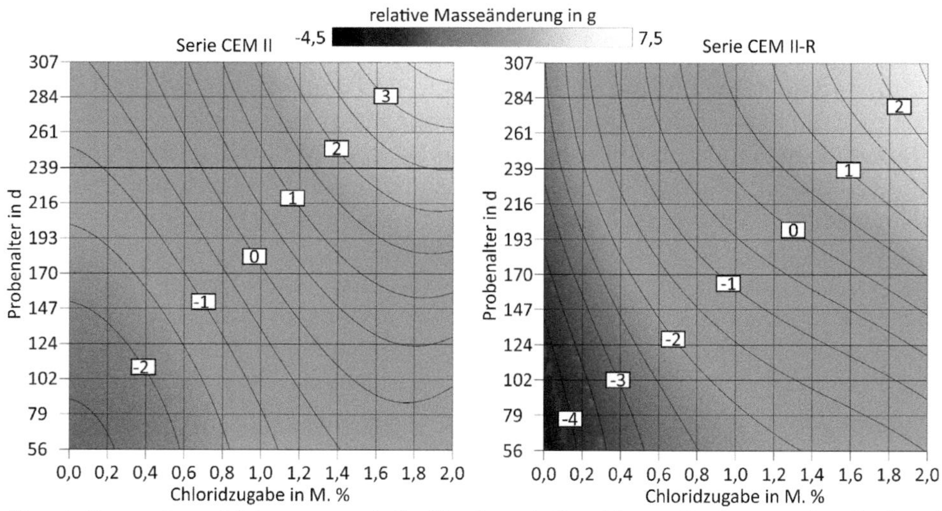

Abb. 142: Darstellung eines Volumenmodells für die relative Masseänderung der Serien CEM II und CEM II-R bei 85 % relativer Luftfeuchte

Fig. 142: Illustration of a volume model for the relative mass change of the CEM II and CEM II-R series at 85 % relative humidity

Für die Serien unter Verwendung eines CEM III/A als Bindemittel, ist ebenso wie bei den Serien mit CEM II/A-LL, der Masseverlust der Serie CEM III-R, bei einem Probenalter von 56 Tagen, für alle Varianten ca. 1 g größer. Die relative Masseänderung über den Untersuchungszeitraum ist für beide Serien identisch und beträgt in Summe 5,5 g, siehe Abb. 143.

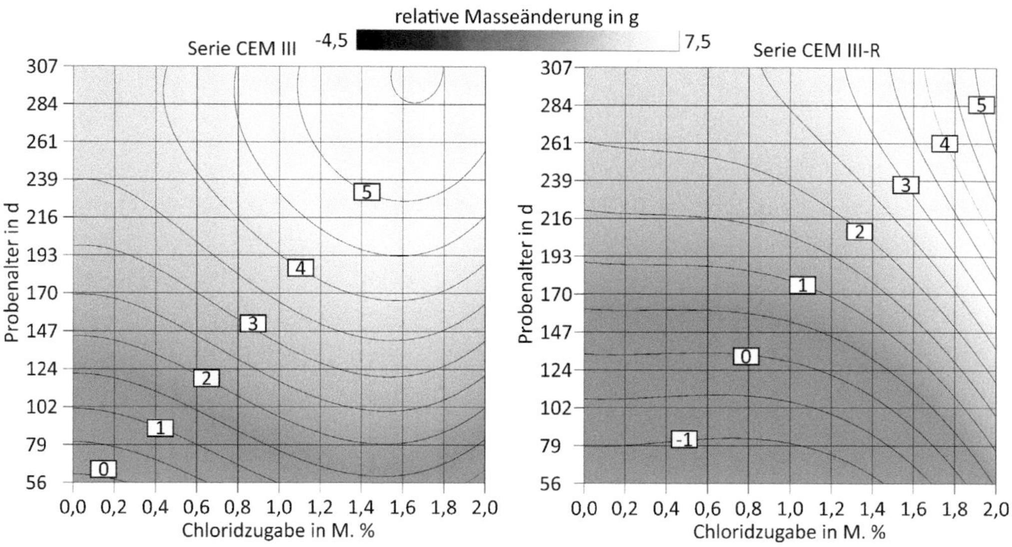

Abb. 143: Darstellung eines Volumenmodells für die relative Masseänderung der Serien CEM II und CEM II-R bei 85 % relativer Luftfeuchte

Fig. 143: Illustration of a volume model for the relative mass change of the CEM II and CEM II-R series at 85 % relative humidity

Der Einfluss der Wasserstoffentwicklung an der Prüfkörperoberfläche hat somit keinen signifikanten Einfluss auf die Feuchteaufnahme und -abgabe.

Neben der Auslagerung im Konstantklima kann die temporäre Auslagerung der Proben in einem wässrigen Elektrolyten während der Durchführung der elektrochemischen Messungen ebenfalls zu anders gearteten Wasseraufnahmen aufgrund unterschiedlicher Oberflächenzustände führen. Dies spiegelt sich jedoch nicht in den relativen Masseänderungen der Prüfkörper für elektrochemische Messungen und Widerstandsmessungen wider.

Da der Masseverlust der Serie R zum Zeitpunkt t = 56 d bei allen Varianten größer ist, kann davon ausgegangen werden, dass der elektrische Mörtelwiderstand bei den Proben für die elektrochemischen Messungen etwas geringer sein wird, da der Porenwassergehalt höher ist. Der Unterschied lässt sich jedoch nicht beziffern, da bei allen Varianten ein Widerstandsanstieg infolge Nachhydratation gegeben ist.

5.2.5 Spannungsabfall über den Elektrolyten – IR-Drop der Mörtelserien

Der Vergleich des Spannungsabfalls über den Elektrolyten mit dem elektrischen Mörtelwiderstand zeigt eine signifikante Diskrepanz, sofern der Spannungsabfall über den Elektrolyten als maßgebend betrachtet wird. In Abb. 144 ist der IR-Drop aller Varianten der Serie CEM I, ebenfalls über eine Modellbildung 3. Ordnung und einem Bestimmtheitsmaß R^2 von 0,98, dargestellt. Die IR-Drop-Entwicklung bei Varianten mit einer Chloridzugabe von 2,0 M. % verhält sich über die Zeit ähnlich wie die Entwicklung des elektrischen Mörtelwiderstands bei Serien mit gleichem Chloridgehalt. Der signifikante Unterschied gegenüber dem elektrischen Mörtelwiderstand ist jedoch, dass die chloridfreien Serien einen ähnlich geringen Spannungsabfall über den Elektrolyten aufweisen wie die Serien mit 2,0 M. %. Die Feuchteaufnahme der einzelnen Varianten kann für die Entwicklung des IR-Drop nicht maßgebend sein. Die Varianten 0,4 und 1,0 M. % Cl^- weisen über die Zeit einen deutlicheren Anstieg der IR-Drop auf. Es bildet sich eine „Badewannenkurve“ in Abhängigkeit vom Chloridgehalt aus.

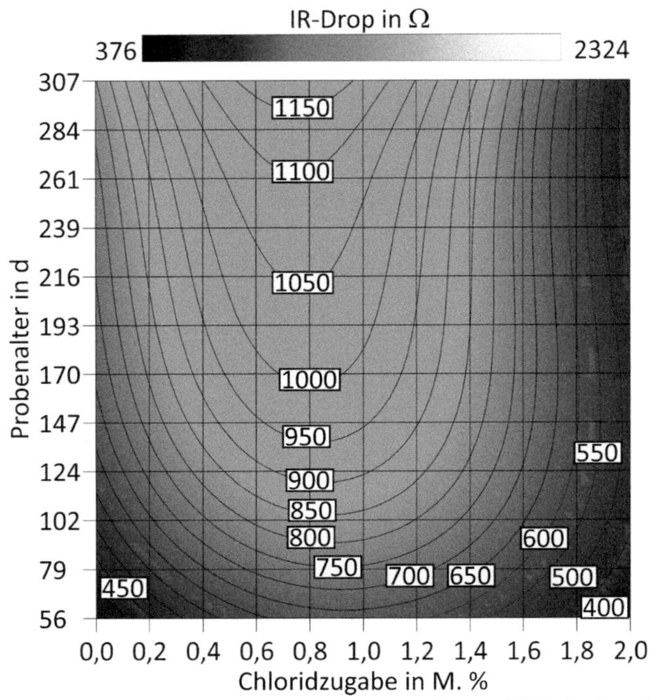

Abb. 144: Modell für den Spannungsabfall - IR-Drop - der Serie CEM I über die Zeit und variierende Chloridgehalte

Fig. 144: Model for the potential drop - IR-drop - of the CEM I series over time and varying chloride contents

Die Serie CEM II zeigt ein im Vergleich zur Serie CEM I nahezu identisches Model in Form einer Badewannenkurve, Abb. 145. Der IR-Drop der Varianten 0,0 und 2,0 M. % der Serie CEM II ist größer als die äquivalenten Varianten der Serie CEM I, was nicht über den Elektrolytwiderstand zu erklären ist.

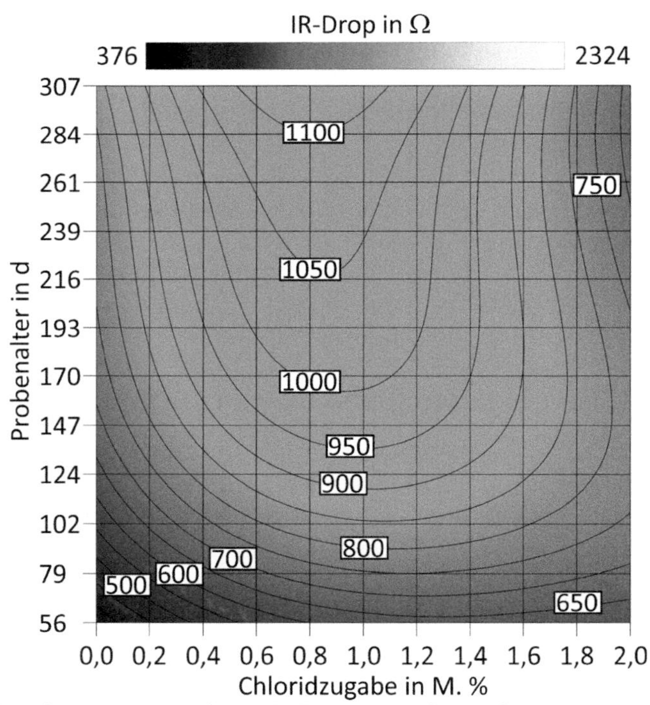

Abb. 145: Modell für den Spannungsabfall - IR-Drop - der Serie CEM II über die Zeit und variierende Chloridgehalte

Fig. 145: Model for the potential drop - IR-drop - of the CEM II series over time and varying chloride contents

Der Spannungsabfall über den Elektrolyten der Serie CEM III ist erwartungsgemäß deutlich größer als bei den anderen Serien. Das Modell in Abb. 146 zeigt auch hier eine Badewannenkurve aufgrund des hohen Spannungsabfalls bei den Varianten 0,4 und 1,0 M. % Cl^-. Anfänglich hat die chloridfreie Variante den geringsten Spannungsabfall, was aber mit zunehmendem Probenalter relativiert wird. Auch bei dieser Serie ist die Feuchteaufnahme nur bedingt ein Einflussfaktor für den Spannungsabfall. Ab einem Probenalter von ca. 124 d steigt der IR-Drop der Varianten 0,4 und 1,0 M. % Cl^- deutlich stärker an als bei den anderen Varianten.

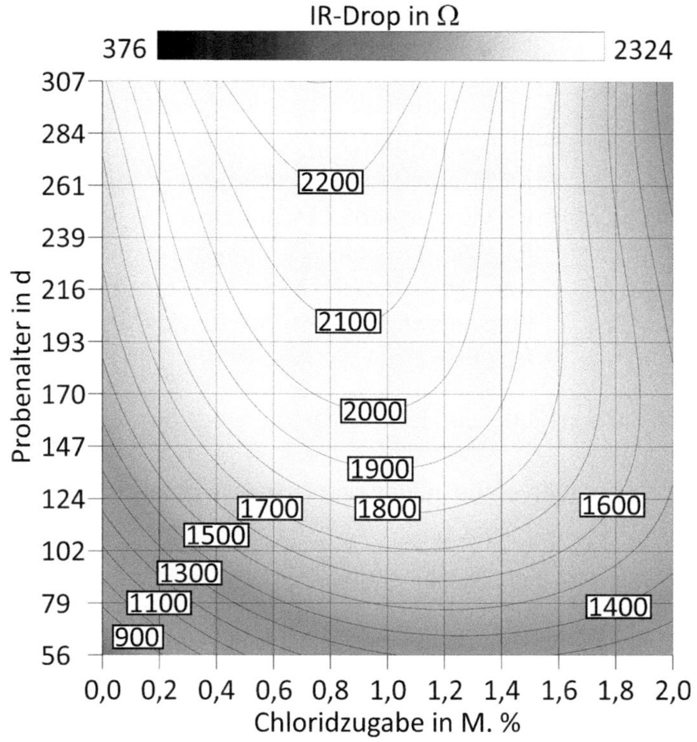

Abb. 146: Modell für den Spannungsabfall - IR-Drop - der Serie CEM III über die Zeit und variierende Chloridgehalte

Fig. 146: Model for the potential drop - IR-drop - of the CEM III series over time and varying chloride contents

Aufgrund der gewonnenen Erkenntnisse besteht der gemessene IR-Drop nicht nur aus dem Spannungsabfall über den Elektrolyten, sondern über alle bei einem System zu betrachtenden Grenzflächen. Für dieses System sind die einzelnen Bestandteile und Einflussfaktoren des Gesamtspannungsabfalls schematisch in Abb. 147 dargestellt. Der Randbereich der Proben ist wie in Abschnitt 4.2.3.4 dargestellt bereits karbonatisiert, was das Porengefüge bekanntermaßen beeinflusst. Die Porosität der verschiedenen Varianten der jeweiligen Serien ist durch die Zugabe des NaCl unterschiedlich. Der größere Porenanteil im Bereich der Kapillarporen bei den Varianten mit 2,0 M. % Cl^- sorgt in Kombination mit der hygroskopischen Wirkung des Chlorids für einen, im Vergleich zu den Varianten 0,4 und 1,0 M. %, geringen Spannungsabfall im Phasengrenzbereich. Die chloridfreien Varianten 0,0 M. % Cl^- haben einen hohen Porenanteil im Bereich der Mikrokapillaren, was ebenfalls für einen geringeren Spannungsabfall sorgt. Der hohe Spannungsabfall der Varianten 0,4 und 1,0 M. % Cl^- basiert auf dem reduzierten Porenanteil im Bereich von Kapillar- und Mikrokapillarporen in Kombination mit einem Auslaugungseffekt im Randbereich. Letzteres tritt bei den Widerstandsmessungen mit eingebetteten Elektroden nicht auf. Hinzu kommt, dass die Kontaktflächen der Mörtelproben (Außenflächen) mit Zementleim bedeckt sind und hier ebenfalls eine andere Mikrostruktur aufweisen als der Kern der Proben. Die Karbonatisierung der Randzone und Auslaugungseffekte haben bei den Varianten 0,4 und 1,0 M. % Cl^- einen signifikanten Einfluss auf den Spannungsabfall. Der höhere Spannungsabfall der Serie CEM II Variante 2,0 M. % Cl^- gegenüber der Serie CEM I ist äquivalent zum Elektrolytwiderstand und auf den Anteil an Kalksteinmehl als Füller zurückzuführen.

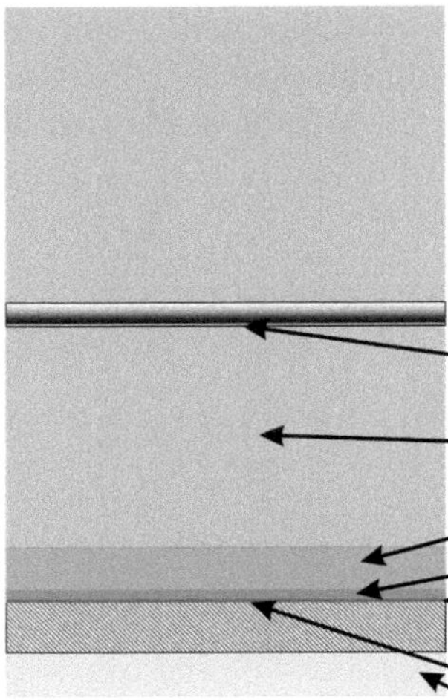

Abb. 147: Schematische Darstellung der Einflussfaktoren bei der Ermittlung des IR-Drop für die Mörtelproben

Fig. 147: Schematic representation of the influencing factors in determining the IR-drop for the mortar samples

Für die Ermittlung des IR-Drop ist eine Aufzeichnungsfrequenz in Höhe von 10^4 Hz zwingend erforderlich. Zu Beginn der anodischen Polarisation ist es wichtig, dass der Polarisationsstrom schnellstmöglich in voller Höhe aufgeprägt wird. Dabei ist auch zu prüfen, ob der vorgewählte Strom für den galvanostatischen Puls im Messzeitraum für die Ermittlung des IR-Drop in voller Höhe aufgeprägt wird, wie in Abschnitt 3.3.2 beschrieben.

Die exakte Bestimmung des IR-Drop muss als einzige Möglichkeit verstanden werden, um Ergebnisse aus elektrochemischen Messungen mit aufgeprägtem Strom, unabhängig von variierenden Grenzflächenparametern und elektrischen Widerständen des Elektrolyten bewerten zu können. Alle nachfolgenden dargestellten Modelle der Mörtelserien basieren auf IR-kompensierten Ergebnissen, wie sie in Abschnitt 4.3 dargestellt sind.

Die Betrachtung des IR-Drop bei Anordnung einer externen Gegenelektrode und einem Ankoppelelektrolyten darf nicht pauschal als elektrischer Widerstand des Feststoffelektrolyten interpretiert werden. Die an die Phasengrenze Feststoff / Ankoppelelektrolyt angrenzende Mörtelmatrix kann signifikant unterschiedlich zum Kern des Feststoffelektrolyten sein.

5.2.6 Spannungsabfall über den Elektrolyten – IR-Drop der Proben mit synthetischem Porenwasser und Mörteldiaphragmen

Auch bei einem Elektrolytsystem mit Mörteldiaphragma in den Messzellen, die mit synthetischem Porenwasser gesättigt sind, ist eine IR-Drop-Kompensation erforderlich. Der IR-Drop ist neben den zuvor aufgezeigten Parametern auch von der Geometrie des Messaufbaus abhängig. Die bei der Bewertung der Oberflächen festgestellten Inhomogenitäten im Phasengrenzbereich Arbeitselektrode Mörteldiaphragma machen eine Modellbildung nicht möglich. Hier sind die Fehlstellen maßgebend für variierende Spannungsabfälle. Die geometriebedingte Beeinflussung der Spannungsabfälle zeichnet sich bei den Mörteldiaphragmen durch deutlich größere Spannungsabfälle gegenüber den Mörtelproben ab. Die hierbei relevanten Grenzflächen sind Abb. 148 zu entnehmen.

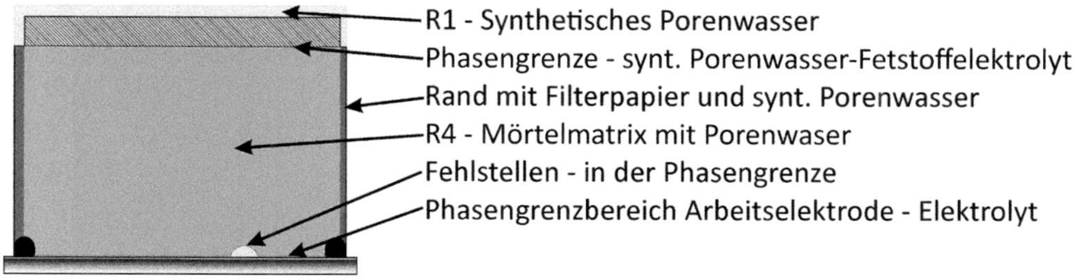

Abb. 148: Schematische Darstellung der Einflussfaktoren – Grenzflächen bei der Ermittlung des IR-Drop für die Messzellen

Fig. 148: Schematic representation of the influencing factors - interfaces when determining the IR-drop for the measuring cells

In Abb. 149 ist der IR-Drop jeder Variante für die Probekörper mit synthetischer Porenlösung und Mörteldiaphragma dargestellt. Eine Abhängigkeit des ermittelten IR-Drops vom jeweiligen Chloridgehalt ist nur bei der Serie CEM I gegeben. Bei allen Varianten steigt der IR-Drop mit steigendem Probenalter. Besonders ausgeprägt ist dies bei der chloridfreien Variante der Serie CEM I. Die Serie CEM II hat den geringsten IR-Drop bei 0,0 M. % Cl^- und die Serie CEM III bei der Variante 1,0 M. % Cl^-.

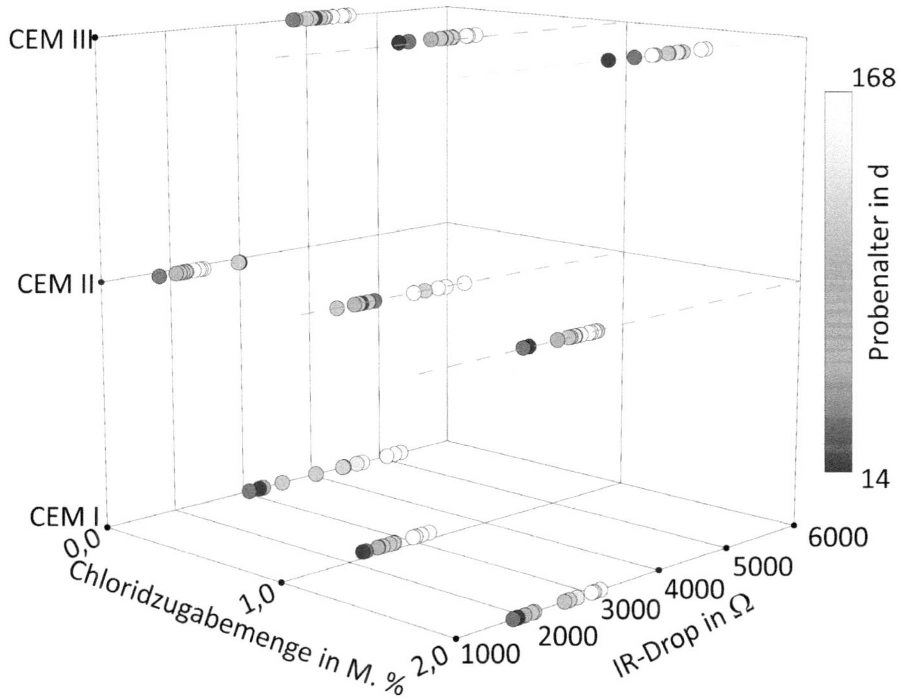

Abb. 149: Darstellung des IR-Drop aller Varianten der Serien CEM I, CEM II und CEM III der Proben mit synthetischem Porenwasser und Mörteldiaphragma korrosionsspezifische

Fig. 149: Representation of the IR-drop of all variants of the CEM I, CEM II and CEM III series of the samples with synthetic pore water and mortar diaphragm corrosion-specific

5.3 Korrosionsspezifische Kennwerte aus elektrochemischen Messungen

5.3.1 Zink in Kontakt mit zementgebundenen Elektrolyten unter Zugabe von Chlorid

Nachfolgend werden die Ergebnisse der elektrochemischen Messungen dargestellt und Abhängigkeiten diskutiert. Das in Abb. 150 dargestellte E_{corr} gibt keinen Aufschluss über den Korrosionsfortschritt oder -intensität. Es lässt jedoch unter gleichbleibenden Randparametern eine Abschätzung und Einordnung eines Korrosionssystems in aktiv und passiv, ähnlich wie bei der Durchführung einer Potentialfeldmessung [53, 121], zu. Bei den Serien in Mörteln lässt sich ein zunehmend positiver werdendes Potential für die Varianten 0,0, 0,4 und 2,0 M. % Cl^- feststellen. Dabei sind die Potentialverläufe über die Zeit ähnlich, die Potentiallage kann variieren. Die Variante 1,0 M. % Cl^- hat bis zur Erhöhung der Luftfeuchte bei einem Probenalter von ca. 124 Tagen einen ähnlichen Potentialverlauf, nach Reduktion der Luftfeuchte ändert sich der Potentialverlauf. Bei den Serien unter Verwendung des synthetischen Porenwassers und Mörteldiaphragma ist bei Verwendung von CEM II/A-LL keine Abhängigkeit der Potentiallage von der Chloridzugabe ersichtlich. Bei CEM I ist der Potentialverlauf der Variante 0,0 M. % Cl^- abweichend von denen der anderen Varianten.

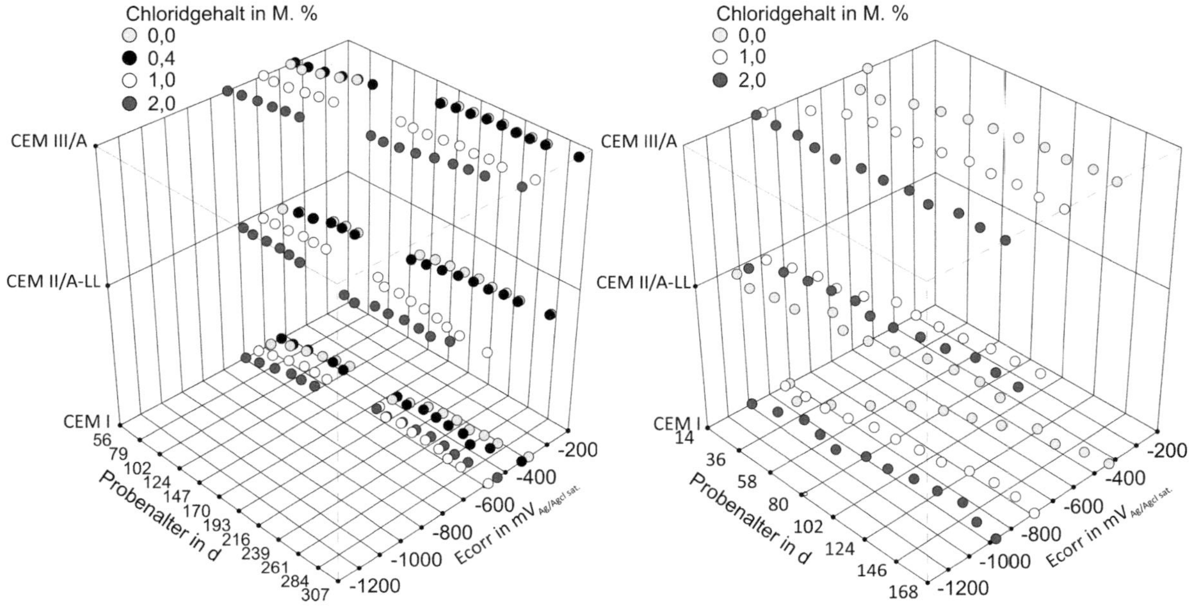

Abb. 150: E_{corr} aller untersuchten Serien und Varianten, links Mörtelserien, rechts mit synt. Porenwasser und Mörteldiaphragma

Fig. 150: E_{corr} of all analysed series and variants, left mortar series, right with synt. pore water and mortar diaphragm

Wie in Abschnitt 2.3.2 bereits dargestellt wurde, kann aus der Beziehung zwischen dem B-Wert und dem Polarisationswiderstand die Korrosionsstromdichte errechnet werden. Aus der elektrochemischen Impedanzmessung lässt der Phasenwinkel bei einer Messfrequenz von 0,1 Hz Rückschlüsse auf die Art eines Korrosionssystems zu. Steigt der Phasenwinkel auf Werte um 45° ist das Korrosionssystem nach Warburg signifikant durch Diffusion beeinflusst, der Imaginärwiderstand der Impedanz ist maßgebend für das Korrosionssystem. Sehr kleine Phasenwinkel hingegen belegen ein durchtrittskontrolliertes System, hier wird der Realwiderstand dominierend für das Korrosionssystem.

Die Beziehung zwischen Polarisationswiderstand, Phasenwinkel und B-Wert wird in Abb. 151 links in Abhängigkeit vom Chloridgehalt dargestellt und rechts vom verwendeten Zement. Beim Vergleich der Darstellungen wird deutlich, dass Chlorid einen dominierenden Einfluss hat. Weiterhin fällt auf, dass die B-Werte für die Varianten mit 0,0 und 2,0 M. % Cl^- ähnlich sind, jedoch der Polarisationswiderstand und der Phasenwinkel deutlich größer sind. Die Varianten mit 1,0 M. % Cl^- haben einen gleichbleibenden B-Wert, jedoch eine große Streuung bei LPR und Phasenwinkel.

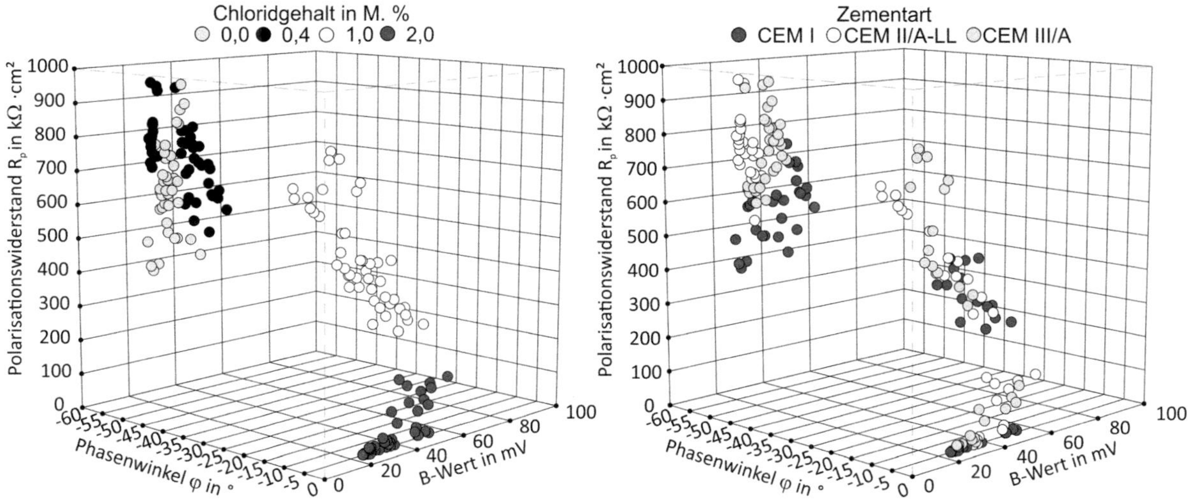

Abb. 151: Darstellung der Beziehung von Polarisationswiderstand, Phasenwinkel und B-Wert in Abhängigkeit von der Chloridzugabemenge links und rechts von der Zementart

Fig. 151: Illustration of the relationship between polarisation resistance, phase angle and B-value as a function of the amount of chloride added on the left and right of the cement type

Betrachtet man nun Abb. 152, welche die Messgrößen in Abhängigkeit vom Probenalter zeigt, wird deutlich, dass die Streuung der Variante 1,0 M. % Cl^- auf das Probenalter zurückzuführen ist. Diese Variante wird mit zunehmendem Probenalter korrosionsaktiver, basierend auf der Beziehung konstanter B-Wert und sinkender Polarisationswiderstand. Bei der Betrachtung der zugehörigen Phasenwinkel nehmen diese mit zunehmendem Probenalter ab, was auf eine Änderung des Korrosionssystems, von diffusionskontrolliert hin zu durchtrittskontrolliert, zurückzuführen ist. Bei der Variante 2,0 M. % Cl^- ist gleiches für die Serien CEM II und CEM III zu erkennen. Die Varianten 0,0 und 0,4 M. % Cl^- haben zum Ende des Untersuchungszeitraumes vergleichbare Polarisationswiderstände, Phasenwinkel und B-Werte.

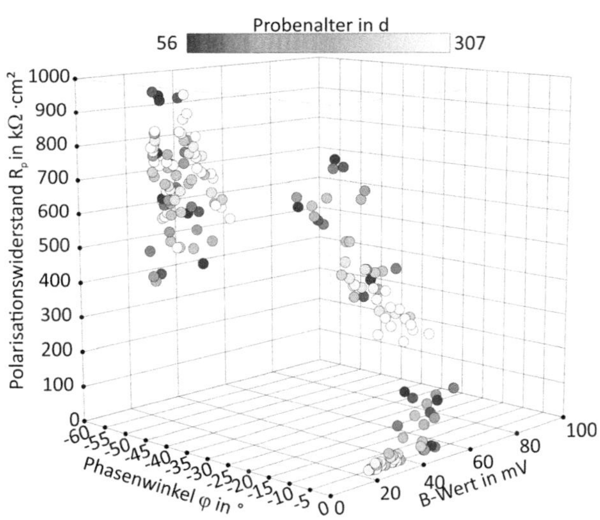

Abb. 152: Darstellung der Beziehung von Polarisationswiderstand, Phasenwinkel und B-Wert in Abhängigkeit vom Probenalter

Fig. 152: Illustration of the relationship between polarisation resistance, phase angle and B-value as a function of sample age

Zusammenfassend kann damit festgestellt werden, dass die Varianten 0,0 und 0,4 M. % Cl^- diffusionskontrolliert sind, die Variante 1,0 M. % Cl^- ein Mischsystem ist, das über die Zeit an Korrosionsaktivität zunimmt. Die Varianten mit 2,0 M. % Cl^- sind durchtrittskontrolliert hier liegt der Phasenwinkel zum Ende des Untersuchungszeitraums bei > -5°.

Nachfolgend wird der Zusammenhang von B-Wert, Phasenwinkel und Polarisationswiderstand hinsichtlich der, aus den Stromdichte-Potentialkurven anhand der Tafelgleichung ermittelten, Korrosionsstromdichten betrachtet. Darüber hinaus werden die Einflüsse des Probenalters, des Chloridgehaltes und der Zementart in Abb. 153 und Abb. 154 dargestellt. Eine Korrelation zwischen Polarisationswiderstand und Korrosionsstromdichte ist bei durchtrittskontrollierten Systemen, wie in Abschnitt 2.3.2 beschrieben, über die Stern-Geary-Gleichung gegeben. Bisherige Untersuchungen betrachten dabei meist feste B-Werte, die zwischen aktiven (26 mV) und passiven (52 mV) Korrosionssystemen unterscheiden. Dies hat auch Beck [122] in seiner Arbeit näher betrachtet und einen Übergangsbereich anhand des Polarisationswiderstandes in Abhängigkeit vom Masseverlust dargestellt. Dabei wurde im Übergangsbereich kein anderer B-Wert definiert, sondern nur als Bereich definiert, in dem eine klare Differenzierung zwischen aktiv und passiv nicht möglich ist.

Betrachtet man die nachfolgenden Darstellungen der Ergebnisse in Abb. 153 und Abb. 154 so ist auch hier eine klare Zuweisung der Korrosionsintensität in Abhängigkeit vom Chloridgehalte gegeben. Bei 2 M. % Cl^- kann auch zwischen den Zementen differenziert werden. Die Serie CEM III weist bei 2 M. % Cl^- nur eine Korrosionsstromdichte von 5 mA·m^{-2} auf, die über den Untersuchungszeitraum konstant bleibt, der Polarisationswiderstand jedoch geringer wird. Bei dieser Variante ändert sich der B-Wert ebenso wie bei der äquivalenten Variante der Serie CEM II über den Betrachtungszeitraum, zeitgleich steigt der Phasenwinkel mit sinkendem B-Wert an.

CEM I hat zu Beginn der Untersuchung eine Korrosionsstromdichte in Höhe von 22 mA·m^{-2}, die zum Ende des Untersuchungszeitraumes auf 10 mA·m^{-2} abfällt, ohne dass sich der Polarisationswiderstand signifikant ändert, dafür aber der B-Wert geringer wird. CEM II/A-LL hingegen hat zu Beginn der Untersuchungen eine ähnliche Stromdichte wie die bei Verwendung des CEM III/A, nach Änderung der relativen Luftfeuchte steigt diese auf 15 mA·m^{-2} an und fällt dann zum Ende der Untersuchungen auf 10 mA·m^{-2}.

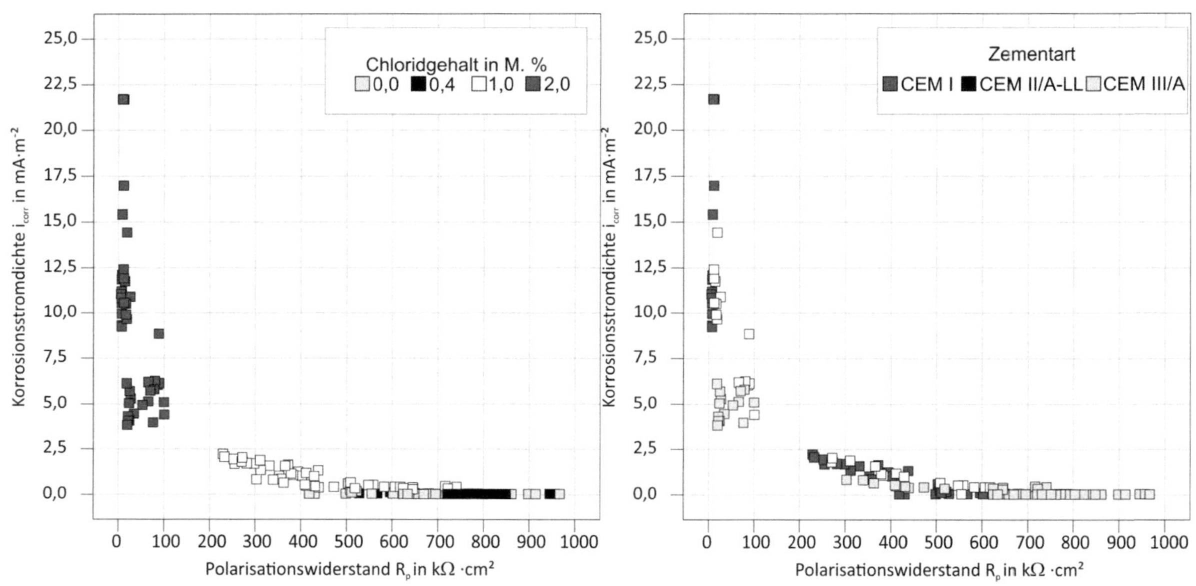

Abb. 153: Darstellung des Polarisationswiderstandes über die Korrosionsstromdichte in Abhängigkeit von der Chloridzugabemenge links und rechts in Abhängigkeit des verwendeten Zementes

Fig. 153: Illustration of the polarisation resistance via the corrosion current density as a function of the amount of chloride added on the left and on the right as a function of the cement used

Bei den Varianten 0,0 und 0,4 M. % Cl^- gibt es einen Anstieg des Polarisationswiderstandes über die Zeit, und eine geringfügige Reduktion der Korrosionsstromdichte. Der B-Wert der Varianten bleibt konstant. Ein Anstieg der Korrosionsstromdichte ist im zeitlichen Verlauf der Variante 1,0 M. % Cl^- zu erkennen, der Polarisationswiderstand fällt, der B-Wert wird bei CEM I und CEM III/A geringfügig kleiner, bei CEM II/A-LL ist dieser nach der Erhöhung der Luftfeuchte konstant. Für die Variante 1,0 M. % Chlorid ist der vorherigen Abbildung (Abb. 152) zu entnehmen, dass der Phasenwinkel mit sinkendem Polarisationswiderstand ansteigt.

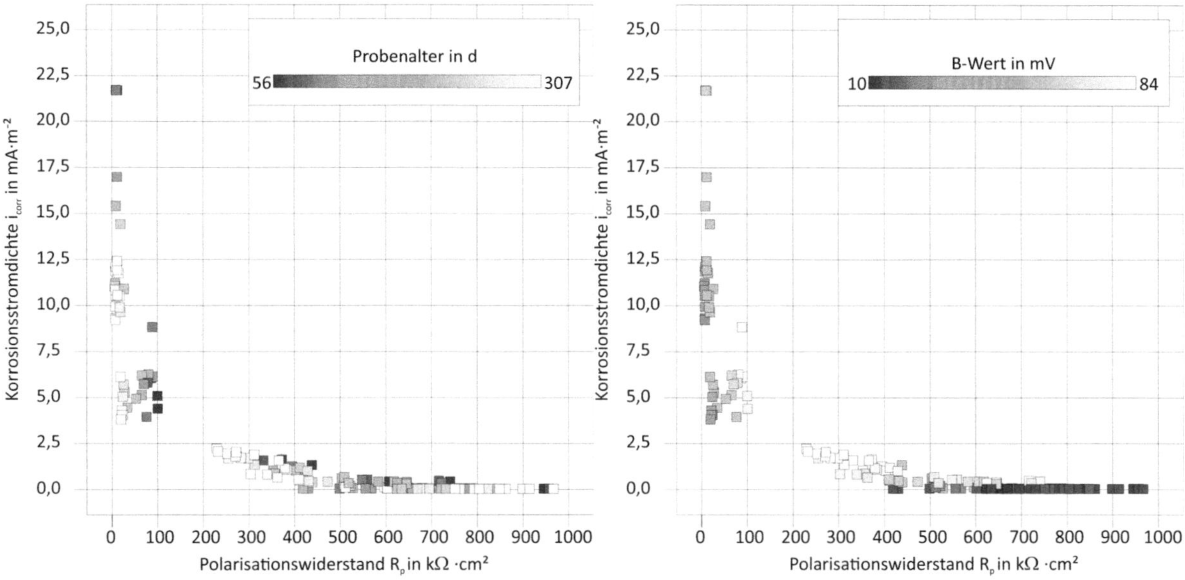

Abb. 154: Darstellung des Polarisationswiderstandes über die Korrosionsstromdichte in Abhängigkeit vom Probenalter links und rechts vom ermittelten B-Wert

Fig. 154: Representation of the polarisation resistance via the corrosion current density as a function of the sample age to the left and right of the determined B-value

Die Luftfeuchteänderung und die daraus resultierenden Änderungen des Korrosionsgeschehens belegen einmal mehr, dass ein diffusionskontrolliertes System maßgeblich durch den Feuchtehaushalt des Porensystems beeinflusst wird. Dies gilt vornehmlich für die Varianten mit 0,0 und 0,4 M. % Cl^- der Serien CEM I und CEM II. Bei der Serie CEM III hat die kurzfristige Änderung der Luftfeuchte keinen signifikanten Einfluss auf die Korrosionsstromdichte.

Bei allen Serien ist ersichtlich, dass bei einem Feuchteanstieg der Phasenwinkel der Varianten 0,0 und 0,4 M. % Cl^- abfällt und bei den Varianten 1,0 und 2,0 M. % ansteigt. Bei den zuerst genannten Varianten ist davon auszugehen, dass ab einem Phasenwinkel kleiner 45° die Korrosionsstromdichte geringfügig ansteigt, weil die anodische Hemmung beeinflusst wird. Bei den chloridhaltigen Varianten ist davon auszugehen, dass keine signifikante anodische Hemmung gegeben ist (2,0 M. %) bzw. diese über die Zeit abnimmt (1,0 M. %).

Die elektrochemischen Messungen an den Serien mit synthetischem Porenwasser und Mörteldiaphragma offerieren beim ersten Blick ein andres Bild als das zuvor beschriebene. Einen Phasenwinkel um -5° gibt es nicht, jedoch ist hier bei geringen Polarisationswiderständen eine Abhängigkeit des B-Werts vom Phasenwinkel zu erkennen. Eine klare Unterteilung wie bei den Serien mit Mörtelprismen ist bei den Abb. 155 bis Abb. 156 nicht möglich. Lediglich die zunehmende Passivierung der Variante 0,0 der Serie CEM I und CEM III ist ersichtlich.

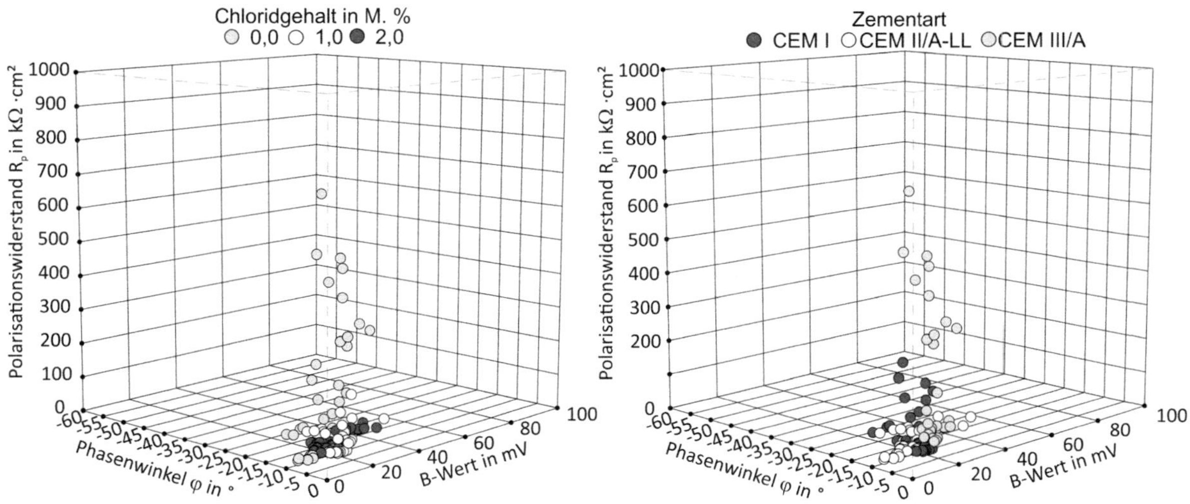

Abb. 155: Darstellung der Beziehung von Polarisationswiderstand, Phasenwinkel und B-Wert in Abhängigkeit von der Chloridzugabemenge links und rechts von der Zementart

Fig. 155: Illustration of the relationship between polarisation resistance, phase angle and B-value as a function of the amount of chloride added on the left and right of the cement type

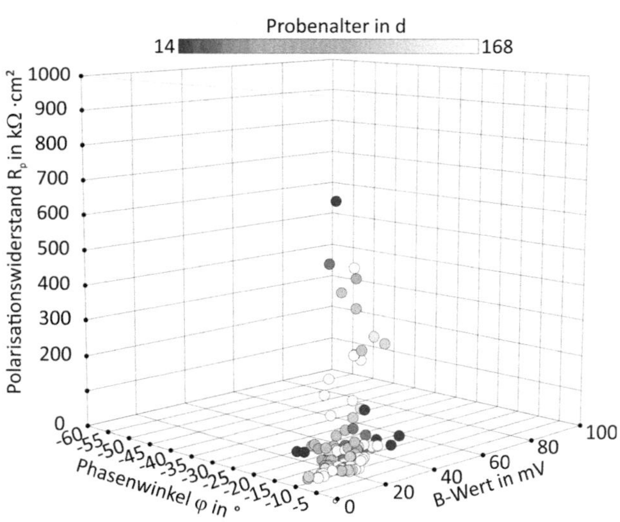

Abb. 156: Darstellung der Beziehung von Polarisationswiderstand, Phasenwinkel und B-Wert in Abhängigkeit vom Probenalter

Fig. 156: Illustration of the relationship between polarisation resistance, phase angle and B-value as a function of sample age

Eine Darstellung des Polarisationswiderstandes über die Korrosionsstromdichte erfolgt für diese Serien nicht.

5.4 Differenzierung der Korrosionssysteme für Zink in alkalischen Medien

Die Korrosionsstromdichte über den Phasenwinkel gibt bei dem Probekörpertyp mit synthetischem Porenwasser und Mörteldiaphragma Aufschluss über diffusionsbeeinflusste oder durchtritts-kontrollierte Korrosionsprozesse. Gleiches ist bereits für die Serien mit Mörtelprismen in einer vierdimensionalen Darstellung beschrieben worden.

Zusammengefügt bilden die Serien und Varianten der beiden Probekörpertypen nun, wie in Abb. 157 dargestellt, eine Grundgesamtheit. Es gilt zu überprüfen, ob und wie sich die Einflussparameter wie Zement, Chloridgehalt bzw. Probenalter auf das Korrosionssystem bzw. die Korrosionssysteme auswirken.

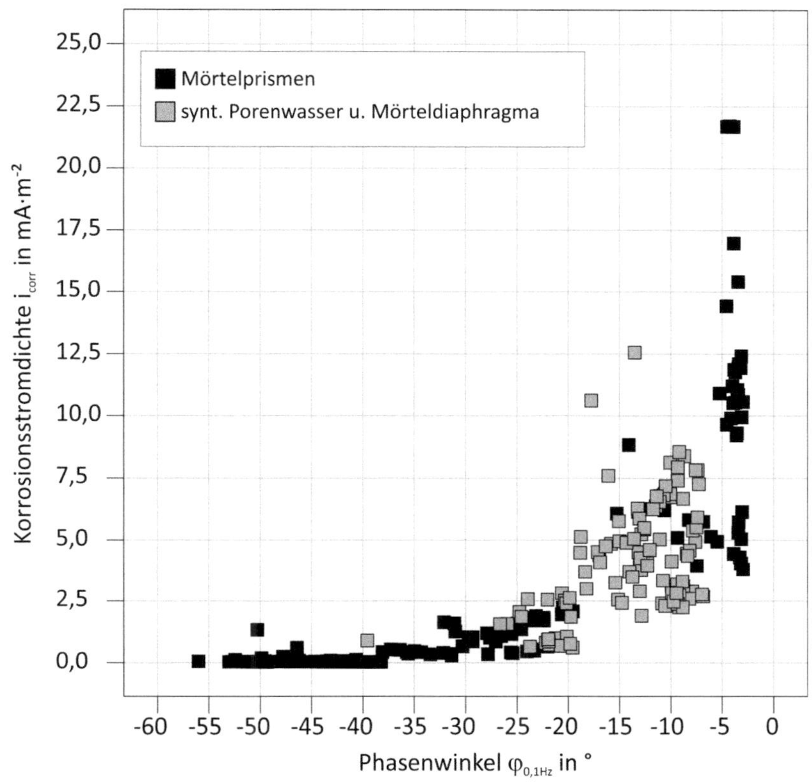

Abb. 157: Korrosionsstromdichte über den Phasenwinkel, alle Ergebnisse der Probekörpertypen „Mörtelprismen" und „synthetisches Porenwasser/Mörteldiaphragma"

Fig. 157: Corrosion current density over the phase angle, all results of the test specimen types "mortar prisms" and "synthetic pore water/mortar diaphragm"

Basierend auf den gewonnenen Erkenntnissen ist die Darstellung aus Abb. 157 in der Abb. 158 in verschiedene Korrosionssysteme unterteilt worden. Diese unterscheiden sich maßgeblich über die Beziehung zwischen Korrosionsstromdichte und Phasenwinkel.

Ein diffusionskontrolliertes Korrosionssystem zeichnet sich durch einen Phasenwinkel < -37° und einer sehr geringen Korrosionsstromdichte aus. Dabei wirkt sich das Probenalter auf den Phasenwinkel aus, dieser steigt mit zunehmendem Alter je Variante im Mittel um ca. 3 bis 6° an, siehe Abb. 89, Abb. 90 und Abb. 91. Die Gruppe der diffusionskontrollierten Varianten aller Serien ist in Abb. 158 hellblau hinterlegt, der Pfeil ist stellvertretend für die tendenzielle Phasenwinkelverschiebung über die Zeit. Für die untersuchten, diffusionskontrollierten Systeme liegt eine anodische Hemmung vor.

Ist der ermittelte Phasenwinkel > -37°, erfolgt die Transformation eines diffusionskontrollierten Korrosionssystems hin zu einem durchtrittskontrollierten Korrosionssystem, in Abb. 158 gepunktet umrandete weiße Quadrate. Der Pfeil ist als Vektor zu verstehen, der einen steigenden Phasenwinkel mit einer steigenden Korrosionsrate in ein fiktives Verhältnis setzt. Dabei steigt die Korrosionsstromdichte mit steigendem Phasenwinkel über den Untersuchungszeitraum an. Dieses Korrosionssystem wird hier als

Misch-system definiert. Auch für die Mischsysteme konnte eine anodische Hemmung, über die Ermittlung der Polarisationswiderstände nachgewiesen werden.

Betrachtet man ausschließlich die Ergebnisse der Serien mit Mörtelprismen, so sind die Phasenwinkel von -20 bis -15° ohne Messergebnisse. In diese Lücke gliedert sich das Korrosionssystem mit dominierendem Geometrieeinfluss ein. In diesem Fall sind das die Proben mit synthetischem Porenwasser und Mörteldiaphragma. Für diese Proben ist ein Phasenwinkel zwischen -25° (chloridfreie Proben mit CEM I und CEM III/A als Bindemittel) und -7° ermittelt worden. Die gemeinsame Schnittmenge von Mischsystem (orange) und geometrieabhängiges Korrosionssystem (lila) beschreibt chloridfreie Proben, die einen abfallenden Phasenwinkel über die Zeit aufweisen und sich längerfristig hin zu einem diffusionskontrollierten Korrosionssystem entwickeln.

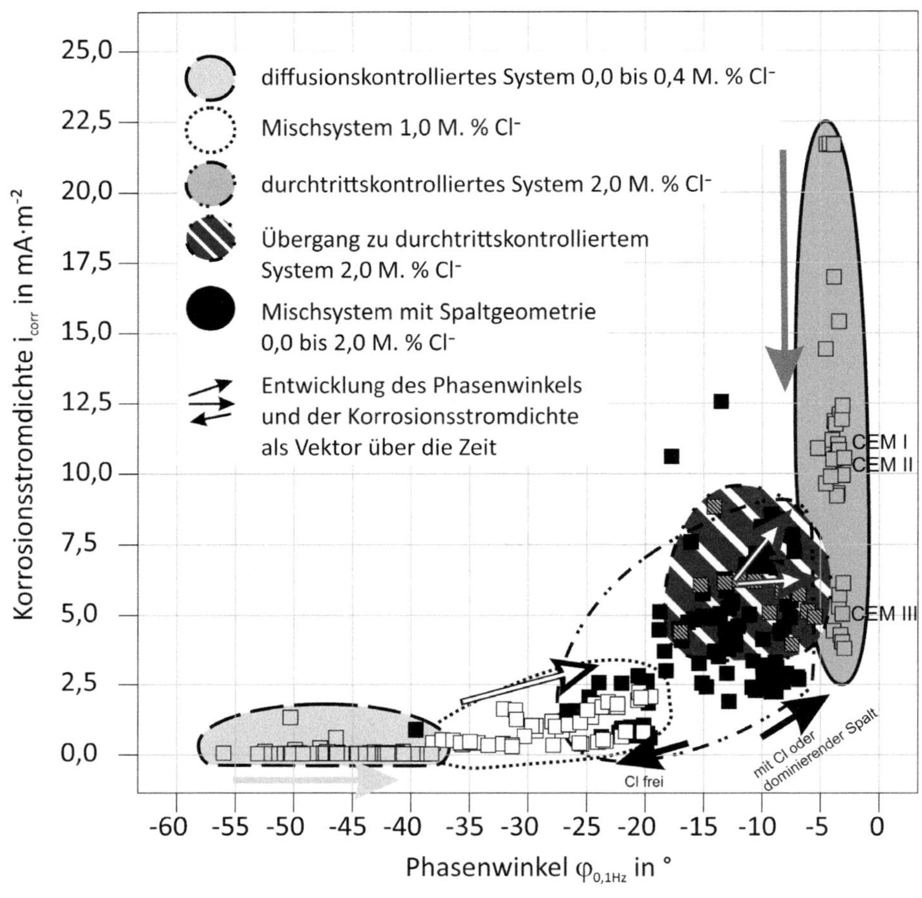

Abb. 158: Zusammenfassende Darstellung der Ergebnisse aller Prüfkörper und deren Einteilung in fünf verschiedene Korrosionssysteme in Abhängigkeit vom Phasenwinkel und von der Korrosionsstromdichte

Fig. 158: Summarised presentation of the results of all test specimens and their classification into five different corrosion systems depending on the phase angle and corrosion current density

Die Lage und Änderung des Phasenwinkels über den Untersuchungszeitraum ist geometrieabhängig, da, wie in Abschnitt 2.2.1 und Abschnitt 5.2.1 beschrieben, eine Grundkonzentration von Zinkionen in der wässrigen Phasengrenze vorhanden sein muss, um ausreichend spezifische Deckschichten bilden zu können. Nach Erreichen einer ausreichend hohen Zinkionen bzw. Zinkoxidkonzentration in der Phasengrenze müssen die gebildeten Deckschichten aufwachsen, um geometrieabhängige Spaltbildungen zu kompensieren. An diesen Stellen wird sich der Einfluss diffusionshemmender Deckschichten mit deutlichem zeitlichem Versatz einstellen, da der Diffusionswiderstand offenbar nicht allein auf der Ausbildung von Deckschichten basiert, sondern auf der Interaktion aus Zinkdeckschichten und Barrierewirkung der Zementleimschicht respektive dem angrenzenden Mörtel. Darüber hinaus sind kapazitive Einflüsse im Bereich der Spaltgeometrie gegeben. Die Gleichgewichtsbedingung innerhalb einer gebildeten

Deckschicht wird langfristig nur erreicht, wenn in dieser kein Konzentrationsgradient infolge ungehinderter oder variierender Zinkionendiffusion an der Phasengrenze Zinkdeckschicht/wässrige Elektrolytphase gegeben ist. Dieser Mechanismus wird in Abschnitt 4.4.4 in Abb. 114 dokumentiert. Die auf einer Elektrode der Serie 1 anhaftenden Mörtelbestandteile des Diaphragmas bilden in der Phasengrenze der zweiten Serie eine Spaltgeometrie, in der sich voluminöse weißliche Zinkkorrosionsprodukte abgezeichnet haben.

Nach dem Beizen der Probe wird aufgrund der Oberflächentopografie der Probe sichtbar, dass sich in diesem Bereich eine lokal höhere Korrosionsintensität eingestellt hat. Diese ist auf eine deutlich verzögerte Gleichgewichtsbildung zurückzuführen. Variierende Gleichgewichtsbildung und Deckschichtformation werden zwangsläufig einen variierenden Spannungsabfall über die Doppelschichten hervorrufen, was die Ausbildung eines aktiv-passiv Elementes fördert. Die Wortwahl „passiv“ ist bei den hier dargestellten Korrosionssystemen jedoch nicht zutreffend. Die vermeintlich passiven Systeme, also Korrosionssysteme mit geringen Korrosionsstromdichten, müssen für Zink in Beton als diffusionskontrollierte Systeme mit ausgeprägter anodischer Hemmung beschrieben werden. Inhomogene Phasengrenzen können bei dem gewählten Messaufbau zu lokal hohen Korrosionsstromdichten führen, die auf den Oberflächen in den Bereichen mit Mörtelanhaftungen an den Elektroden der Serie 1 überwiegend verifiziert werden konnten.

Die Diffusion nicht beeinflussende Systeme sind vornehmlich durchtrittskontrolliert (rot hinterlegter Bereich), sich ausbildende Deckschichten haben keine signifikant hemmende Wirkung auf die anodische Teilreaktion. Der zugehörige Vektor in Abb. 158 steht stellvertretend für die Ergebnisse unter Verwendung von CEM I, hier erfolgt während der ersten 28 Tage nach Beginn der Messungen eine Reduktion der Korrosionsstromdichte. Die Serien CEM II und CEM III starten im Übergangsbereich (rot-weiß schraffiert) und entwickeln sich später zu einem durchtrittskontrollierten Korrosionssystem. Dabei steigt die Korrosionsstromdichte der Serie CEM II während der Phasenwinkel größer wird (rot weißer Vektor). Die Serie CEM III mit 2,0 M. % Cl^- startet ebenfalls im Übergansbereich, hier wird der Phasenwinkel, bei nahezu gleichbleibender Korrosionsstromdichte, größer. Das bei der Verwendung von CEM III/A geringere Korrosionsstromdichten zu erwartend sind, ist vielfach publiziert worden und ist meist auf das dichtere Gefüge und in dessen Folge auf den deutlich größeren Elektrolytwiderstand zurückzuführen. Die im Rahmen dieser Untersuchungen ermittelte Diskrepanz bei dem effektiven Chloridgehalt auf Höhe der Arbeitselektrode kann hier ebenfalls einen Einfluss haben und mitunter die Ursache der geringeren Korrosionsstromdichten sein.

5.5 Modellbildung für den Einfluss dauerhafter und temporärer elektrolytgesättigter Poren auf den Korrosionsfortschritt

Eine modellhafte Darstellung der Deckschichtbildung im Bereich einer wassergesättigten Pore mit umgebender Mörtelanhaftung ist in Abb. 159 dargestellt. Beginnend mit dem Erstkontakt (1.), markiert in 2. die orangefarbene Linie eine vorerst homogene Korrosionsreaktion mit beginnender Deckschichtbildung. In 3. stellt sich dann ein Lokalelement infolge nun variierender Diffusionswiderstände ein, im Bereich der elektrolytgesättigten Pore wachsen die Korrosionsprodukte auf. Unter 4. erfolgt weiterhin eine beschleunigte Korrosion, die gebildeten Deckschichten um die Fehlstelle herum wachsen mit geringer Intensität weiter auf, infolgedessen wird der Spannungsabfall über die Helmholz (starre Doppelschicht) und Gouy (diffuse Doppelschicht) größer, das Potential wird positiver, die Treibspannung kann steigen. Es ist jedoch davon auszugehen, dass auch der Polarisationswiderstand proportional mit dichter werdender Deckschicht steigt und sich die Bereiche mit ausgebildeter Deckschicht mit stabiler Gleichgewichtsbedingung leichter in kathodische Richtung polarisieren lassen und ein Anstieg der Korrosionsstromdichte nicht zwangsläufig gegeben ist. Dabei wird zwingend vorausgesetzt, dass die Inhomogenitäten im Phasengrenzbereich mit einem wässrigen Elektrolyten, wie in diesen Untersuchungen synthetisches Porenwasser, gesättigt sind. Ab der 5. Stufe ist die Pore (Inhomogenität) mit Korrosionsprodukten gefüllt, deren Dichte und somit der Diffusionswiderstand noch bis zur 7. Stufe zunimmt.

In der 7. Stufe ist ein homogener Diffusionswiderstand erreicht, infolgedessen sich eine geringere Korrosionsstromdichte einstellt und das „aktiv-passiv“-Element mit größeren anodischen Strömen im Bereich der Spaltgeometrie nicht mehr vorhanden ist.

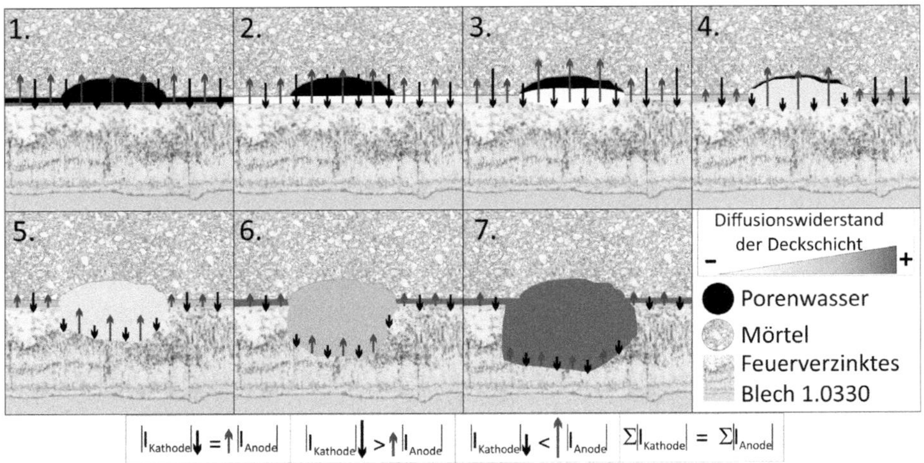

Abb. 159: Deckschichtbildung mit Inhomogenitäten im Phasengrenzbereich in Form von dauerhaft elektrolytgesättigten Poren - Holstellen ohne Zementleimanhaftung an der Zinkoberfläche

Fig. 159: Surface layer formation with inhomogeneities in the phase boundary area in the form of permanently electrolyte-saturated pores - hauling points without cement paste adhesion on the zinc surface

Dies ist eine Besonderheit, da in Beton oder Mörtel eingebettet davon auszugehen ist, dass die Proben vollumfänglich mit einem Zementleimfilm belegt sind. Bei homogener Einbettung ohne signifikante Porenbildung in der Phasengrenze ist von einem homogenen Korrosionsfortschritt auszugehen. Da dieser Zustand aber nicht gegeben ist, wird über einen zeitlich begrenzten Zeitraum von einer lokal erhöhten Korrosionsrate auszugehen sein, die jedoch zurückgeht, sofern Porenwasser im Phasengrenzbereich reduziert wird oder sich ausreichende dicke Deckschichten mit Kontakt zur Mörtelmatrix eingestellt haben. Das Erreichen einer Gleichgewichtssituation wird durch den Diffusionswiderstand der angrenzenden Mörtelmatrix mitbestimmt. In Abb. 160 ist eine schematische Darstellung für den Korrosionsfortschritt von Zink in Mörtel mit Porenbildung in der Phasengrenze dargestellt, bei der im Unterschied zu dem in Abb. 159 dargestellten Korrosionsmechanismus keine dauerhafte Elektrolytsättigung der geometriebedingten Spalte oder Poren vorliegt.

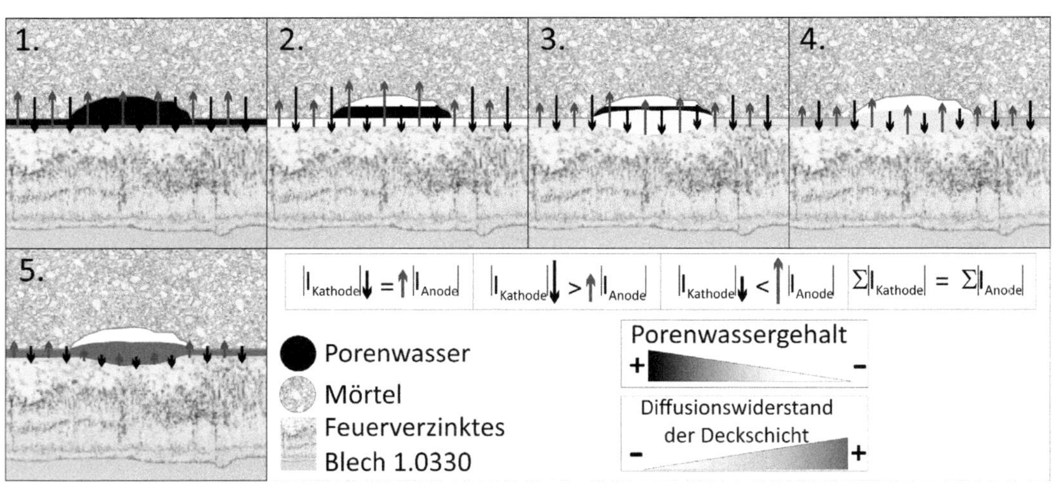

Abb. 160: Deckschichtbildung mit Inhomogenitäten im Phasengrenzbereich in Form von temporär elektrolytgesättigten Poren

Fig. 160: Surface layer formation with inhomogeneities in the phase boundary area in the form of temporarily electrolyte-saturated pores

Zinkionen und daraus resultierende Deckschichten müssen im Phasengrenzbereich in ausreichendem Maße vorhanden sein, um einen großen Diffusionswiderstand gegenüber der anodischen Teilreaktion zu bilden. Dabei ist die Art der Korrosionsprodukte maßgebend für den sich einstellenden Diffusionswiderstand. Auf den Zusammenhang zwischen Diffusionswiderstand, Elektrolytzusammensetzung und gebildeter Deckschicht wird im nachfolgenden Abschnitt eingegangen. Bei der Ermittlung der Polarisationswiderstände konnte bei chloridfreien Proben der Serien mit synth. Porenwasser und Mörteldiaphragma, mit zunehmendem Alter eine steigende anodische Hemmung und daraus resultierend ein über die Zeit größer werdender R_p ermittelt werden, siehe Abb. 161 links. Mörtelproben der Variante 1,0 M. % Cl^- verhalten sich gegenteilig zu den zuvor beschriebenen Proben. Die anodische Hemmung nimmt über die Zeit ab und der Polarisationswiderstand wird kleiner (siehe Abb. 161 rechts), dabei steigt der Phasenwinkel und die Korrosionsstromdichte. In beiden Fällen ändern sich die Polarisationswiderstände maßgeblich durch die Änderung der anodischen Hemmung, eine kathodische Hemmung ist anhand der LPR-Messungen nicht ersichtlich. Die Bewertung des Linearitätsbereiches muss für Korrosionssysteme mit signifikantem Diffusionseinfluss gesondert betrachtet werden, eine pauschale Annahme des Linearitätsbereiches in Höhe von ± 10 mV ist nicht zielführend. Gleiches gilt für Korrosionssysteme, die keiner signifikanten anodischen oder kathodischen Hemmung unterliegen, deren gemessenes Potential jedoch infolge signifikantem IR-Drop korrigiert werden muss. Die Auswirkung auf die Messkurve infolge IR-Drop-Korrektur wurde in Abschnitt 3.3.6 Abb. 42 dargestellt, hier ändert sich der Linearitätsbereich infolge Überkompensation. Die Ermittlung des R_p über den vermeintlich linearen Messbereich ist auch hier nicht zielführend.

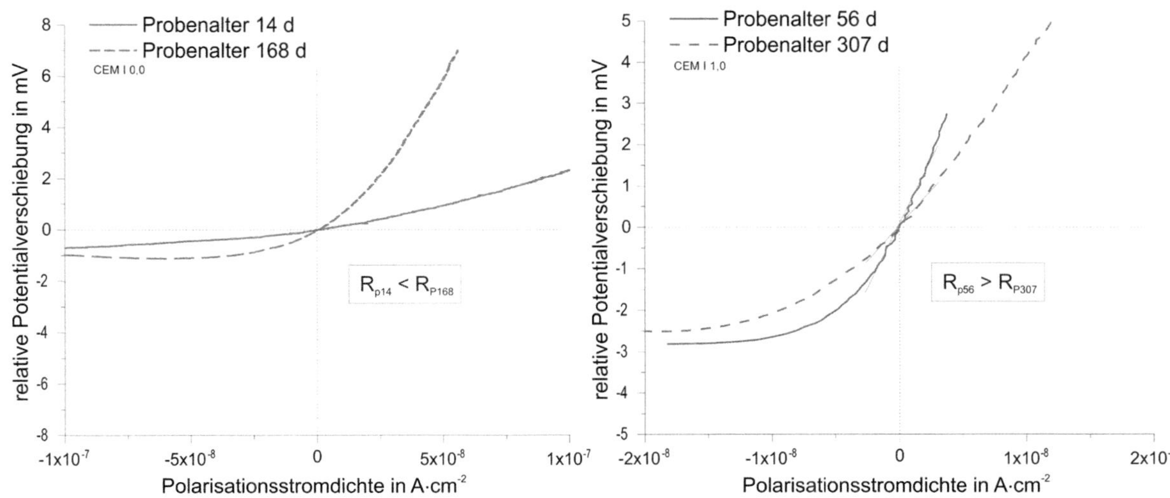

Abb. 161: Darstellung des Polarisationsstroms über eine kontinuierliche Potentialänderung bei der LPR-Messung zur Bestimmung des R_p - IR-Drop korrigiert an der Probe CEM I-0,0 (links) und CEM I-1,0 zu Beginn und zum Ende der Messreihe

Fig. 161: Representation of the polarisation current via a continuous potential change during the LPR measurement to determine the R_p - IR-drop corrected on sample CEM I-0.0 (left) and CEM I-1.0 at the beginning and end of the measurement series

Ist der Chloridgehalt oder aber der Einfluss der Geometrie dominierend, ist von einer nicht ausreichend hemmenden Deckschicht auszugehen. In Abhängigkeit von der Deckschichtzusammensetzung stellen sich im unmittelbaren Phasengrenzbereich keine Gleichgewichtsbedingungen ein, die zu einer signifikanten Hemmung der Korrosionsreaktion führen. Dies kann auf Diffusionsprozesse von Zinkionen durch die Deckschicht zurückgeführt werden. Ist eine weitere, die Diffusion hemmende Schicht wie die Mörtelmatrix oder aber Zementstein gegeben, so stellt sich langfristig ein Gleichgewicht an Zinkionen im Phasengrenzbereich Mörtel-Zinkoberfläche ein. Sind die Diffusion beeinflussenden Deckschichten ausreichend gebildet, so stellt sich eine ausgeprägte anodische Hemmung ein. Sind die gebildeten Deckschichten nicht signifikant diffusionsbeeinflussend, so spiegelt sich dies langfristig in einem sehr großen Phasenwinkel knapp unter 0 wider und die Korrosionsstromdichte ist signifikant größer als bei Systemen mit diffusionsbeeinflussender Deckschicht.

5.6 Deckschichten und deren Auswirkung auf den Polarisationswiderstand

Die in diesem Abschnitt geführte Diskussion über die Wechselwirkung von gebildeten Deckschichten und deren Auswirkung auf den Polarisationswiderstand bezieht sich hinsichtlich der Deckschichtzusammensetzung auf den Probekörpertyp mit Mörteldiaphragma / synth. Porenlösung und bezogen auf die Korrosionseigenschaften des Probekörpertyps Mörtelprismen.

Die sich auf feuerverzinktem Betonstahl ausbildenden Deckschichten sind maßgeblich durch die Elektrolytzusammensetzung beeinflusst. Die Untersuchung von gewachsenen amorphen und oder kristallinen Korrosionsprodukten auf Oberflächen mittels Röntgendiffraktometrie sind aufgrund von Mörtelanhaftungen aber nicht klar zu interpretieren. Eine Vielzahl in der Literatur dokumentierten Deckschichtuntersuchungen basieren auf Deckschichten, die in Elektrolytlösungen, deren Zusammensetzung von $Ca(OH)_2$ bis zu künstlichem Porenwasser [46, 47, 59, 73, 123, 124] reicht, gebildet wurden. Bei keiner dieser Untersuchungen wurde jedoch der Einfluss der Phasengrenze mit Zementleim sowie Mörtel und der daraus hervorgehenden Diffusionsbarriere berücksichtigt. Der Ansatz, eine Diffusionsbarriere in Form eines Mörteldiaphragmas zu verwenden, das in Kombination mit einer synthetischen Porenlösung dem Phasengrenzbereich einer äquivalenten Mörtelzusammensetzung entsprechen soll, ist neu. Ebenso wie die gewonnene Erkenntnis über den Einfluss der Unebenheiten im Mörteldiaphragma und der daraus resultierenden höheren Korrosionsstromdichte.

Zinkionen bzw. Zinkoxidkonzentrationen im Elektrolyt definieren den Entstehungszeitpunkt und die Stabilität einer Zinkhydroxid-Deckschicht in Abhängigkeit vom pH-Wert. Jedoch können diese, wie in Abb. 131 dargestellt, auch durch Komplexbildungen reduziert und in Verbindung mit Calcium neue Deckschichten in Form von Calciumhydroxozinkat hervorbringen. Diese Formen der Deckschichten, Zinkoxid, Zinkhydroxid und Calciumhydroxozinkat bilden sich in Abhängigkeit von lokalen Zinkionenkonzentrationen und pH-Werten. Untersuchungen in gesättigter Calciumhydroxidlösung spiegeln somit keineswegs die Deckschichtbildung von feuerverzinkten Betonstählen in Betonen oder Mörteln wider und können daher zur Erklärung des Korrosionsverhaltens von feuerverzinktem Betonstahl nicht herangezogen werden.

In den chloridarmen bzw. -freien Elektrolyten ist Simonkolleit nicht ausreichend quantifizierbar, trotz der in der Lösung befindlichen Sulfatgehalte kommen Zinksulfat-Verbindungen nur mit geringer Wahrscheinlichkeit vor. Die festgestellten Minrecordite, Calcium-Zink-Karbonat-Verbindungen, sind nur in geringem Maße vorhanden, wobei die Bildung mit hoher Wahrscheinlichkeit nach dem Ausbau der Proben und dem daraus resultierenden Kontakt der Phasengrenze mit dem CO_2 der Atmosphäre erfolgt ist. Ebenso wie die bei den rasterelektronenmikroskopischen Untersuchungen festgestellten Natriumkarbonatablagerungen auf dem Simonkolleit, die sich erst nach dem Ausbau der Probe gebildet haben können.

Sobald die Chloridzugabe ≥ 1 M. % Cl^- beträgt und ein effektiv löslicher Chloridgehalt an der Phasengrenze in Höhe von ca. 0,6 M. % (Mittelwert für alle Mörtelserien) vorliegt, scheint die Bildung von Simonkolleit voranzuschreiten und einen signifikanten Einfluss auf den Diffusionswiderstand zu haben. Aufgrund der Entwicklung der Polarisationswiderstände hin zu geringeren Werten und der Änderung des Phasenwinkels hin zu größeren Werten, ist davon auszugehen, dass die Bildung von Simonkolleit langsam voranschreitet und einen zunehmend größer werdenden Oberflächenanteil der jeweiligen Arbeitselektrode bedeckt. Für die EIS-Messung und die Interpretation der Impedanz bedeutet die Bildung von Simonkolleit einen kontinuierlich abnehmenden Imaginäranteil Z'' und einen zunehmend dominanten Realanteil Z'.

Die Deckschichtzusammensetzung bei Zugabe von 1 M. % Cl^- besteht dabei aus den gleichen Komponenten, wie sie auch an chloridfreien Proben vorkommen und einem über die Zeit anzunehmenden steigenden Anteil an Simonkolleit. Die zunehmende Korrosionsaktivität kann aus dem, über den Untersuchungszeitraum steigenden Mischpotential, nicht abgeleitet werden.

Das Mischpotential der chloridhaltigen Serien ab 1 M. % Cl^- ist im Vergleich zu den chloridarmen Serien, wie in Abb. 150 links dargestellt, signifikant negativer. Die nicht vorhandene kathodische Hemmung der Deckschichten mit Diffusionskontrolle führt zu einem geringeren kathodischen Polarisationswiderstand, der ein positiveres Mischpotential hervorbringt. Es ist davon auszugehen, dass sich im Bereich des Simonkolleits anodische Teilbereiche ausbilden, ähnlich wie es bei Zeng et al in [59] dargestellt wurde und die umliegenden diffusionskontrollierten Deckschichten die kathodischen Teilbereiche ausbilden. In Abb. 162 ist eine auf dieser Annahme basierende schematische Darstellung eines Korrosionssystems mit den entsprechenden Deckschichten für eine Chloridzugabe ≥ 1 M. % dargestellt.

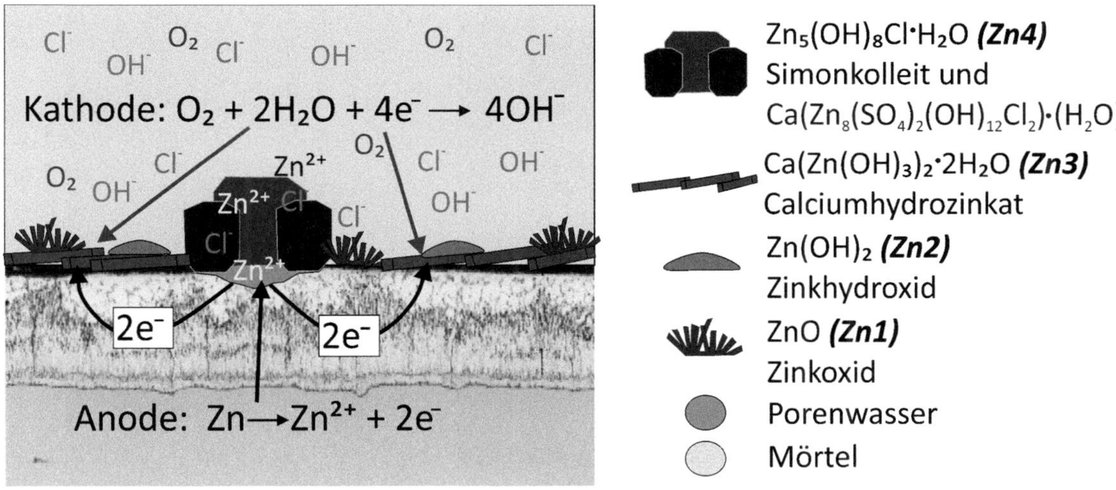

Abb. 162: Schematische Darstellung des Deckschichtaufbaus und der Elementbildung bei Vorhandensein von Simonkolleit im Deckschichtaufbau

Fig. 162: Schematic representation of the surface layer structure and element formation in the presence of Simonkolleit in the surface layer structure

Die bei der Variante 1,0 M. % Cl^- unter Verwendung von CEM III vorgefundene Deckschichtkomponente aus $Ca(Zn_8(SO_4)_2(OH)_{12}\,Cl_2)\cdot(H_2O)_9$ wurde bisher in keiner der zu diesem Themenkomplex aufgelisteten Veröffentlichungen beschrieben. Unter der Mineraldatenbank mindat.org [125] kann die kristalline Struktur anhand eines natürlich gewachsenen Kristalls begutachtet werden. Sowohl Simonkolleit als auch $Ca(Zn_8(SO_4)_2(OH)_{12}\,Cl_2)\cdot(H_2O)_9$ (CZSO) haben ein trigonales Kristallsystem und ähneln sich stark vom Erscheinungsbild, woraufhin ein ähnlicher Einfluss auf den Diffusionswiderstand und den Korrosionsfortschritt abzuleiten ist.

Für chloridhaltige Korrosionssysteme kann aufgrund der Erkenntnisse aus den durchgeführten Untersuchungen festgehalten werden, dass die Ausbildung von Simonkolleit und/oder CZSO in chloridhaltigen Mörteln oder Betonen dazu führt, dass sich Aktiv-Passivelemente ausbilden, deren anodische Teilbereiche durch die Simonkolleit und/oder CZSO behafteten Oberflächen definiert werden. Mit dem im zeitlichen Verlauf zurückgehenden Polarisationswiderstand und zeitgleich steigendem Phasenwinkel steigt der Bedeckungsgrad der Elektrodenoberfläche mit Simonkolleit und/oder CZSO und die Korrosionsaktivität nimmt, unter der Annahme einer weitgehend ungehemmten kathodischen Teilreaktion, weiter zu. In Abb. 33 ist die Entwicklung des Polarisationswiderstandes über den Phasenwinkel für Serien mit einer Chloridzugabe ≥ 1,0 M. % dargestellt. Die Messpunkte sind farblich in Abhängigkeit vom Probenalter markiert und eine schematische Darstellung der Änderung des Bedeckungsgrades ist ebenfalls hinterlegt. Anhand dieser Darstellung wird sichtbar, dass mit zunehmendem Probenalter der Serien mit 1,0 M. % Cl^- der Polarisationswiderstand kleiner wird, der Phasenwinkel steigt und der Bedeckungsgrad mit durchtrittskontrollierten Deckschichten steigt.

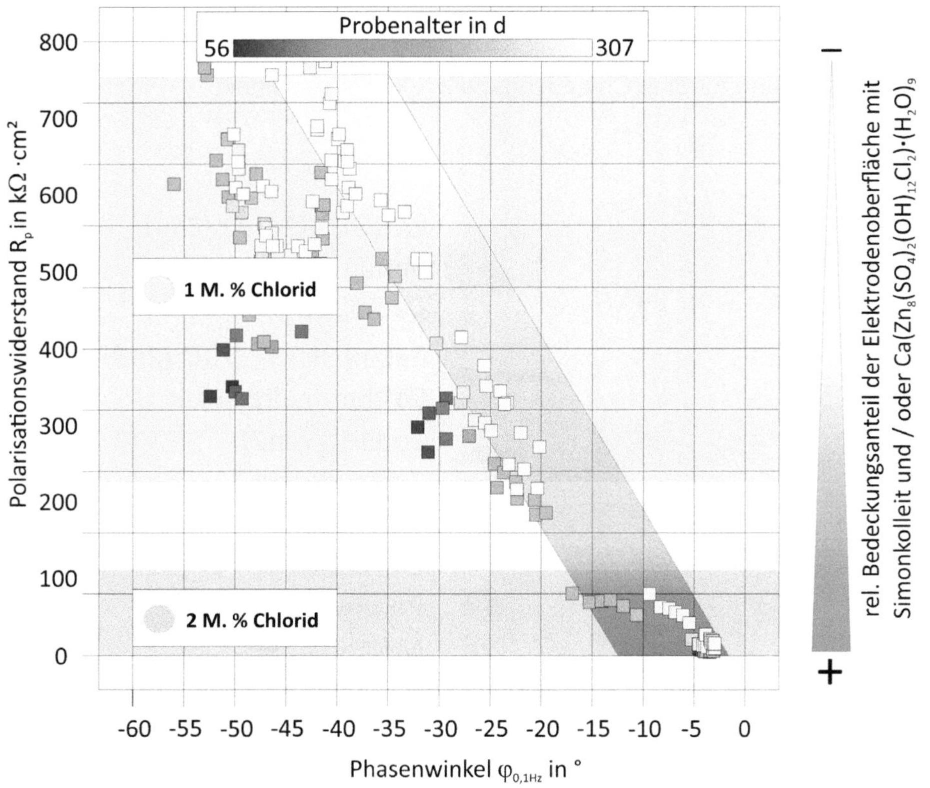

Abb. 163: Änderung des Phasenwinkels und des Polarisationswiderstandes der Versuchsserien mit Chloridzugabe ≥ 1,0 M. % über das Probenalter und Darstellung einer angenommenen Änderung des Bedeckungsgrades der Elektrodenoberfläche mit Simonkolleit und/oder CZSO

Fig. 163: Change in phase angle and polarisation resistance of the test series with chloride addition ≥ 1.0 M. % over the sample age and representation of an assumed change in the degree of coverage of the electrode surface with Simonkolleit and/or CZSO

Sobald sich bei der Deckschichtzusammensetzung das Verhältnis von diffusionskontrollierten und durchtrittskontrollierten Bereichen ändert, hat dies einen unmittelbaren Einfluss auf den Polarisationswiderstand.

Für die Berechnung des Polarisationswiderstandes in Abhängigkeit vom Bedeckungsgrad werden die diffusionskontrollierten Polarisationswiderstände zusammenfassend als $R_{p\text{-}d}$ und die durchtrittskontrollierten Polarisationswiderstände als $R_{p\text{-}D}$ dargestellt. Vereinfacht kann dann eine flächengewichtete Parallelschaltung der Polarisationswiderstände angenommen werden, wie sie in (44) dargestellt ist.

$$R_{p-Gesamt} = \frac{1}{\left(\frac{1 \cdot A_d}{R_{p-d}} + \frac{1 \cdot A_D}{R_{p-D}}\right)} \cdot A_{Gesamt} \tag{51}$$

In der beispielhaften Darstellung in Abb. 164 ist der R_p für die Serie CEM I Variante 0,0 bei einem Probenalter von 307 Tagen mit einem R_p von 630 $k\Omega \cdot cm^2$ als Referenz für eine Elektrodenoberfläche mit 0 % Simonkolleit angegeben, was näherungsweise dem $R_{p\text{-}d}$ entsprechen soll. Für die Bestimmung des R_p aus LPR bei den Varianten mit 2 M. % Cl^- wurde eine 100 % Bedeckung der Probenoberfläche mit Simonkolleit angenommen. Mittels röntgendiffra-ktometrischer Untersuchungen wurden jedoch auch andere Phasen vorgefunden. Daher wurde der er-mittelte R_p für diese Variante der Serie CEM I mit variierenden spezifischen fiktiven Werten für $R_{p\text{-}D}$ dar-gestellt. Eine isolierte Ermittlung des $R_{p\text{-}D}$ ist für die hier untersuchten Probekörper nicht möglich.

Anhand der Darstellung wird deutlich, dass der Flächenanteil an Simonkolleit und/oder CZSO bei der logarithmischen Darstellung des Bedeckungsgrades mit gleichbleibender Steigung prozentual zunimmt.

Die aufgezeigten Grenzen sind die für Serie CEM I, Variante mit 1,0 M % Chlorid ermittelten Polarisationswiderstandsmittelwerte zu Beginn und zum Ende des Messzeitraumes.

Dabei variiert der Bedeckungsgrad in Abhängigkeit von der Höhe des $R_{p\text{-}D}$ von 0,005 bis 0,015 % für $R_{p\text{-}D}$ = 0,05 kΩ·cm² und von 0,8 bis 2,1 % für $R_{p\text{-}D}$ = 7,5 kΩ·cm².

Einen zeitlichen Verlauf in Abhängigkeit von der Widerstandsentwicklung zu beurteilen ist jedoch aufgrund variierender kathodischer Hemmung infolge der Änderung der Probekörperfeuchte und des daraus resultierenden geänderten Sauerstoffdiffusionswiderstandes nicht möglich und hier nur zum Verständnis des Korrosionssystems mit sich ändernder Deckschichtzusammensetzung über die Zeit dargestellt. Es wird aus dieser Betrachtung aber sehr deutlich, dass bereits ein geringer Anteil an Deckschichten ohne signifikanten Diffusionswiderstand einen signifikanten Einfluss auf den Polarisationswiderstand hat.

5.7 Inhomogenitäten und deren Auswirkung auf die Ermittlung von Korrosionsstromdichten

Die Ermittlung von effektiven Korrosionsstromdichten, bezogen auf die anodische Teilstromdichte kann aufgrund der Unkenntnis über den Flächenanteil, wie auch bei Lochkorrosionserscheinungen an unverzinkten Betonstählen, nur näherungsweise über die Gesamtfläche erfolgen. Unter der Annahme, der maßgebende Anteil der Oxidationsreaktion über die mit Simonkolleit behaftete Fläche erfolgt, so wäre die effektive Korrosionsstromdichte lokal um ein Vielfaches größer.

Dies gilt nicht nur für das Vorhandensein verschiedenartiger Deckschichtzusammensetzungen mit signifikant variierendem Diffusionswiderstand, sondern auch für geometrische Inhomogenitäten, sofern diese die Korrosionsaktivität beeinflussen. Dies gilt für die hier gezeigten Korrosionssysteme im Speziellen für wassergesättigte Poren oder Fehlstellen in der Phasengrenze verzinkter Stahl-Mörtel.

5.8 Korrosionserscheinungen an feuerverzinkten Stählen in alkalischen Medien

Die in Abschnitt 4.4.3 dargestellten Korrosionserscheinungen werden hier zusammenfassend beschrieben. Die η-Phase der Feuerverzinkung ist zu Beginn in direktem Kontak mit dem alkalischen Elektrolyten vorhanden und geht in Lösung. Sofern ζ-Phasen ebenfalls elektrolytischen Kontakt haben, scheint es aufgrund der Potentialdifferenz zu einer bevorzugten Auflösung der η-Phase zu kommen und die Dendriten der ζ-Phase bleiben bestehen. Neben diesen Korrosionserscheinungen sind lochkorrosionsartige Korrosionsereschiungen vorgefunden worden. Hierbei handelt es sich offensichtlich um Einschlüsse in der η-Phase, die in Abhängigkeit von ihrer kristallienen Ausrichtung loch- oder linienförmige Korrosionserscheinungen hervorbringen. Von einer klassischen Lochkorrosion kann jedoch nicht gesprochen werden, da es sich hierbei nicht um eine lokale Depassivierung handelt, da bei den hier beschriebenen Korrosionssystemen keine Passivschicht bzw. Passivität vorliegt. Vielmehr handelt es sich um die Ausbildung lokaler aktiv-passiv-Elemente. Welche Phasen an der Oberfläche bevorzugt in Lösung gehen und somit die aktiv-Bereiche ausbilden, ist im Einzelfall nicht immer klar.

Ist die η-Phase in Lösung gegangen und die ζ-Phase in Kontakt mit dem Elektrolyten, so kann an den im Gefüge befindlichen Mikrorissen der ζ-Phase eine Art Spaltkorrosion initiiert werden, was in Abb. 128 rechts deutlich zu erkennen ist. Eine Beeinflussung der Spaltbereiche infolge der Probenpräparation (Nitalätzung) kann ausgeschlossen werden, da diese auch auf den ungeätzten Abbildungen der metallographischen Schliffe zu erkennen sind.

6 Zusammenfassung und Ausblick

6.1 Zusammenfassung

Zusammenfassend kann festgehalten werden, dass feuerverzinkter Betonstahl in chloridfreien alkalischen Elektrolyten aus Mörtel, Deckschichten mit hohen Diffusionswiderständen ausbildet. Zu diesen Deckschichten gehören Calciumhydroxozinkat (CHZ), Zinkhydroxid ($Zn(OH)_2$) (in verschiedener kristalliner Struktur) und Zinkoxid (ZnO). Die Korrosionsaktivität eines Korrosionssystems mit diesen Deckschichten ist bei ausreichender Feuchtigkeit im Phasengrenzbereich immer von der Zinkionenkonzentration und der für die jeweilige Deckschicht notwendigen Konzentration für eine Gleichgewichtsbedingung abhängig. Eine Passivierung infolge stabil anhaftender Deckschichten (Passivschichten) ist somit keine zutreffende Formulierung und beschreibt die Eigenschaften der in dieser Arbeit untersuchten Deckschichten nicht. Die Betrachtung des Korrosionssystems feuerverzinkter Betonstahl in chloridfreien bzw. -armen Mörteln unterscheidet sich demnach signifikant von der Betrachtung der Eigenschaften von Deckschichten eines unverzinkten Betonstahls oder auch eines Betonstahls aus nichtrostendem Stahl, da sich bei diesen Varianten eine Passivschicht ausbildet. Auch die unter atmosphärischer Beanspruchung gebildeten Deckschichten auf Zink sind von den hier untersuchten Schichten deutlich abzugrenzen.

Bilden sich Deckschichten unter Einflussnahme von Chloriden aus, so kann dies Simonkolleit oder die hier als $CZSO$ beschriebene Calcium-Zink-Sulfat-Chlorid-Hydroxid-Hydrat-Schicht ausbilden. In diesem Fall ändert sich das Korrosionssystem von einem diffusionskontrolliertem Korrosionssystem hin zu einem Mischsystem mit schlussendlich dominierender Durchtrittskontrolle, aufgrund der kristallinen Struktur der zuvor genannten chloridhaltigen Deckschichtbestandteile. Die effektive lösliche Chloridkonzentration in Höhe von ca. 0,6 M. % (auf Höhe der Arbeitselektrode) reicht aus, um ein zunehmend durchtrittskontrolliertes Korrosionssystem zu generieren, dass signifikant höhere Korrosionsraten aufweist als die diffusionskontrollierten Systeme mit 0,0 bzw. ca. 0,2 M. % effektiv löslichem Chlorid auf Höhe der Arbeitselektrode. Die sich durch Simonkolleit oder $CZSO$ einstellende Deckschichtmorphologie und die daraus resultierende Durchtrittskontrolle mit deutlich höheren Korrosionsraten war in dieser Form bisher nicht bekannt.

Aufgrund der höheren Korrosionsrate bei chloridhaltigen Mörteln sind im Phasengrenzbereich Zink/Mörtel ausreichend Zinkionen vorhanden, um stabile Zinkhydroxidschichten und CHZ-Phasen zu gewährleisten. Jedoch liegt infolge der Bildung von Simonkolleit und trotz eines geringen Bedeckungsgrads ein durchtrittskontrolliertes System vor. Ähnlich wie bei Lochkorrosionserscheinungen an unverzinkten Betonstählen muss davon ausgegangen werden, dass bei Vorhandensein von Simonkolleit kein spezifischer Polarisationswiderstand ermittelt werden kann, da nachweislich verschiedene Deckschichten mit unterschiedlichem Einfluss auf den Polarisationswiderstand vorhanden sind. Somit kann auch hier eine Bestimmung von elektrochemischen Kennwerten nur der Abschätzung der tatsächlichen Korrosionsaktivität dienen. In der Literatur erfolgt die Bestimmung von Korrosionsraten für quasi durchtrittskontrollierte Systeme vielfach unter Verwendung eines festen B-Werts in Höhe von 26 mV.

Neben einem festen B-Wert wurden variierende B-Werte bereits von Mansfeld in [54] diskutiert, auch Roventi et al. [75] und González et al. [66] haben diese verwendet. Diese wurden bei allen aufgeführten Autoren über die Tafelsteigungen unter Verwendung der Stern-Geary-Gleichung ermittelt. Titarelli et al. [73] hingegen haben die vielfach beschriebenen 26 mV gewählt und damit Korrosionsraten für feuerverzinkten Stahl in alkalischen Lösungen und in Beton berechnet. Deckschichtbehaftete Korrosionssysteme können aufgrund der Diffusionsüberspannung, die in die Stromdichte-Potentialbeziehung mit einfließt und abhängig vom Diffusionswiderstand der Deckschicht ist, keinen festen B-Wert aufweisen. Da der Phasenwinkel ein Indikator für den Diffusionsanteil einer Deckschicht ist, besteht somit eine direkte Korrelation zwischen Diffusionsüberspannung in den Tafelgeraden, daraus resultierenden B-Werten und dem Phasenwinkel.

Nachfolgend sind die Beziehungen von Polarisationswiderstand und B-Wert für die vier Korrosionssysteme der Serien mit Mörtelprismen in Abb. 164 dargestellt. Dabei erfolgt die Zuweisung eines B-Wertes gemäß dem Phasenwinkelbereich in der Legende. Für jeden Bereich ist dort ein mittlerer B-Wert hinterlegt. Über die Formel (24) kann somit die Korrosionsstromdichte für diffusionskontrollierte Systeme, Mischsysteme und quasi durchtrittskontrollierte Systeme abgeschätzt werden.

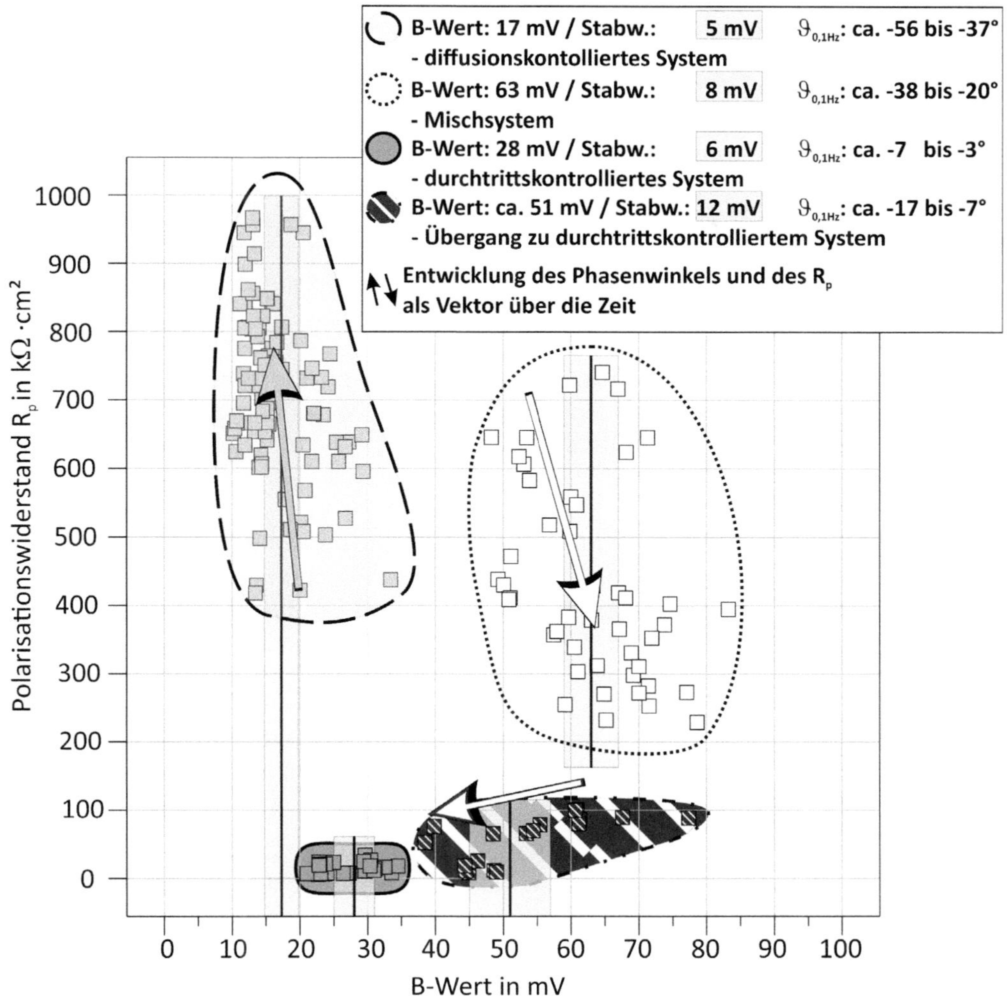

Abb. 164: Darstellung der Polarisationswiderstände über die jeweiligen B-Wert-Bereiche mit Zuweisung eines B-Wert-Mittelwerts für ein Korrosionssyste durch Phasenwinkelbereiche

Fig. 165: Representation of the polarisation resistances over the respective B-value ranges with assignment of a B-value mean value for a corrosion system by phase angle ranges

Die Deckschichten mit und ohne Chlorideinfluss, die sich an feuerverzinkten Betonstählen in Mörteln oder Betonen bilden, sind immer ein Konglomerat aus verschiedenen Zink-Oxid, -Hydroxid, Karbonat und anderen hier dokumentierten Phasen.

Die ermittelten B-Werte variieren für die jeweiligen Korrosionssysteme, wobei das quasi durchtrittskontrollierte Korrosionssystem mit 2,0 M. % Chloridzugabe noch einmal hervorgehoben werden soll. Der hier ermittelte Mittelwert für den B-Wert beträgt 28 mV und entspricht somit fast dem vielfach beschriebenen B-Wert von 26 mV für korrosionsaktive, durchtrittskontrollierte Korrosionssysteme. Einen Vektor, der eine zeitliche Änderung des B-Werts oder des Polarisationswiderstandes beschreibt, kann für die in dieser Arbeit untersuchten durchtrittskontrollierten Korrosionssysteme der Mörtelprobekörper mit 2 M. % Cl^- nicht angegeben werden.

Für die Definition, der quasi durchtrittskontrollierten Korrosionssysteme ist dies so zu verstehen, dass der Einfluss des nicht bezifferbaren $R_{p\text{-}D}$ maßgebend für den R_p ist, die Durchtrittskontrolle ist per Definition gegeben, sofern der Phasenwinkel > -7° ist.

Für die Mischsysteme ist die Aussage aus der Literaturrecherche $R_D < R_d$ richtig, lässt sich aber nicht direkt auf den Polarisationswiderstand in Form von $R_{p-D} < R_{p-d}$ projizieren. Hier muss zwingend der Flächenanteil berücksichtigt werden, der sich jedoch nicht bestimmen lässt. Somit lassen sich Mischsysteme und diffusionskontrollierte Systeme nur über den Phasenwinkel-Bereich bei einer Messfrequenz von 0,1 Hz differenzieren.

Die Durchführung der elektrochemischen Messungen, im Speziellen die Ermittlung des IR-Drop, ist nicht trivial. Es bedarf einer Aufzeichnungsrate von 10^4 Hz, um den Spannungsabfall zwischen Beginn des Stromaufprägens bis zum Erreichen der Polarisationsstromhöhe erfassen zu können. Auch hier besteht noch eine geringe messtechnische Unsicherheit, aufgrund des sich in einem Zeitraum von 0,0004 Sekunden aufbauenden Stromimpulses, der für das verwendeten Messsystemen immanent ist.

Für die Bestimmung des elektrischen Mörtelwiderstands sind, wie in dieser Arbeit gezeigt, andere Probekörper zu wählen als für die elektrochemischen Messungen zur Beschreibung des Korrosionssystems. Der IR-Drop ist aufgrund der variierenden Phasengrenzen, wie wässriger Ankoppelelektrolyt – Mörtel und andere, nicht vergleichbar mit dem Elektrolytwiderstand.

Die für die Bestimmung von Deckschichten zu analysierenden Oberflächen dürfen nicht durch Mörtelanhaftungen kontaminiert werden. Hierzu bedarf es eines Probekörpertyps, an dem sich Deckschichten, die unter vergleichbaren thermodynamischen Voraussetzungen wie sie an vollständig von Mörtel umgebenen Arbeitselektroden auftreten, ausbilden.

Die pauschale Ermittlung des R_p anhand des angenommenen Linearitätsbereiches für die Durchführung von LPR-Messungen ist nicht zielführend. Der Linearitätsbereich zur Ermittlung des R_P aus LPR-Messungen muss zwingend individuell bestimmt werden. Dies gilt auch für quasi durchtrittskontrollierte Systeme oder Mischsysteme, bei denen durch die IR-Kompensation ein nicht linearer überkompensierter Bereich vorliegen kann.

Unter Hinzunahme des Phasenwinkels können Korrosionssysteme definiert und darüber korrekte B-Werte zugewiesen werden, wodurch man erstmals in der Lage ist realitätsnahe Korrosionsraten für feuerverzinkten Betonstahl in Mörtel zu berechnen.

6.2 Ausblick

Die Verwendung von EIS-Messungen für signifikant diffusionskontrollierte Systeme, wie die hier untersuchten, könnten nach Feststellung des Linearitätsbereichs, der aufgrund der Erkenntnisse deutlich kleiner als ± 10 mV ist, die Möglichkeit bieten, IR-Drop, Phasenwinkel und Polarisationswiderstand als Messwert ohne Fit zu generieren. Hierzu müsste der IR-Drop bei Frequenzen zwischen 10 und 100 kHz ermittelt werden, der Phasenwinkel und der lineare RP bei einer Frequenz von 0,1 Hz.

Die festgestellten Differenzen zwischen elektrischem Mörtelwiderstand und IR-Drop zeigen deutlich, dass bei der EIS-Messung, nicht, wie aufgrund des identischen Messaufbaus ggf. anzunehmen wäre, der Elektrolytwiderstand ermittelt wird, sondern der Spannungsabfall über das Widerstandssystem aus Abb. 147 und Abb. 148. Eine Kompensation des gemessenen Widerstands bei 0,1 Hz mittels IR-Drop muss in jedem Fall erfolgen.

Das Erstellen von Ersatzschaltbildern und daraus resultierenden Widerständen erscheint aufgrund der Komplexität von Korrosionssystemen wenig zielführend. Hinzu kommt, dass bei geringen Frequenzen das diffusionskontrollierte Korrosionssystem unzulässig stark beeinflusst wird.

Es kann jedoch eine EIS-basierte Messung durchgeführt werden, aus der alle maßgeblichen Parameter abgeleitet bzw. ermittelt werden könnten, die für die Bestimmung einer Korrosionsrate notwendig sind. Für die IR-Kompensation und die Ermittlung des RP müsste das Potential und der Strom für die Wechselspannungsbeaufschlagung aus den Messdaten hervorgehen. Dabei könnte dann der Polarisationswiderstand aus dem RAW-Datensatz der EIS-Messung, genauer gesagt dem Linearitätsbereich der Sinuskurve ermittelt werden.

Der vorgeschlagene Messalgorithmus besteht aus zwei single-frequency EIS-Messungen bei 10 kHz und 0,1 kHz. Die Polarisationsgeschwindigkeit für die Ermittlung des LPR bei 0,1 Hz aus der EIS-Messung ist abhängig von der Amplitude, bei den in der Arbeit gewählten ± 5 mV wird der ermittelte LPR mit einer Polarisationsgeschwindigkeit von 1 mV s^{-1} generiert.

Der zur Bestimmung von Deckschichten entwickelte Messaufbau mit Mörteldiaphragma und synthetisierter Porenlösung ist vielversprechend und kann auch für andere Korrosionssysteme wie unverzinktem Betonstahl und nichtrostendem Stahl verwendet werden. Das Mörteldiaphragma sollte jedoch keine signifikanten Hohlstellen in der Phasengrenze aufweisen. Dies könnte über das nachträgliche Aufbringen einer dünnen Zementleimschicht auf dem Diaphragma erreicht werden. Nach dem Aushärten der Zementleimschicht sollte das Diaphragma möglichst plan geschliffen werden und nach dem Zusammenbau der Zelle auf die Elektrodenoberfläche angepresst werden.

Das Korrosionssystem Zink in chloridhaltigen Mörteln konnte nachweislich durch die Änderung der Luftfeuchte beeinflusst werden. In weiterführenden Arbeiten bietet es sich an, eine Konstantlagerung bei geringerer bzw. höherer relativer Luftfeuchte durchzuführen und zu prüfen, ob die ermittelten B-Werte, für die sich einstellenden Phasenwinkel, von den hier ermittelten Daten abweichen oder ob diese weitgehende Allgemeingültigkeit für feuerverzinkten Betonstahl in chloridhaltigen Mörteln haben. Wichtig ist dabei, dass die Probengeometrie beibehalten wird, da diese einen Einfluss auf die elektrochemischen Messungen hat.

Darüber hinaus gilt es festzuhalten, dass die Korrosionsrate eines diffusionskontrollierten Korrosionssystems, wie feuerverzinkter Betonstahl in Beton oder Mörtel, maßgeblich von der Ausbildung der Deckschicht im Phasengrenzbereich Beton-Mörtel/feuerverzinkter Betonstahl und dem daraus resultierenden Diffusionswiderstand dominiert wird. Untersuchungen, wie sie bislang zur Vereinfachung der Korrosionssysteme in Elektrolytlösungen vielfach durchgeführt werden, spiegeln für keinen der relevanten Aspekte ein reales Korrosionssystem in einem alkalischen Feststoffelektrolyten wider und sind daher grundsätzlich nicht zielführend, maßgebend für diese Einschätzung ist die Bedeutung des Zinkionengehalts in der Phasengrenze und die Diffusionsbehinderung in einem Feststoffelektrolyten. Hier bilden sich aufgrund anderer Konzentrationen über die Zeit anders geartete Deckschichtzusammensetzungen aus.

7 Literaturverzeichnis

[1] **Bertolini, L.; Elsener, B.; Pedeferi, P.; Redaelli, E.; Polder, R.**: Corrosion of Steel in Concrete, 2: Wiley-VCH, (2013)

[2] **Tuutti, K.**: Corrosion of Steel in Concrete, Swedish Cement and Concrete Research Institute, Stockholm, (1982)

[3] **Breit, W.**: Kritischer Chloridgehalt – Untersuchungen an Stahl in chloridhaltigen alkalischen Lösungen, In: Materials and Corrosion 49, 539-550, (1998)

[4] **Breit, W.**: Kritischer korrosionsauslösender Chloridgehalt – Sachstand und neuere Untersuchungen, Betontechnische Berichte 1998–2000, Thielen, G., ed., pp. 145-167, Düsseldorf: Verlag Bau + Technik, (2001)

[5] **Breit, W.**: Kritischer korrosionsauslösender Chloridgehalt – Untersuchungen an Mörtelelektroden in chloridhaltigen alkalischen Lösungen, In: Materials and Corrosion 54, 430-439, (2003)

[6] **DIN EN ISO 8044:2020** Korrosion von Metallen und Legierungen: Grundbegriffe, (2020)

[7] **DIN DIN EN 1992-1-1/NA:2013-04** 2013. Nationaler Anhang - National festgelegte Parameter - Eurocode 2: Bemessung und Konstruktion von Stahlbeton- und Spannbetontragwerken - Teil 1-1: Allgemeine Bemessungsregeln und Regeln für den Hochbau, (2013)

[8] **DIN DIN EN 1992-1-1 2011. Eurocode 2:** Bemessung und Konstruktion von Stahlbeton- und Spannbetontragwerken – Teil 1-1: Allgemeine Bemessungsregeln und Regeln für den Hochbau; Deutsche Fassung EN 1992-1-1:2004 + AC:2010, (2011)

[9] **Linares-Alemparte, P.; Andrade, C.; Baza, D.**: Porosity and electrical resistivity-based empirical calculation of the oxygen diffusion coefficient in concrete, In: Construction and Building Materials 198, 710-717, (2019)

[10] **Keßler, S.; Angst, U.; Zintel, M.; Gehlen, C.**: Defects in epoxy-coated reinforcement and their impact on the service life of a concrete structure, In: Structural Concrete 16, 398-405, (2015)

[11] **López-Calvo, H. Z.; Montes-Garcia, P.; Kondratova, I.; Bremner, T. W.; Thomas, M. D. A.**: Epoxy-coated bars as corrosion control in cracked reinforced concrete, In: Materials and Corrosion 64, 599-608, (2013)

[12] **Keßler, S.; Angst, U.; Zintel, M.; Elsener, B.; Gehlen, C.**: Epoxy-coated reinforcement in concrete structures: Results of a Swiss pilot project after 24 years of field exposure, In: Materials and Corrosion 67, 631-638, (2016)

[13] **Duarte, R. G.; Castela, A. S.; Neves, R.; Freire, L.; Montemor, M. F.**: Corrosion Behavior of Stainless Steel Rebars Embedded in Concrete: an Electrochemical Impedance Spectroscopy Study, In: Electrochimica Acta 124, 218-224, (2014)

[14] **Elsener, B.; Addari, D.; Coray, S.; Rossi, A.**: Stainless steel reinforcing bars – reason for their high pitting corrosion resistance, In: Materials and Corrosion 62, 111-119, (2011)

[15] **Elsener, B.; Fantauzzi, M.; Rossi, A.**: Stainless steels: Passive film composition, pitting potentials, and critical chloride content in concrete, In: Materials and Corrosion 71, 797-807, (2020)

[16] **Fahim, A.; Dean, A. E.; Thomas, M. D. A.; Moffatt, E. G.**: Corrosion resistance of chromium-steel and stainless steel reinforcement in concrete, In: Materials and Corrosion 70, 328-344, (2019)

[17] **García-Alonso, M. C.; Escudero, M. L.; Miranda, J. M.; Vega, M. I.; Capilla, F.; et al.**: Corrosion behaviour of new stainless steels reinforcing bars embedded in concrete, In: Cement and Concrete Research 37, 1463-1471, (2007)

[18] **Ogunsanya, I. G.; Strong, V.; Hansson, C. M.**: Corrosion behavior of austenitic 304L and 316LN stainless steel clad reinforcing bars in cracked concrete, In: Materials and Corrosion 71, 1066-1080, (2020)

[19] **Kouřil, M.; Novák, P.; Bojko, M.**: Threshold chloride concentration for stainless steels activation in concrete pore solutions, In: Cement and Concrete Research 40, 431-436, (2010)

[20] **Angst, U.; Elsener, B.; Larsen, C. K.; Vennesland, Ø.**: Critical chloride content in reinforced concrete – A review, In: Cement and Concrete Research 39, 1122-1138, (2009)

[21] **Ebell, G.; Burkert, A.; Günther, T.; Wilsch, G.**: Untersuchungen zum korrosionsauslösenden Chloridgehalt an nicht rostendem ferritischem Betonstahl in Mörtel, In: Bautechnik 97, 21-31, (2020)

[22] **Roetheli, B. E.; Cox, G. L. and Littreal, W. B.**: Effect of H on the Corrosion Products and Corrosion Rate of zinc in Qxygenated Aqueous Solutions, In: Metals & Alloys 3, 73-76, (1932)

[23] **Wan, X.; Wittmann, F. H.; Zhao, T.; Fan, H.**: Chloride content and pH value in the pore solution of concrete under carbonation, In: Journal of Zhejiang University SCIENCE A 14, 71-78, (2013)

[24] **Zhang, X. G.**: Corosion and Electrochemistry of Zinc: Springer Science+Business Media, LLC, (1996)
[25] **Nürnberger, U.**: Korrosion und Korrosionschutz im Bauwesen, Band 2, Wiesbaden; Berlin: Bauverlag GmbH, (1995)
[26] **Nürnberger, U.**: Korrosionsverhalten von feuerverzinktem Stahl bei Berührung mit Baustoffen, In: Materials and Corrosion 37, 302-309, (1986)
[27] **Belaid, F.; Arliguie, G.; Francois, R.**: Corrosion Products of Galvanized Rebars Embedded in Chloride-Contaminated Concrete, In: Corrosion 56, 960-965, (2000)
[28] **Kaesche, H.**: Die Korrosion der Metalle Physikalisch-chemische Prinzipien und aktuelle Probleme Berlin, Heidelberg, New York: Springer-Verlag, (1979)
[29] **Vetter, K. J.**: Elektrochemische Kinetik, Berlin, Göttingen, Heidelberg: Springer Verlag, (1961)
[30] **Pourbaix, M.**: Atlas of Electrochemical Equilibria in Aqueous Solutions, Houston, Brussels: Nace International Cebelcor, (1974)
[31] **Fulton, J.W.; Swinehart, D.F.**: The Equilibria of Christalline Zinc Hydroxide in Dilute Hydrochlric Acid an dSodium Hydroxide at 25°. The First and Second Acidic Dissociation Constants of Zinc Hydroxide, In: Journal of the American Chemical Society 76, 864, (1953)
[32] **Breit, W.; Oechsner, M.; Burkert, A.; Ebell, G.; Adams, R.; Hoche, H.; Körber, D.**: Technologie- und Sicherheitszuwachs bei der Anwendung von feuerverzinktem Betonstahl zum Ausbau einer nachhaltigen Marktposition im Stahlbetonbau, (2017)
[33] **Bode, H.; Oliapuram, A.**: Elektrochemische potentiale von zinkeinkristallen in wässrigen elektrolyten, In: Electrochimica Acta 13, 71-80, (1968)
[34] **Dietrich, H. G.; Johnston, J.**: Equilibrium between crystalline zinc hydroxide and aqueous solutions of ammonium hydroxide and of sodium hydroxide In: Journal of the American Chemical Society 49, 1419-1431, (1927)
[35] **Burkert, A.; Ebell, G.; Lehmann, J.**: Einfluss chromatreduzierter Zemente auf die Ausbildung der Verbundzone Stahl/Beton bei Verwendung feuerverzinkter Bauteile, 52. DAfStb-Forschungskolloquium. 272-282, (2011)
[36] **Ebell, G.; Burkert, A.; Lehmann, J.; Mietz, J.**: Electrochemical investigations on the corrosion behaviour of galvanized reinforcing steels in concrete with chromate-reduced cements, In: Materials and Corrosion, (2011)
[37] **Ebell, G.; Burkert, A.; Lehmann, J.; Mietz, J.**: Korrosions- und Verbundverhalten verzinkter Betonstähle in Betonen mit chromatreduzierten Zementen, In: Beton- und Stahlbetonbau 106, 629-639, (2011)
[38] **Isecke B.; Burkert A.; Kühne, H. C.; Lehmann, J.; Ebell, G.**: Korrosions- und Verbundverhalten verzinkter Betonstähle in Betonen mit chromatreduzierten Zementen, Band T 3230: Fraunhofer IRB Verlag, (2010)
[39] **Gary, M.**: Rosten von Eisen in Mörtel und Mauerwerk, 22: Deutscher Ausschuss für Eisenbeton, (1912)
[40] **Kaesche, H.**: Zum Elektrodenverhalten des Zinks und des Eisens in Calciumhydroxidlösung und in Mörtel, In: Materials and Corrosion 20, 119-124, (1969)
[41] **Stern, M.; Geary, A. L.**: Electrochemical Polarization, In: Journal of The Electrochemical Society 104, 56, (1957)
[42] **Warburg, E.**: Über das Verhalten sogenannter unpolarisirbarer Elektroden gegen Wechselstrom, In: Annalen der Physik 303, 493-499, (1899)
[43] **Bard, A. J.; Faulkner. L. R.**: Electrochemical Methods – Fundamentals and Applications, 2: John Wiley & Sons, Inc., (2000)
[44] **Barsoukov, E; Macdonald, J.R.**: Impedance Spectroscopy – Theory, Experiment, and Applications, Third Edition, Hoboken, NJ, USA: John Wiley & Sons, Inc., (2018)
[45] **Ramirez, E.; González, J. A.; Bautista, A.**: The protective efficiency of galvanizing against corrosion of steel in mortar and in Ca(OH)2 saturated solutions containing chlorides, In: Cement and Concrete Research 26, 1525-1536, (1996)
[46] **Maeda, M.; Li, X.; Ooi, A.; Tada, E.; Nishikata, A.**: Passivation Mechanism of Galvanized Steel Rebar in Fresh Concrete, In: ISIJ International 60, 337-345, (2020)
[47] **Zheng, H.; Dai, J.; Poon, C. S.; Li, W.**: Influence of calcium ion in concrete pore solution on the passivation of galvanized steel bars, In: Cement and Concrete Research 108, 46-58, (2018)
[48] **Andrade, C.; Alonso, C.**: Test methods for on-site corrosion rate measurement of steel reinforcement in concrete by means of the polarization resistance method, In: Materials and Structures 37, 623-643, (2004)
[49] **Beck, M.; Isecke, B.; Lehmann, J.**: Modelling of reinforcement corrosion – Influence of concrete technology on corrosion development, In: Materials and Corrosion 57, 914-919, (2006)

[50] **Ebell, G.; Burkert, A.; Fischer, J.; Lehmann, J.; Mueller, T.; et al.**: Investigation of chloride-induced pitting corrosion of steel in concrete with innovative methods, In: Materials and Corrosion-Werkstoffe und Korrosion 67, 583-590, (2016)

[51] **Elsener, B.; Böhni, H.**: Untersuchungen zum Aktiv/Passiv-Übergang von nichtrostenden Chromnickelstählen in organisch wäßrigen Medien Teil 1. Computerunterstützte Unterbrechertechnik zur Erfassung des Ohmschen Spannungsabfalls, In: Materials and Corrosion 33, 207-212, (1982)

[52] **Hime, W. G.; Machin, M.**: Performance variances of galvanized steel in mortar and concrete, In: Corrosion (Houston); (United States) 49:10, Medium: X; Size: Pages: 858-860 2016-04-29, (1993)

[53] **Kessler, S.; Gehlen, C.; Ebell, G.; Burkert, A.**: Potential mapping and its probability of detection, In: Beton- und Stahlbetonbau 106, 481-489, (2011)

[54] **Mansfeld, F.**: An Evaluation of Polarization Resistance Measurements, In: Materials and Corrosion 28, 6-11, (1977)

[55] **Mansfeld, F.**: Tafel slopes and corrosion rates obtained in the pre-Tafel region of polarization curves, In: Corrosion Science 47, 3178-3186, (2005)

[56] **Oelßner, W.; Berthold, F.; Guth, U.**: The iR drop – well-known but often underestimated in electrochemical polarization measurements and corrosion testing, In: Materials and Corrosion 57, 455-466, (2006)

[57] **Prazák, M.**: The Polarization Resistance Method for Corrosion Testing, In: Materials and Corrosion 25, 104-112, (1974)

[58] **Zausinger, C.; Osterminski, K.; Gehlen, C.**: Transient and gradient analyses of depolarization criteria. Valuable tools in chloride-induced rebar corrosion monitoring, In: Materials and Corrosion 73, 932-939, (2022)

[59] **Zheng, H.; Dai, J.; Li, W.; Poon, C. S.**: Influence of chloride ion on depassivation of passive film on galvanized steel bars in concrete pore solution, In: Construction and Building Materials 166, 572-580, (2018)

[60] **Macdonald, D. D.**: The Point Defect Model for the Passive State, In: Journal of The Electrochemical Society 139, 3434-3449, (1992)

[61] **Cheng, Y. F.; Luo, J. L.**: Electronic structure and pitting susceptibility of passive film on carbon steel, In: Electrochimica Acta 44, 2947-2957, (1999)

[62] **Zheng, H.; Dai, J.; Hou, L.; Meng, G.; Poon, C. S.; et al.**: Enhanced passivation of galvanized steel bars in nano-silica modified cement mortars, In: Cement and Concrete Composites 111, 103626, (2020)

[63] **DIN EN 196-2** Prüfverfahren für Zement – Teil 2: Chemische Analyse von Zement, (2013)

[64] **Valet, S.; Burkert, A.; Ebell, G.; Babutzka, M.**: Determination of the corrosion product layer resistance on zinc and electrolytically galvanized steel samples by using gel electrolytes, In: Electrochimica Acta 385, 138191, (2021)

[65] **Yu, X.; Jiang, L.; Xu, Ji.; Zu, Y.**: Effect of Na2SiO3 content on passivation and corrosion behaviour of steel in a simulated pore solution of Na2SiO3-activated slag, In: Construction and Building Materials 146, 156-164, (2017)

[66] **González, J. A.; Andrade, C.**: Effect of Carbonation, Chlorides and Relative Ambient Humidity on the Corrosion of Galvanized Rebars Embedded in Concrete, In: British Corrosion Journal 17, 21-28, (1982)

[67] **Taher, A.; Brouwers, H. J. H.; Zanden, van der A. J. J.**: The influence of chloride on the moisture transport in mortar and sand-lime, 18. Internationale Baustofftagung ibausil, 12.-15. September 2012, Weimar, Deutschland. 2-0609-2-0616,

[68] **Thomas, S.; Cole, I. S.; Sridhar, M.; Birbilis, N.**: Revisiting zinc passivation in alkaline solutions, In: Electrochimica Acta 97, 192-201, (2013)

[69] **Belaïd, F.; Arliguie, G.; François, R.**: Porous structure of the ITZ around galvanized and ordinary steel reinforcements, In: Cement and Concrete Research 31, 1561-1566, (2001)

[70] **Macías, A.; Andrade, C.**: Galvanized steel behaviour in Ca(OH)2 saturated solutions containing SO_4 ions, In: Cement and Concrete Research 17, 307-316, (1987)

[71] **Tan, Z. Q.; Hansson, C. M.**: Effect of surface condition on the initial corrosion of galvanized reinforcing steel embedded in concrete, In: Corrosion Science 50, 2512-2522, (2008)

[72] **Thierry, D; LeBozec, N.**: Corrosion Products Formed on Confined Hot-Dip Galvanized Steel in Accelerated Cyclic Corrosion Tests, In: Corrosion Science 65, 718-725, (2009)

[73] **Tittarelli, F.; Bellezze, T.**: Investigation of the major reduction reaction occurring during the passivation of galvanized steel rebars, In: Corrosion Science 52, 978-983, (2010)

[74] **Tittarelli, F.; Moriconi, G.**: Comparison between surface and bulk hydrophobic treatment against corrosion of galvanized reinforcing steel in concrete, In: Cement and Concrete Research 41, 609-614, (2011)

[75] **Roventi, G.; Bellezze, T.; Giuliani, G.; Conti, C.**: Corrosion resistance of galvanized steel reinforcements in carbonated concrete: effect of wet–dry cycles in tap water and in chloride solution on the passivating layer, In: Cement and Concrete Research 65, 76-84, (2014)
[76] **Arenas, M. A.; Casado, C.; Nobel-Pujol, V.; Damborenea, J. de**: Influence of the conversion coating on the corrosion of galvanized reinforcing steel, In: Cement and Concrete Composites 28, 267-275, (2006)
[77] **Ziegler, F.; Johnson, C. A.**: The solubility of calcium zincate (CaZn2(OH)6·2H2O), In: Cement and Concrete Research 31, 1327-1332, (2001)
[78] **Ziegler, F.; Gieré, R.; Johnson, C. A.**: Sorption Mechanisms of Zinc to Calcium Silicate Hydrate: Sorption and Microscopic Investigations, In: Environmental Science & Technology 35, 4556-4561, (2001)
[79] **Lieber, W.**: Einflus von Zink auf das Erstarren und Erhärten von Portlandzementen, In: Zement Kalk Gips 56, 91-95, (1965)
[80] **Lieber, W.; Gebauer, J.**: Einbau von Zink in Calciumsilikathydrate, In: Zement Kalk Gips 60, 161-164, (1969)
[81] **Kordina, K.; Rehm, G.**: Korrosionsverhalten verzinkter Stähle in Zementmörtel und Beton, Institut für Bauforschung und Stahlbeton der TU Braunschweig, (1975)
[82] **Šiler, P.; Kolářová, I.; Másilko, J.; Novotný, R.; Opravil, T.**: The Effect of Zinc on the Portland Cement Hydration, In: Key Engineering Materials 761, 131-134, (2018)
[83] **Balonis, M.; Lothenbach, B.; Le Saout, G.; Glasser, F. P.**: Impact of chloride on the mineralogy of hydrated Portland cement systems, In: Cement and Concrete Research 40, 1009-1022, (2010)
[84] **Cao, Y.; Guo, L.; Chen, B.; Fei, X.**: Modeling early age hydration kinetics and the hydrated phase of cement paste blended with chloride and sulfate, In: Construction and Building Materials 261, (2020)
[85] **Florea, M. V. A.; Brouwers, H. J. H.**: Chloride binding related to hydration products: Part I: Ordinary Portland Cement, In: Cement and Concrete Research 42, 282-290, (2012)
[86] **Hirao, H.; Yamada, K.; Takahashi, H.; Zibara, H.**: Chloride Binding of Cement Estimated by Binding Isotherms of Hydrates, In: Journal of Advanced Concrete Technology 3, 77-84, (2005)
[87] **Mesbah, A.; Cau-dit-Coumes, C.; Renaudin, G.; Frizon, F.; Leroux, F.**: Uptake of chloride and carbonate ions by calcium monosulfoaluminate hydrate, In: Cement and Concrete Research 42, 1157-1165, (2012)
[88] **Renaudin, G.; Kubel, F.; Rivera, J. P.; Francois, M.**: Structural phase transition and high temperature phase structure of Friedels salt, 3CaO · Al2O3 · CaCl2 · 10H2O, In: Cement and Concrete Research 29, 1937-1942, (1999)
[89] **Talero, R.**; Synergic effect of Friedel's salt from pozzolan and from OPC co-precipitating in a chloride solution, In: Construction and Building Materials 33, 164-180, (2012)
[90] **Trusilewicz, L. N.**: Thermal stability of Friedel's salt from metakaolin origin by DSC and HTXRD techniques, In: Journal of Thermal Analysis and Calorimetry 134, 371-380, (2018)
[91] **Birnin-Yauri, U. A.; Glasser, F. P.**: Friedel's salt, Ca2Al(OH)6(Cl,OH)·2H2O: its solid solutions and their role in chloride binding, In: Cement and Concrete Research 28, 1713-1723, (1998)
[92] **Fernanda Rodrigues, L.; Jardel Pereira, G.; Jo, D.; Armando Lucas Cherem da, C.**: Evaluation of Influence of Salt in the Cement Hydration to Oil Wells, In: Materials Research 20, 743-747, (2018)
[93] **Locher, F. W., Richartz, W., Sprung, S.**: Erstarren von Zement; Teil 1: Reaktion und Gefügeentwicklung, In: Zement-Kalk-Gips International 29, 435-442, (1976)
[94] **Li, P.; Li, W.; Yu, T.; Qu, F.; Tam, V. W. Y.**: Investigation on early-age hydration, mechanical properties and microstructure of seawater sea sand cement mortar, In: Construction and Building Materials 249, (2020)
[95] **Shi, Z.; Shui, Z.; Li, Q.; Geng, H.**: Combined effect of metakaolin and sea water on performance and microstructures of concrete, In: Construction and Building Materials 74, 57-64, (2015)
[96] **Seufert, M**: Untersuchungen am verzinkten Baustahl in chromatarmen Beton – Versuche zur Verbesserung des Stahl/Beton-Verbundes durch Minimierung der Wassesrstoffentwicklung, Fakultät für Architektur und Bauingenieurwesen, Hochschule für angewandte Wissenschaft, (2014)
[97] **Babutzka, M.**: Neue Erkenntnisse zur Deckschichtbildung von Zink an der Atmosphäre, Shaker Verlag, (2020)
[98] **Ehrlich, R**: Computertomographische Untersuchungen der veränderten Betonporenstruktur am Bewehrungsstahl durch Kontakt mit verzinkten Einbauteilen, Fachbereich III Bauingenieur- und Geoinformationswesen, Beuth Hochschule für Technik Berlin, Berlin, (2009)
[99] **DIN EN 196-1** 2016. Prüfverfahren für Zement- Teil 1: Bestimmung der Festigkeit, (2016)

[100] **Karhunen, K.; Seppänen, A.; Lehikoinen, A.; Monteiro, P. J. M.; Kaipio, J. P.**: Electrical Resistance Tomography imaging of concrete, In: Cement and Concrete Research 40, 137-145, (2010)
[101] **Reichling, K. G.**: Bestimmung und Bewertung des elektrischen Widerstands von Beton mit geophysikalischen Verfahren, Fakultät Bauingenieurwesen, RWTH Aachen, Publications Aachen, (2014)
[102] **Klemm, D.**: Analyse dünner Schichten mit der optischen Glimmentladungsspektroskopie," Maschinenewesen, TU Dresden, https://d-nb.info/1069877220/34, (2008)
[103] **DIN EN 196-11:2018** Prüfverfahren für Zemente – Teil 11: Hydratationswärme – Isotherme Wärmeflusskalometrie-Verfahren, (2018)
[104] **Springenschmid, R.**: Anleitung zur Bestimmung des Chloridgehaltes in Beton, DAfStb Heft 401, Berlin: Beuth, (1989)
[105] **Knöfel, D.; Schubert, P.**: Handbuch Mörtel und Steinergänzungsstoffe in der Denkmalpflege, Berlin: Verlag Erst & Sohn, (1993)
[106] **DIN EN 12457-4:2002** Charakterisierung von Abfällen – Auslaugung; Übereinstimmungsuntersuchungen für die Auslaugung von körnigen Abfällen und Schlämmen – Teil 4: Einstufiges Schüttelverfahren mit einem Flüssigkeits- / Feststoffverhältnis von 10l/kg für Materialien mit einer Korngröße unter 10 mm (ohne oder mit Korngrößenreduzierung), (2002)
[107] **Mietz, J.; Gluth, G. J. G.; Hlavacek, P.; Reinemann, S.; Ebell, G.**: Betonstahlkorrosion in Geopolymeren bei Angriff von kohlenstoffdioxid und Chlorid, BAM, (2019)
[108] **ISO 8466-1:1990-03** Wasserbeschaffenheit; Kalibrierung und Auswertung analytischer Verfahren und Bewertung von Verfahrenskenngrößen; Teil 1: Statistische Auswertung der linearen Kalibrierfunktion, (1990)
[109] **DIN 32645** Chemische Analytik – Nachweis-, Erfassungs- und Bestimmungsgrenze unter Wiederholbedingungen – Begriffe, Verfahren, Auswertung, (2008)
[110] **DIN 66137-2** Bestimmung der Dichte fester Stoffe – Teil 2: Gaspyknometrie, (2019)
[111] **DIN 66137-2:2004-12** Bestimmung der Dichte fester Stoffe – Teil 2: Gaspyknometrie, (2004)
[112] **DIN EN 10130:2006** Kaltgewalzte Flacherzeugnisse aus weichen Stählen zum kaltumformen - Technische Lieferbedingungen, (2007)
[113] **DIN 488-1** Betonstahl – Teil 1: Stahlsorten, Eigenschaften, Kennzeichnung, (2009)
[114] **Peißker, P. ; Huckshold, M.**: Handbuch Feuerverzinken, 4: Wiley-VCH, (2013)
[115] **Thiele, M.; Schulz, W.-D.; Schubert, P.**: Schichtbildung beim Feuerverzinken zwischen 435°C und 620°C in konventionellen Zink-Schmelzen – eine ganzheitliche Darstellung, In: Materials and Corrosion 57, 852-867, (2006)
[116] **Bablik, H.**: Das Feuerverzinken, Kirchheim unter Teck: Reprinted by Druckerei Hertle, (1941/2016)
[117] **Mueller, U.; Lundgren, M.; Babaahmadi, A.**: Hydration of concrete binders blended with ground granulated blast furnace slag, fly ash and metakaolin, CBI Report 2017:6, RISE CBI Betonginstitutet, RISE Research Institutes of Sweden, (2017)
[118] **Georget, F.; Lothenbach, B.; Wilson, W.; Zunino, F.; Scrivener, K. L.**: Stability of hemicarbonate under cement paste-like conditions, In: Cement and Concrete Research 153, 106692, (2022)
[119] **Setzer, M. J.**: Zum Mikrogefüge des Zementsteins und dessen Einfluß auf das mechanische Verhalten des Betons, In: Zement und Beton 85/86, 29-34, (1975)
[120] **Heisig, A.; Urbonas, L.; Beddoe, R.; Heinz, D.**: Ingress of NaCl in concrete with alkali reactive aggregate: effect on silicon solubility, In: Materials and Structures 49, 4291-4303, (2016)
[121] **Ebell, G.; Burkert, A.; Mietz, J.**: Detection of Reinforcement Corrosion in Reinforced Concrete Structures by Potential Mapping: Theory and Practice, In: International Journal of Corrosion 2018, 3027825, (2018)
[122] **Beck, M.**: Zur Entwicklung der Eigenkorrosion von Stahl in Beton, RWTH-Aachen, Aachen, (2010)
[123] **Blanco, M. T.; Andrade, C.; Macias, A.**: SEM Study of the Corrosion Products of Galvanized Reinforcements Immersed in Solutions in the pH Range 12·6 to 13·6, In: British Corrosion Journal 19, 41-48, (1984)
[124] **Ghosh, R.; Singh, D. D. N.**: Kinetics, mechanism and characterisation of passive film formed on hot dip galvanized coating exposed in simulated concrete pore solution, In: Surface and Coatings Technology 201, 7346-7359, (2007)
[125] **mindat.org,** (2022); https://www.mindat.org/min-29347.html

Verzeichnis der in der Schriftenreihe des Deutschen Ausschusses für Stahlbeton – DAfStb – seit 1945 erschienenen Hefte

Heft

100: Versuche an Stahlbetonbalken zur Bestimmung der Bewehrungsgrenze.
Von *W. Gehler, H. Amos* und *E. Friedrich.*
Die Ergebnisse der Versuche und das Dresdener Rechenverfahren für den plastischen Betonbereich (1949).
Von *W. Gehler.* 9,70 EUR

101: Versuche zur Ermittlung der Rissbildung und der Widerstandsfähigkeit von Stahlbetonplatten mit verschiedenen Bewehrungsstählen bei stufenweise gesteigerter Last.
Von *O. Graf* und *K. Walz.*
Versuche über die Schwellzugfestigkeit von verdrillten Bewehrungsstählen.
Von *O. Graf* und *G. Weil.*
Versuche über das Verhalten von kalt verformten Baustählen beim Zurückbiegen nach verschiedener Behandlung der Proben.
Von *O. Graf* und *G. Weil.*
Versuche zur Ermittlung des Zusammenwirkens von Fertigbauteilen aus Stahlbeton für Decken (1948).
Von *H. Amos* und *W. Bochmann.* vergriffen

102: Beton und Zement im Seewasser (1950).
Von *A. Eckhardt* und *W. Kronsbein.* vergriffen

103: Die *n*-freien Berechnungsweisen des einfach bewehrten, rechteckigen Stahlbetonbalkens (1951).
Von *K. B. Haberstock.* vergriffen

104: Bindemittel für Massenbeton, Untersuchungen über hydraulische Bindemittel aus Zement, Kalk und Trass (1951).
Von *K. Walz.* vergriffen

105: Die Versuchsberichte des Deutschen Ausschusses für Stahlbeton (1951).
Von *O. Graf.* vergriffen

106: Berechnungstafeln für rechtwinklige Fahrbahnplatten von Straßenbrücken (1952). 7. neubearbeitete Auflage (1981).
Von *H. Rüsch.* vergriffen

107: Die Kugelschlagprüfung von Beton.
Von *K. Gaede.* vergriffen

108: Verdichten von Leichtbeton durch Rütteln (1952).
Von *K. Walz.* vergriffen

109: SO_3-Gehalt der Zuschlagstoffe (1952).
Von *K. Gaede.* 3,30 EUR

110: Ziegelsplittbeton (1952).
Von *K. Charisius, W. Drechsel* und *A. Hummel.* vergriffen

111: Modellversuche über den Einfluss der Torsionssteifigkeit bei einer Plattenbalkenbrücke (1952).
Von *G. Marten.* vergriffen

112: Eisenbahnbrücken aus Spannbeton (1953). 2. erweiterte Auflage (1961).
Von *R. Bührer.* 7,80 EUR

113: Knickversuche mit Stahlbetonsäulen.
Von *W. Gehler* und *A. Hütter.*
Festigkeit und Elastizität von Beton mit hoher Festigkeit (1954).
Von *O. Graf.* 9,10 EUR

Heft

114: Schüttbeton aus verschiedenen Zuschlagstoffen.
Von *A. Hummel* und *K. Wesche.*
Die Ermittlung der Kornfestigkeit von Ziegelsplitt und anderen Leichtbeton-Zuschlagstoffen (1954).
Von *A. Hummel.* vergriffen

115: Die Versuche der Bundesbahn an Spannbetonträgern in Kornwestheim (1954).
Von *U. Giehrach* und *C. Sättele.* 5,40 EUR

116: Verdichten von Beton mit Innenrüttlern und Rütteltischen, Güteprüfung von Deckensteinen (1954).
Von *K. Walz.* vergriffen

117: Gas- und Schaumbeton: Tragfähigkeit von Wänden und Schwinden.
Von *O. Graf* und *H. Schäffler.*
Kugelschlagprüfung von Porenbeton (1954).
Von *K. Gaede.* vergriffen

118: Schwefelverbindung in Schlackenbeton (1954).
Von *A. Stois, F. Rost, H. Zinnert* und *F. Henkel.* 6,90 EUR

119: Versuche über den Verbund zwischen Stahlbeton-Fertigbalken und Ortbeton.
Von *O. Graf* und *G. Weil.*
Versuche mit Stahlleichtträgern für Massivdecken (1955).
Von *G. Weil.* vergriffen

120: Versuche zur Festigkeit der Biegedruckzone (1955).
Von *H. Rüsch.* vergriffen

121: Gas- und Schaumbeton:
Versuche zur Schubsicherung bei Balken aus bewehrtem Gas- und Schaumbeton.
Von *H. Rüsch.*
Ausgleichsfeuchtigkeit von dampfgehärtetem Gas- und Schaumbeton.
Von *H. Schäffler.*
Versuche zur Prüfung der Größe des Schwindens und Quellens von Gas und Schaumbeton (1956).
Von *O. Graf* und *H. Schäffle.* vergriffen

122: Gestaltfestigkeit von Betonkörpern.
Von *K. Walz.*
Warmzerreißversuche mit Spannstählen.
Von *J. Dannenberg, H. Deutschmann* und *Melchior.*
Konzentrierte Lasteintragung in Beton (1957).
Von *W. Pohle.* 7,60 EUR

123: Luftporenbildende Betonzusatzmittel (1956).
Von *K. Walz.* vergriffen

124: Beton im Seewasser (Ergänzung zu Heft 102) (1956).
Von *A. Hummel* und *K. Wesche.* 2,70 EUR

125: Untersuchungen über Federgelenke (1957).
Von *K. Kammüller* und *O. Jeske.* vergriffen

126: SO_3-Gehalt der Zuschlagstoffe – Langzeitversuche (Ergänzung zu Heft 109). Eindringtiefe von Beton in Holzwolle-Leichtbauplatten (1957).
Von *K. Gaede.* 5,40 EUR

Heft

127: Witterungsbeständigkeit von Beton (1957)
Von *K. Walz.* 4,80 EUR

128: Kugelschlagprüfung von Beton (Einfluss des Betonalters) (1957).
Von *K. Gaede.* vergriffen

129: Stahlbetonsäulen unter Kurz- und Langzeitbelastung (1958).
Von *K. Gaede.* 12,90 EUR

130: Bruchsicherheit bei Vorspannung ohne Verbund (1959).
Von *H. Rüsch, K. Kordina* und *C. Zelger.* 5,40 EUR

131: Das Kriechen unbewehrten Betons (1958).
Von *O. Wagner.* vergriffen

132: Brandversuche mit starkbewehrten Stahlbetonsäulen.
Von *H. Seekamp.*
Widerstandsfähigkeit von Stahlbetonbauteilen und Stahlsteindecken bei Bränden (1959).
Von *M. Hannemann* und *H. Thoms.* vergriffen

133: Gas- und Schaumbeton:
Druckfestigkeit von dampfgehärtetem Gasbeton nach verschiedener Lagerung.
Von *H. Schäffler.*
Über die Tragfähigkeit von bewehrten Platten aus dampfgehärtetem Gas- und Schaumbeton.
Von *H. Schäffler.*
Untersuchung des Zusammenwirkens von Porenbeton mit Schwerbeton bei bewehrten Schwerbetonbalken mit seitlich angeordneten Porenbetonschalen (1959).
Von *H. Rüsch* und *E. Lassas.* 4,80 EUR

134: Über das Verhalten von Beton in chemisch angreifenden Wässern (1959).
Von *K. Seidel.* vergriffen

135: Versuche über die beim Betonieren an den Schalungen entstehenden Belastungen.
Von *O. Graf* und *K. Kaufmann.*
Druckfestigkeit von Beton in der oberen Zone nach dem Verdichten durch Innenrüttler.
Von *K. Walz* und *H. Schäffler.*
Versuche über die Verdichtung von Beton auf einem Rütteltisch in lose aufgesetzter und in aufgespannter Form (1960).
Von *J. Strey.* vergriffen

136: Gas- und Schaumbeton:
Versuche über die Verankerung der Bewehrung in Gasbeton.
Über das Kriechen von bewehrten Platten aus dampfgehärtetem Gas- und Schaumbeton (1960).
Von *H. Schäffler.* 11,20 EUR

137: Schubversuche an Spannbetonbalken ohne Schubbewehrung.
Von *H. Rüsch* und *G. Vigerust.*
Die Schubfestigkeit von Spannbetonbalken ohne Schubbewehrung (1960).
Von *G. Vigerust.* vergriffen

138: Über die Grundlagen des Verbundes zwischen Stahl und Beton (1961).
Von *G. Rehm.* vergriffen

139: Theoretische Auswertung von Heft 120 – Festigkeit der Biegedruckzone (1961).
Von *G. Scholz.* 5,80 EUR

Heft

178: Wandartige Träger (1966).
Von *F. Leonhardt und R. Walther.* vergriffen

179: Veränderlichkeit der Biege- und Schubsteifigkeit bei Stahlbetontragwerken und ihr Einfluss auf Schnittkraftverteilung und Traglast bei statisch unbestimmter Lagerung (1966).
Von *W. Dilger.* 13,10 EUR

180: Knicken von Stahlbetonstäben mit Rechteckquerschnitt unter Kurzzeitbelastung – Berechnung mit Hilfe von automatischen Digitalrechenanlagen (1966).
Von *A. Blaser.* 8,40 EUR

181: Brandverhalten von Stahlbetonplatten – Einflüsse von Schutzschichten.
Von *K. Kordina* und *P. Bornemann.*
Grundlagen für die Bemessung der Feuerwiderstandsdauer von Stahlbetonplatten (1966).
Von *P. Bornemann.* 10,70 EUR

182: Karbonatisierung von Schwerbeton.
Von *A. Meyer, H.-J. Wierig* und *K. Husmann.*
Einfluss von Luftkohlensäure und Feuchtigkeit auf die Beschaffenheit des Betons als Korrosionsschutz für Stahleinlagen (1967).
Von *F. Schröder, H.-G. Smolczyk, K. Grade, R. Vinkeloe* und *R. Roth.* 12,90 EUR

183: Das Kriechen des Zementsteins im Beton und seine Beeinflussung durch gleichzeitiges Schwinden (1966).
Von *W. Ruetz.* 8,40 EUR

184: Untersuchungen über den Einfluss einer Nachverdichtung und eines Anstriches auf Festigkeit, Kriechen und Schwinden von Beton (1966).
Von *H. Hilsdorf* und *K. Finsterwalder* 8,40 EUR

185: Das unterschiedliche Verformungsverhalten der Rand- und Kernzonen von Beton (1966).
Von *S. Stöckl.* 9,60 EUR

186: Betone aus Sulfathüttenzement in höherem Alter (1966).
Von *K. Wesche* und *W. Manns.* 8,40 EUR

187: Zur Frage des Einflusses der Ausbildung der Auflager auf die Querkrafttragfähigkeit von Stahlbetonbalken.
Von *K. Gaede.*
Schwingungsmessungen an Massivbrücken (1966).
Von *B. Brückmann.* 9,60 EUR

188: Verformungsversuche an Stahlbetonbalken mit hochfestem Bewehrungsstahl (1967).
Von *G. Franz* und *H. Brenker.* 12,00 EUR

189: Die Tragfähigkeit von Decken aus Glasstahlbeton (1967).
Von *C. Zelger.* 10,70 EUR

190: Festigkeit der Biegedruckzone – Vergleich von Prismen- und Balkenversuchen (1967).
Von *H. Rüsch, K. Kordina* und *S. Stöckl.* 8,40 EUR

191: Experimentelle Bestimmung der Spannungsverteilung in der Biegedruckzone.
Von *C. Rasch.*
Stützmomente kreuzweise bewehrter durchlaufender Rechteckbetonplatten (1967).
Von *H. Schwarz.* 9,60 EUR

Heft

192: Die mitwirkende Breite der Gurte von Plattenbalken (1967).
Von *W. Koepcke* und *G. Denecke.* vergriffen

193: Bauschäden als Folge der Durchbiegung von Stahlbeton-Bauteilen (1967).
Von *H. Mayer* und *H. Rüsch.* 13,10 EUR

194: Die Berechnung der Durchbiegung von Stahlbeton-Bauteilen (1967).
Von *H. Mayer.* vergriffen

195: 5 Versuche zum Studium der Verformungen im Querkraftbereich eines Stahlbetonbalkens (1967).
Von *H. Rüsch* und *H. Mayer.* 12,00 EUR

196: Tastversuche über den Einfluss von vorangegangenen Dauerlasten auf die Kurzzeitfestigkeit des Betons.
Von *S. Stöckl.*
Kennzahlen für das Verhalten einer rechteckigen Biegedruckzone von Stahlbetonbalken unter kurzzeitiger Belastung (1967).
Von *H. Rüsch* und *S. Stöckl.* 13,60 EUR

197: Brandverhalten durchlaufender Stahlbetonrippendecken.
Von *H. Seekamp* und *W. Becker.*
Brandverhalten kreuzweise bewehrter Stahlbetonrippendecken.
Von *J. Stanke.*
Vergrößerung der Betondeckung als Feuerschutz von Stahlbetonplatten, 1. und 2. Teil (1967).
Von *H. Seekamp* und *W. Becker.* 14,10 EUR

198: Festigkeit und Verformung von unbewehrtem Beton unter konstanter Dauerlast (1968).
Von *H. Rüsch, R. Sell, C. Rasch, E. Grasser, A. Hummel, K. Wesche* und *H. Flatten.* 13,30 EUR

199: Die Berechnung ebener Kontinua mittels der Stabwerkmethode – Anwendung auf Balken mit einer rechteckigen Öffnung (1968).
Von *A. Krebs* und *F. Haas.* 10,70 EUR

200: Dauerschwingfestigkeit von Betonstählen im einbetonierten Zustand.
Von *H. Wascheidt.*
Betongelenke unter wiederholten Gelenkverdrehungen (1968).
Von *G. Franz* und *H.-D. Fein.* 11,70 EUR

201: Schubversuche an indirekt gelagerten, einfeldrigen und durchlaufenden Stahlbetonbalken (1968).
Von *F. Leonhardt, R. Walther* und *W. Dilger.* 9,60 EUR

202: Torsions- und Schubversuche an vorgespannten Hohlkastenträgern.
Von *F. Leonhardt, R. Walther* und *O. Vogler.*
Torsionsversuche an einem Kunstharzmodell eines Hohlkastenträgers (1968).
Von *D. Feder.* 12,00 EUR

203: Festigkeit und Verformung von Beton unter Zugspannungen (1969).
Von *H. G. Heilmann, H. Hilsdorf* und *K. Finsterwalder.* 14,40 EUR

204: Tragverhalten ausmittig beanspruchter Stahlbetondruckglieder (1969).
Von *A. Mehmel, H. Schwarz, K. H. Kasparek* und *J. Makovi.* 12,00 EUR

Heft

205: Versuche an wendelbewehrten Stahlbetonsäulen unter kurz- und langzeitig wirkenden zentrischen Lasten (1969).
Von *H. Rüsch* und *S. Stöckl.* 12,00 EUR

206: Statistische Analyse der Betonfestigkeit (1969).
Von *H. Rüsch, R. Sell* und *R. Rackwitz.* 8,40 EUR

207: Versuche zur Dauerfestigkeit von Leichtbeton.
Von *R. Sell* und *C. Zelger.*
Versuche zur Festigkeit der Biegedruckzone. Einflüsse der Querschnittsform (1969).
Von *S. Stöckl* und *H. Rüsch.* 13,10 EUR

208: Zur Frage der Rissbildung durch Eigen- und Zwängspannungen infolge Temperatur in Stahlbetonbauteilen (1969).
Von *H. Falkner.* vergriffen

209: Festigkeit und Verformung von Gasbeton unter zweiaxialer Druck-Zug-Beanspruchung.
Von *R. Sell.*
Versuche über den Verbund bei bewehrtem Gasbeton (1970).
Von *R. Sell* und *C. Zelger.* 12,00 EUR

210: Schubversuche mit indirekter Krafteinleitung. Versuche zum Studium der Verdübelungswirkung der Biegezugbewehrung eines Stahlbetonbalkens (1970).
Von *T. Baumann* und *H. Rüsch.* 14,40 EUR

211: Elektronische Berechnung des in einem Stahlbetonbalken im gerissenen Zustand auftretenden Kräftezustandes unter besonderer Berücksichtigung des Querkraftbereiches (1970).
Von *D. Jungwirth.* 15,80 EUR

212: Einfluss der Krümmung von Spanngliedern auf den Spannweg.
Von *C. Zelger* und *H. Rüsch.*
Über den Erhaltungszustand 20 Jahre alter Spannbetonträger (1970).
Von *K. Kordina* und *N. V. Waubke.* 9,60 EUR

213: Vierseitig gelagerte Stahlbetonhohlplatten. Versuche, Berechnung und Bemessung (1970).
Von *H. Aster.* vergriffen

214: Verlängerung der Feuerwiderstandsdauer von Stahlbetonstützen durch Anwendung von Bekleidungen oder Ummantelungen.
Von *W. Becker* und *J. Stanke.*
Über das Verhalten von Zementmörtel und Beton bei höheren Temperaturen (1970).
Von *R. Fischer.* 15,30 EUR

215: Brandversuche an Stahlbetonfertigstützen, 2. und 3. Teil (1970).
Von *W. Becker* und *J. Stanke.* 15,30 EUR

216: Schnittkrafttafeln für den Entwurf kreiszylindrischer Tonnenkettendächer (1971).
Von *A. Mehmel, W. Kruse, S. Samaan* und *H. Schwarz.* 20,90 EUR

217: Tragwirkung orthogonaler Bewehrungsnetze beliebiger Richtung in Flächentragwerken aus Stahlbeton (1972).
Von *T. Baumann.* vergriffen

Heft

218: Versuche zur Schubsicherung und Momentendeckung von profilierten Stahlbetonbalken (1972).
Von *H. Kupfer* und *T. Baumann.* 11,00 EUR

219: Die Tragfähigkeit von Stahlsteindecken.
Von *C. Zelger* und *F. Daschner.*
Bewehrte Ziegelstürze (1972).
Von *C. Zelger.* 10,20 EUR

220: Bemessung von Beton- und Stahlbetonbauteilen nach DIN 1045, Ausgabe Januar 1972. [2. überarbeitete Auflage (1979)] – Biegung mit Längskraft, Schub, Torsion.
Von *E. Grasser.*
Nachweis der Knicksicherheit.
Von *K. Kordina* und *U. Quast.* 26,90 EUR

220 (En): Design of Concrete and Reinforced Concrete Members in Accordance with DIN 1045 December 1978 Edition – Bending with Axial Force, Shear, Torsion.
By *E. Grasser.*
Analysis of Safety against Buckling.
By *K. Kordina* and *U. Quast*
2nd revised edition. 26,90 EUR

221: Festigkeit und Verformung von Innenwandknoten in der Tafelbauweise.
Von *H. Kupfer.*
Die Druckfestigkeit von Mörtelfugen zwischen Betonfertigteilen.
Von *E. Grasser* und *F. Daschner.*
Tragfähigkeit (Schubfestigkeit) von Deckenauflagen im Fertigteilbau (1972).
Von *R. v. Halász* und *G. Tantow.* 14,30 EUR

222: Druck-Stöße von Bewehrungsstäben – Stahlbetonstützen mit hochfestem Stahl St 90 (1972).
Von *F. Leonhardt* und *K.-T. Teichen.* 9,70 EUR

223: Spanngliedverankerungen im Inneren von Bauteilen.
Von *J. Eibl* und *G. Iványi.*
Teilweise Vorspannung (1973).
Von *R. Walther* und *N. S. Bhal.* 12,30 EUR

224: Zusammenwirken von einzelnen Fertigteilen als großflächige Scheibe (1973).
Von *G. Mehlhorn.* vergriffen

225: Mikrobeton für modellstatische Untersuchungen (1972).
Von *A.-H. Burggrabe.* 13,20 EUR

226: Tragfähigkeit von Zugschlaufenstößen.
Von *F. Leonhardt, R. Walther* und *H. Dieterle.*
Haken- und Schlaufenverbindungen in biegebeanspruchten Platten.
Von *G. Franz* und *G. Timm.*
Übergreifungsvollstöße mit hakenformig gebogenen Rippenstählen (1973).
Von *K. Kordina* und *G. Fuchs.* 14,10 EUR

227: Schubversuche an Spannbetonträgern (1973).
Von *F. Leonhardt, R. Koch* und *F.-S. Rostásy.* 26,80 EUR

Heft

228: Zusammenhang zwischen Oberflächenbeschaffenheit, Verbund und Sprengwirkung von Bewehrungsstählen unter Kurzzeitbelastung (1973).
Von *H. Martin.* 12,60 EUR

229: Das Verhalten des Betons unter mehrachsiger Kurzzeitbelastung unter besonderer Berücksichtigung der zweiachsigen Beanspruchung.
Von *H. Kupfer.*
Bau und Erprobung einer Versuchseinrichtung für zweiachsige Belastung (1973).
Von *H. Kupfer* und *C. Zelger.* 19,30 EUR

230: Erwärmungsvorgänge in balkenartigen Stahlbetonteilen unter Brandbeanspruchung (1975).
Von *H. Ehm, K. Kordina* und *R. v. Postel.* 20,30 EUR

231: Die Versuchsberichte des Deutschen Ausschusses für Stahlbeton. Inhaltsübersicht der Hefte 1 bis 230 (1973).
Von *O. Graf* und *H. Deutschmann.* 10,10 EUR

232: Bestimmung physikalischer Eigenschaften des Zementsteins.
Von *F. Wittmann.*
Verformung und Bruchvorgang poröser Baustoffe bei kurzzeitiger Belastung und unter Dauerlast (1974).
Von *F. Wittmann* und *J. Zaitsev.* 14,30 EUR

233: Stichprobenprüfpläne und Annahmekennlinien für Beton (1973).
Von *H. Blaut.* 7,90 EUR

234: Finite Elemente zur Berechnung von Spannbeton-Reaktordruckbehältern (1973).
Von *J. H. Argyris, G. Faust, J. R. Roy, J. Szimmat, E. P. Warnke* und *K. J. Willam.* 13,10 EUR

235: Untersuchungen zum heißen Liner als Innenwand für Spannbetondruckbehälter für Leichtwasserreaktoren (1973).
Von *J. Meyer* und *W. Spandick.* vergriffen

236: Tragfähigkeit und Sicherheit von Stahlbetonstützen unter ein- und zweiachsig exzentrischer Kurzzeit- und Dauerbelastung (1974).
Von *R. F. Warner.* 8,30 EUR

237: Spannbeton-Reaktordruckbehälter: Studie zur Erfassung spezieller Betoneigenschaften im Reaktordruckbehälterbau.
Von *J. Eibl, N. V. Waubke, W. Klingsch, U. Schneider* und *G. Rieche.*
Parameterberechnungen an einem Referenzbehälter.
Von *J. Szimmat* und *K. Willam.*
Einfluss von Werkstoffeigenschaften auf Spannungs- und Verformungszustände eines Spannbetonbehälters (1974).
Von *V. Hansson* und *F. Stangenberg.* 13,10 EUR

238: Einfluss wirklichkeitsnahen Werkstoffverhaltens auf die kritischen Kipplasten schlanker Stahlbeton- und Spannbetonträger.
Von *G. Mehlhorn.*
Berechnung von Stahlbetonscheiben im Zustand II bei Annahme eines wirklichkeitsnahen Werkstoffverhaltens (1974).
Von *K. Dörr, G. Mehlhorn, W. Stauder* und *D. Uhlisch.* 16,70 EUR

Heft

239: Torsionsversuche an Stahlbetonbalken (1974).
Von *F. Leonhardt* und *G. Schelling.* 20,30 EUR

240: Hilfsmittel zur Berechnung der Schnittgrößen und Formänderungen von Stahlbetontragwerken nach DIN 1045 Ausgabe Juli 1988 [3. überarbeitete Auflage (1991)].
Von *E. Grasser* und *G. Thielen.* 19,30 EUR

241: Abplatzversuche an Prüfkörpern aus Beton, Stahlbeton und Spannbeton bei verschiedenen Temperaturbeanspruchungen (1974).
Von *C. Meyer-Ottens.* 9,70 EUR

242: Verhalten von verzinkten Spannstählen und Bewehrungsstählen.
Von *G. Rehm, A. Lämmke, U. Nürnberger, G. Rieche* sowie *H. Martin* und *A. Rauen.*
Löten von Betonstahl (1974).
Von *D. Russwurm.* 20,30 EUR

243: Ultraschall-Impulstechnik bei Fertigteilen.
Von *G. Rehm, N. V. Waubke* und *J. Neisecke.*
Untersuchungen an ausgebauten Spanngliedern (1975).
Von *A. Röhnisch.* 15,50 EUR

244: Elektronische Berechnung der Auswirkungen von Kriechen und Schwinden bei abschnittsweise hergestellten Verbundstabwerken (1975).
Von *D. Schade* und *W. Haas.* 7,10 EUR

245: Die Kornfestigkeit künstlicher Zuschlagstoffe und ihr Einfluss auf die Betonfestigkeit.
Von *R. Sell.*
Druckfestigkeit von Leichtbeton (1974).
Von *K. D. Schmidt-Hurtienne.* 17,40 EUR

246: Untersuchungen über den Querstoß beim Aufprall von Kraftfahrzeugen auf Gründungspfähle aus Stahlbeton und Stahl (1974).
Von *C. Popp.* 17,20 EUR

247: Temperatur und Zwangsspannung im Konstruktions-Leichtbeton infolge Hydratation.
Von *H. Weigler* und *J. Nicolay.*
Dauerschwell- und Betriebsfestigkeit von Konstruktions-Leichtbeton (1975).
Von *H. Weigler* und *W. Freitag.* 13,70 EUR

248: Zur Frage der Abplatzungen an Bauteilen aus Beton bei Brandbeanspruchungen (1975).
Von *C. Meyer-Ottens.* 8,40 EUR

249: Schlag-Biegeversuch mit unterschiedlich bewehrten Stahlbetonbalken (1975).
Von *C. Popp.* 10,00 EUR

250: Langzeitversuche an Stahlbetonstützen.
Von *K. Kordina.*
Einfluss des Kriechens auf die Ausbiegung schlanker Stahlbetonstützen (1975).
Von *K. Kordina* und *R. F. Warner.* 11,10 EUR

251: Versuche an wendelbewehrten Stahlbetonsäulen unter exzentrischer Belastung (1975).
Von *S. Stöckl* und *B. Menne.* 10,70 EUR

Heft

292: Lösung versuchstechnischer Fragen bei der Ermittlung des Festigkeits- und Verformungsverhaltens von Beton unter dreiachsiger Belastung (1978).
Von *D. Linse.* 8,40 EUR

293: Zur Messtechnik für die Sicherheitsbeurteilung und -überwachung von Spannbeton-Reaktordruckbehältern (1978).
Von *N. Czaika, N. Mayer, C. Amberg, G. Magiera, G. Andreae* und *W. Markowski.* 11,50 EUR

294: Studien zur Auslegung von Spannbetondruckbehältern für wassergekühlte Reaktoren (1978).
Von *K. Schimmelpfennig, G. Bäätjer, U. Eckstein, U. Ick* und *S. Wrage.* 10,70 EUR

295: Kriech- und Relaxationsversuche an sehr altem Beton.
Von *H. Trost, H. Cordes* und *G. Abele.*
Kriechen und Rückkriechen von Beton nach langer Lasteinwirkung.
Von *P. Probst und S. Stöckl.*
Versuche zum Einfluss des Belastungsalters auf das Kriechen von Beton (1978).
Von *K. Wesche, I. Schrage* und *W. vom Berg.* 14,40 EUR

296: Die Bewehrung von Stahlbetonbauteilen bei Zwangsbeanspruchung infolge Temperatur (1978).
Von *P. Noakowski.* vergriffen

297: Einfluss des Feuchtigkeitsgehaltes und des Reifegrades auf die Wärmeleitfähigkeit von Beton.
Von *J. Hundt* und *A. Wagner.*
Sorptionsuntersuchungen am Zementstein, Zementmörtel und Beton (1978).
Von *J. Hundt* und *H. Kantelberg.* 8,60 EUR

298: Erfahrungen bei der Prüfung von temporären Korrosionsschutzmitteln für Spannstähle.
Von *G. Rieche* und *J. Delille.*
Untersuchungen über den Korrosionsschutz von Spannstählen unter Spritzbeton (1978).
Von *G. Rehm, U. Nürnberger* und *R. Zimbelmann.* 8,10 EUR

299: Versuche an dickwandigen, unbewehrten Betonringen mit Innendruckbeanspruchung (1978).
Von *J. Neuner, S. Stöckl* und *E. Grasser.* 8,60 EUR

300: Hinweise zu DIN 1045, Ausgabe Dezember 1978. Bearbeitet von *D. Bertram* und *H. Deutschmann.*
Erläuterung der Bewehrungsrichtlinien (1979).
Von *G. Rehm, R. Eligehausen* und *B. Neubert.* vergriffen

301: Übergreifungsstöße zugbeanspruchter Rippenstäbe mit geraden Stabenden (1979).
Von *R. Eligehausen.* 12,90 EUR

302: Einfluss von Zusatzmitteln auf den Widerstand von jungem Beton gegen Rissbildung bei scharfem Austrocknen.
Von *W. Manns* und *K. Zeus.*
Spannungsoptische Untersuchungen zum Tragverhalten von zugbeanspruchten Übergreifungsstößen (1979).
Von *M. Betzle.* 8,60 EUR

303: Querkraftschlüssige Verbindung von Stahlbetondeckenplatten (1979).
Von *H. Paschen* und *V. C. Zillich.* 10,70 EUR

Heft

304: Kunstharzgebundene Glasfaserstäbe als Bewehrung im Betonbau.
Von *G. Rehm* und *L. Franke.*
Zur Frage der Krafteinleitung in kunstharzgebundene Glasfaserstäbe (1979).
Von *G. Rehm, L. Franke* und *M. Patzak.* 9,40 EUR

305: Vorherbestimmung und Kontrolle des thermischen Ausdehnungskoeffizienten von Beton (1979).
Von *S. Ziegeldorf K. Kleiser* und *H. K. Hilsdorf.* 7,30 EUR

306: Dreidimensionale Berechnung eines Spannbetonbehälters mit heißer Dichthaut für einen 1 500 MWe Druckwasserreaktor (1979).
Von *E. Ettel, H. Hinterleitner, J. Német, A. Jungmann* und *H. Kopp.* 8,10 EUR

307: Zur Bemessung der Schubbewehrung von Stahlbetonbalken mit möglichst gleichmäßiger Zuverlässigkeit (1979).
Von *W. Moosecker.* 8,10 EUR

308: Tragfähigkeit auf schrägen Druck von Brückenstegen, die durch Hüllrohre geschwächt sind.
Von *R. Koch* und *F. S. Rostásy.*
Spannungszustand aus Vorspannung im Bereich gekrümmter Spannglieder (1979).
Von *V. Cornelius* und *G. Mehlhorn.* 10,10 EUR

309: Kunstharzmörtel und Kunstharzbetone unter Kurzzeit- und Dauerstandbelastung.
Von *G. Rehm, L. Franke* und *K. Zeus.*
Langzeituntersuchungen an epoxidharzverklebten Zementmörtelprismen (1980).
Von *P. Jagfeld.* 10,00 EUR

310: Teilweise Vorspannung – Verbundfestigkeit von Spanngliedern und ihre Bedeutung für Rissbildung und Rissbreitenbeschränkung (1980).
Von *H. Trost, H. Cordes, U. Thormaehlen* und *H. Hagen.* 19,90 EUR

311: Segmentäre Spannbetonträger im Brückenbau (1980).
Von *K. Guckenberger, F. Daschner* und *H. Kupfer.* 18,00 EUR

312: Schwellenwerte beim Betondruckversuch (1980).
Von *G. Schickert.* 18,00 EUR

313: Spannungs-Dehnungs-Linien von Leichtbeton.
Von *H. Herrmann.*
Versuche zum Kriechen und Schwinden von hochfestem Leichtbeton (1980).
Von *P. Probst* und *S. Stöckl.* 14,50 EUR

314: Kurzzeitverhalten von extrem leichten Betonen, Druckfestigkeit und Formänderungen.
Von *K. Bastgen* und *K. Wesche.*
Die Schubtragfähigkeit bewehrter Platten und Balken aus dampfgehärtetem Gasbeton nach Versuchen (1980).
Von *D. Briesemann.* 22,30 EUR

315: Bestimmung der Beulsicherheit von Schalen aus Stahlbeton unter Berücksichtigung der physikalisch-nicht-linearen Materialeigenschaften (1980).
Von *W. Zerna, I. Mungan* und *W. Steffen.* 7,60 EUR

Heft

316: Versuche zur Bestimmung der Tragfähigkeit stumpf gestoßener Stahlbetonfertigteilstützen (1980).
Von *H. Paschen* und *V. C. Zillich.* vergriffen

317: Untersuchungen über die Schwingfestigkeit geschweißter Betonstahlverbindungen (1981).
Teil 1: Schwingfestigkeitsversuche.
Von *G. Rehm, W. Harre* und *D. Russwurm.*
Teil 2: Werkstoffkundliche Untersuchungen.
Von *G. Rehm* und *U. Nürnberger.* 17,20 EUR

318: Eigenschaften von feuerverzinkten Überzügen auf kaltumgeformten Betonrippenstählen und Betonstahlmatten aus kaltgewälztem Betonrippenstahl.
Technologische Eigenschaften von kaltgeformten Betonrippenstählen und Betonstahlmatten aus kaltgewalztem Betonrippenstahl nach einer Feuerverzinkung (1981).
Von *U. Nürnberger.* 9,40 EUR

319: Vollstöße durch Übergreifung von zugbeanspruchten Rippenstählen in Normalbeton.
Von *M. Betzle, S. Stöckl* und *H. Kupfer.*
Vollstöße durch Übergreifung von zugbeanspruchten Rippenstählen in Leichtbeton.
Von *S. Stöckl, M. Betzle* und *G. Schmidt-Thrö.*
Verbundverhalten von Betonstählen, Untersuchung auf der Grundlage von Ausziehversuchen.
Von *H. Martin* und *P. Noakowski.*
Ermittlung der Verbundspannungen an gedrückten einbetonierten Betonstählen (1981).
Von *F. P. Müller* und *W. Eisenbiegler.* 25,20 EUR

320: Erläuterungen zu DIN 4227 Spannbeton.
Teil 1: Bauteile aus Normalbeton mit beschränkter oder voller Vorspannung, Ausgabe 07.88
Teil 2: Bauteile mit teilweiser Vorspannung, Ausgabe 05.84
Teil 3: Bauteile in Segmentbauart; Bemessung und Ausführung der Fugen, Ausgabe 12.83
Teil 4: Bauteile aus Spannleichtbeton, Ausgabe 02.86
Teil 5: Einpressen von Zementmörtel in Spannkanäle, Ausgabe 12.79
Teil 6: Bauteile mit Vorspannung ohne Verbund, Ausgabe 05.82 (1989).
Zusammengestellt von *D. Bertram.* 34,30 EUR

321: Leichtzuschlag-Beton mit hohem Gehalt an Mörtelporen (1981).
Von *H. Weigler, S. Karl* und *C. Jaegermann.* 6,20 EUR

322: Biegebemessung von Stahlleichtbeton, Ableitung der Spannungsverteilung in der Biegedruckzone aus Prismenversuchen als Grundlage für DIN 4219.
Von *E. Grasser* und *P. Probst.*
Versuche zur Aufnahme der Umlenkkräfte von gekrümmten Bewehrungsstäben durch Betondeckung und Bügel (1981).
Von *J. Neuner* und *S. Stöckl.* 14,50 EUR

323: Zum Schubtragverhalten stabförmiger Stahlbetonelemente (1981).
Von *R. Mallée.* 10,70 EUR

Heft

324: Wärmeausdehnung, Elastizitätsmodul, Schwinden, Kriechen und Restfestigkeit von Reaktorbeton unter einachsiger Belastung und erhöhten Temperaturen.
Von *H. Aschl* und *S. Stöckl*.
Versuche zum Einfluss der Belastungshöhe auf das Kriechen des Betons (1981).
Von *S. Stöckl*. 15,90 EUR

325: Großmodellversuche zur Spanngliedreibung (1981).
Von *H. Cordes*, *K. Schütt* und *H. Trost*. 10,70 EUR

326: Blockfundamente für Stahlbetonfertigstützen (1981).
Von *H. Dieterle* und *A. Steinle*. vergriffen

327: Versuche zur Knicksicherung von druckbeanspruchten Bewehrungsstäben (1981).
Von *J. Neuner* und *S. Stöckl*. 8,60 EUR

328: Zum Tragfähigkeitsnachweis für Wand-Decken-Knoten im Großtafelbau (1982).
Von *E. Hasse*. 14,50 EUR

329: Sachstandbericht Massenbeton.
Von *Deutscher Beton-Verein e.V.*
Untersuchungen an einem über 20 Jahre alten Spannbetonträger der Pliensaubrücke Esslingen am Neckar (1982).
Von *K. Schäfer* und *H. Scheef*. 8,60 EUR

330: Zusammenstellung und Beurteilung von Messverfahren zur Ermittlung der Beanspruchungen in Stahlbetonbauteilen (1982).
Von *H. Twelmeier* und *J. Schneefuß*. 12,10 EUR

331: Kleben im konstruktiven Betonbau (1982).
Von *G. Rehm* und *L. Franke*. 12,40 EUR

332: Anwendungsgrenzen von vereinfachten Bemessungsverfahren für schlanke, zweiachsig ausmittig beanspruchte Stahlbetondruckglieder.
Von *P. C. Olsen* und *U. Quast*.
Traglast von Druckgliedern mit vereinfachter Bügelbewehrung unter Feuerangriff.
Von *A. Haksever* und *R. Hass*.
Traglast von Druckgliedern mit vereinfachter Bügelbewehrung unter Normaltemperatur und Kurzzeitbeanspruchung (1982).
Von *K. Kordina* und *R. Mester*. 15,00 EUR

333. Festschrift „75 Jahre Deutscher Ausschuß für Stahlbeton" (1982).
Von *D. Bertram*, *E. Bornemann*, *N. Bunke*, *H. Goffin*, *D. Jungwirth*, *K. Kordina*, *H. Kupfer*, *J. Schlaich*, *B. Wedler†* und *W. Zerna*. 22,60 EUR

334: Versuche an Spannbetonbalken unter kombinierter Beanspruchung aus Biegung, Querkraft und Torsion (1982).
Von *M. Teutsch* und *K. Kordina*. 10,20 EUR

335: Versuche zum Tragverhalten von segmentären Spannbetonträgern – Vergleichende Auswertung für Epoxidharz- und Zementmörtelfugen (1982).
Von *H. Kupfer*, *K. Guckenberger* und *F. Daschner*. 10,70 EUR

336: Tragfähigkeit und Verformung von Stahlbetonbalken unter Biegung und gleichzeitigem Zwang infolge Auflagerverschiebung (1982).
Von *K. Kordina*, *F. S. Rostásy* und *B. Svensvik*. 10,70 EUR

337: Verhalten von Beton bei hohen Temperaturen – Behaviour of Concrete at High Temperatures (1982).
Von *U. Schneider*. 15,50 EUR

338: Berechnung des zeitabhängigen Verhaltens von Stahlbetonplatten unter Last- und Zwangsbeanspruchung im ungerissenen und gerissenen Zustand (1982).
Von *G. Schaper*. 13,40 EUR

339: Stützenstöße im Stahlbeton-Fertigteilbau mit unbewehrten Elastomerlagern (1982).
Von *F. Müller*, *H. R. Sasse* und *U. Thormählen*. vergriffen

340: Durchlaufende Deckenkonstruktionen aus Spannbetonfertigteilplatten mit ergänzender Ortbetonschicht – Continuous Skin Stressed Slabs (1982).
Behaviour in Bending (Biegetrageverhalten).
Von *J. Rosenthal* und *E. Bljuger*.
Schubtragverhalten (Behaviour in Shear).
Von *F. Daschner* und *H. Kupfer*. 11,60 EUR

341: Zum Ansatz der Betonzugfestigkeit bei den Nachweisen zur Trag- und Gebrauchsfähigkeit von unbewehrten und bewehrten Betonbauteilen (1983).
Von *M. Jahn*. 8,60 EUR

342: Dynamische Probleme im Stahlbetonbau –
Teil I: Der Baustoff Stahlbeton unter dynamischer Beanspruchung (1983).
Von *F. P. Müller†*, *E. Keintzel* und *H. Charlier*. 18,80 EUR

343: Versuche zum Kriechen und Schwinden von hochfestem Leichtbeton. Versuche zum Rückkriechen von hochfestem Leichtbeton (1983).
Von *P. Hofmann* und *S. Stöckl*. 8,10 EUR

344: Versuche zur Teilflächenbelastung von Leichtbeton für tragende Konstruktionen.
Von *H. G. Heilmann*.
Teilflächenbelastung von Normalbeton – Versuche an bewehrten Scheiben (1983).
Von *P. Wurm* und *F. Daschner*. 12,60 EUR

345: Experimentelle Ermittlung der Steifigkeiten von Stahlbetonplatten (1983).
Von *H. Schäfer*, *K. Schneider* und *H. G. Schäfer*. 11,60 EUR

346: Tragfähigkeit geschweißter Verbindungen im Betonfertigteilbau.
Von *E. Cziesielski* und *M. Friedmann*.
Versuche zur Ermittlung der Tragfähigkeit in Beton eingespannter Rundstahldollen aus nichtrostendem austenitischem Stahl.
Von *G. Utescher* und *H. Herrmann*.
Untersuchungen über in Beton eingelassene Scherbolzen aus Betonstahl (1983).
Von *H. Paschen* und *T. Schönhoff*. vergriffen

347: Wirkung der Endhaken bei Vollstößen durch Übergreifung von zugbeanspruchten Rippenstählen.
Von *G. Schmidt-Thrö*, *S. Stöckl* und *M. Betzle*
Übergreifungs-Halbstoß mit kurzem Längsversatz (l_v = 0,5 $1_{ü}$) bei zugbeanspruchten Rippenstählen in Leichtbeton.
Von *M. Betzle*, *S. Stöckl* und *H. Kupfer*.
Rissflächen im Beton im Bereich von Übergreifungsstößen zugbeanspruchter Rippenstähle (1983).
Von *M. Betzle*, *S. Stöckl* und *H. Kupfer*. 17,40 EUR

348: Tragfähigkeit querkraftschlüssiger Fugen zwischen Stahlbeton-Fertigteildeckenelementen (1983).
Von *H. Paschen* und *V. C. Zillich*. vergriffen

349: Bestimmung des Wasserzementwertes von Frischbeton (1984).
Von *H. K. Hilsdorf*. 10,70 EUR

350: Spannbetonbauteile in Segmentbauart unter kombinierter Beanspruchung aus Torsion, Biegung und Querkraft.
Von *K. Kordina*, *M. Teutsch* und *V. Weber*.
Rissbildung von Segmentbauteilen in Abhängigkeit von Querschnittsausbildung und Spannstahlverbundeigenschaften.
Von *K. Kordina* und *V. Weber*.
Einfluss der Ausbildung unbewehrter Pressfugen auf die Tragfähigkeit von schrägen Druckstreben in den Stegen von Segmentbauteilen (1984).
Von *K. Kordina* und *V. Weber*. 16,70 EUR

351: Belastungs- und Korrosionsversuche an teilweise vorgespannten Balken.
Von *Günter Schelling* und *Ferdinand S. Rostásy*.
Teilweise Vorspannung – Plattenversuche (1984).
Von *Kassian Janovic* und *Herbert Kupfer*. 23,90 EUR

352: Empfehlungen für brandschutztechnisch richtiges Konstruieren von Betonbauwerken.
Von *K. Kordina* und *L. Krampf*.
Möglichkeiten, nachträglich die in einem Betonbauteil während eines Schadenfeuers aufgetretenen Temperaturen abzuschätzen.
Von *A. Haksever* und *L. Krampf*.
Brandverhalten von Decken aus Glasstahlbeton nach DIN 1045 (Ausg. 12.78), Abschn. 20.3.
Von *C. Meyer-Ottens*.
Eindringen von Chlorid-Ionen aus PVC-Abbrand in Stahlbetonbauteile – Literaturauswertung (1984).
Von *K. Wesche*, *G. Neroth* und *J. W. Weber*. vergriffen

353: Einpressmörtel mit langer Verarbeitungszeit.
Von *W. Manns* und *R. Zimbelmann*.
Auswirkung von Fehlstellen im Einpressmörtel auf die Korrosion des Spannstahls.
Von *G. Rehm*, *R. Frey* und *D. Funk*.
Korrosionsverhalten verzinkter Spannstähle in gerissenem Beton (1984).
Von *U. Nürnberger*. 30,60 EUR

354: Bewehrungsführung in Ecken und Rahmenendknoten.
Von *Karl Kordina*.
Vorschläge zur Bemessung rechteckiger und kranzförmiger Konsolen insbesondere unter exzentrischer Belastung aufgrund neuer Versuche (1984).
Von *Heinrich Paschen* und *Hermann Malonn*. vergriffen

Heft

355: Untersuchungen zur Vorspannung ohne Verbund.
Von *Heinrich Trost, Heiner Cordes* und *Bernhard Weller.*
Anwendung der Vorspannung ohne Verbund.
Von *Karl Kordina, Josef Hegger* und *Manfred Teutsch.*
Ermittlung der wirtschaftlichen Bewehrung von Flachdecken mit Vorspannung ohne Verbund (1984).
Von *Karl Kordina, Manfred Teutsch* und *Josef Hegger.* 20,90 EUR

356: Korrosionsschutz von Bauwerken, die im Gleitschalungsbau errichtet wurden (1984).
Von *Karl Kordina* und *Siegfried Droese.* 16,70 EUR

357: Konstruktion, Bemessung und Sicherheit gegen Durchstanzen von balkenlosen Stahlbetondecken im Bereich der Innenstützen (1984).
Von *Udo Schaefers.* vergriffen

358: Kriechen von Beton unter hoher zentrischer und exzentrischer Druckbeanspruchung (1985).
Von *Emil Grasser* und *Udo Kraemer.* 15,30 EUR

359: Versuche zur Ermüdungsbeanspruchung der Schubbewehrung von Stahlbetonträgern.
Von *Klaus Guckenberger, Herbert Kupfer* und *Ferdinand Daschner.*
Vorgespannte Schubbewehrung (1985).
Von *Jürgen Ruhnau* und *Herbert Kupfer.* 25,20 EUR

360: Festigkeitsverhalten und Strukturveränderungen von Beton bei Temperaturbeanspruchung bis 250 °C (1985).
Von *Jürgen Seeberger, Jörg Kropp* und *Hubert K. Hilsdorf.* 18,80 EUR

361: Beitrag zur Bemessung von schlanken Stahlbetonstützen für schiefe Biegung mit Achsdruck unter Kurzzeit- und Dauerbelastung – Contribution to the Design of Slender Reinforced Concrete Columns Subjected to Biaxial Bending and Axial Compression Considering Short and Long Term Loadings (1985).
Von *Nelson Szilard Galgoul.* 21,50 EUR

362: Versuche an Konstruktionsleichtbetonbauteilen unter kombinierter Beanspruchung aus Torsion, Biegung und Querkraft (1985).
Von *Karl Kordina* und *Manfred Teutsch.* 13,40 EUR

363: Versuche zur Mitwirkung des Betons in der Zugzone von Stahlbetonröhren (1985).
Von *Jörg Schlaich* und *Hans Schober.* 14,50 EUR

364: Empirische Zusammenhänge zur Ermittlung der Schubtragfähigkeit stabförmiger Stahlbetonelemente (1985).
Von *Karl Kordina* und *Franz Blume.* 11,80 EUR

365: Experimentelle Untersuchungen bewehrter und hohler Prüfkörper aus Normalbeton mittels eines zwängungsarmen Krafteinleitungssystems (1985).
Von *Manfred Specht, Rita Schmidt* und *Hartmut Kappes.* 16,10 EUR

366: Grundsätzliche Untersuchungen zum Geräteeinfluss bei der mehraxialen Druckprüfung von Beton (1985).
Von *Helmut Winkler.* 29,00 EUR

Heft

367: Verbundverhalten von Bewehrungsstählen unter Dauerbelastung in Normal- und Leichtbeton.
Von *Kassian Janovic.*
Übergreifungsstöße geschweißter Betonstahlmatten.
Von *Gallus Rehm* und *Rüdiger Tewes.*
Übergreifungsstöße geschweißter Betonstahlmatten in Stahlleichtbeton (1986).
Von *Gallus Rehm* und *Rüdiger Tewes.* 14,50 EUR

368: Fugen und Aussteifungen in Stahlbetonskelettbauten (1986).
Von *Bernd Hock, Kurt Schäfer* und *Jörg Schlaich.* vergriffen

369: Versuche zum Verhalten unterschiedlicher Stahlsorten in stoßbeanspruchten Platten (1986).
Von *Josef Eibl* und *Klaus Kreuser.* 13,40 EUR

370: Einfluss von Rissen auf die Dauerhaftigkeit von Stahlbeton- und Spannbetonbauteilen.
Von *Peter Schießl.*
Dauerhaftigkeit von Spanngliedern unter zyklischen Beanspruchungen.
Von *Heiner Cordes.*
Beurteilung der Betriebsfestigkeit von Spannbetonbrücken im Koppelfugenbereich unter besonderer Berücksichtigung einer möglichen Rissbildung.
Von *Gert König* und *Hans-Christian Gerhardt.*
Nachweis zur Beschränkung der Rissbreite in den Normen des Deutschen Ausschusses für Stahlbeton (1986).
Von *Eilhard Wölfel.* vergriffen

371: Tragfähigkeit durchstanzgefährdeter Stahlbetonplatten-Entwicklung von Bemessungsvorschlägen (1986).
Von *Karl Kordina* und *Diedrich Nölting.* vergriffen

372: Literaturstudie zur Schubsicherung bei nachträglich ergänzten Querschnitten.
Von *Ferdinand Daschner* und *Herbert Kupfer.*
Versuche zur notwendigen Schubbewehrung zwischen Betonfertigteilen und Ortbeton.
Von *Ferdinand Daschner.*
Verminderte Schubdeckung in Stahlbeton- und Spannbetonträgern mit Fugen parallel zur Tragrichtung unter Berücksichtigung nicht vorwiegend ruhender Lasten.
Von *Ingo Nissen, Ferdinand Daschner* und *Herbert Kupfer.*
Literaturstudie über Versuche mit sehr hohen Schubspannungen (1986).
Von *Herbert Kupfer* und *Ferdinand Daschner.* vergriffen

373: Empfehlungen für die Bewehrungsführung in Rahmenecken und -knoten.
Von *Karl Kordina, Ehrenfried Schaaff* und *Thomas Westphal.*
Das Übertragungs- und Weggrößenverfahren für ebene Stahlbetonstabtragwerke unter Verwendung von Tangentensteifigkeiten (1986).
Von *Poul Colberg Olsen.* vergriffen

374: Schwingfestigkeitsverhalten von Betonstählen unter wirklichkeitsnahen Beanspruchungs- und Umgebungsbedingungen (1986).
Von *Gallus Rehm, Wolfgang Harre* und *Willibald Beul.* 14,50 EUR

Heft

375: Grundlagen und Verfahren für den Knicksicherheitsnachweis von Druckgliedern aus Konstruktionsleichtbeton.
Von *Roland Molzahn.*
Einfluss des Kriechens auf Ausbiegung und Tragfähigkeit schlanker Stützen aus Konstruktionsleichtbeton (1986).
Von *Roland Molzahn.* 13,40 EUR

376: Trag- und Verformungsfähigkeit von Stützen bei großen Zwangsverschiebungen der Decken.
Von *Peter Steidle* und *Kurt Schäfer.*
Versuche an Stützen mit Normalkraft und Zwangsverschiebungen (1986).
Von *Rolf Wohlfahrt* und *Rainer Koch.* 22,60 EUR

377: Versuche zur Schubtragwirkung von profilierten Stahlbeton- und Spannbetonträgern mit überdrückten Gurtplatten (1986).
Von *Herbert Kupfer* und *Klaus Guckenberger.* 14,00 EUR

378: Versuche über das Verbundverhalten von Rippenstählen bei Anwendung des Gleitbauverfahrens.
Teilbericht I:
Ausziehversuche, Proben in Utting hergestellt.
Von *Gerfried Schmidt-Thrö* und *Siegfried Stöckl.*
Teilbericht II:
Versuche zur Bestimmung charakteristischer Betoneigenschaften bei Anwendung des Gleitbauverfahrens.
Von *Gerfried Schmidt-Thrö, Siegfried Stöckl* und *Herbert Kupfer.*
Teilbericht III:
Ausziehversuche und Versuche an Übergreifungsstößen, Proben in Berlin bzw. Köln hergestellt.
Von *Klaus Kluge, Gerfried Schmidt-Thrö, Siegfried Stöckl* und *Herbert Kupfer.*
Einfluss der Probekörperform und der Messpunktanordnung auf die Ergebnisse von Ausziehversuchen (1986).
Von *Gerfried Schmidt-Thrö, Siegfried Stöckl* und *Herbert Kupfer.* 27,40 EUR

379: Experimentelle und analytische Untersuchungen zur wirklichkeitsnahen Bestimmung der Bruchschnittgrößen unbewehrter Betonbauteile unter Zugbeanspruchung, (1987).
Von *Dietmar Scheidler.* 16,70 EUR

380: Eigenspannungszustand in Stahl- und Spannbetonkörpern infolge unterschiedlichen thermischen Dehnverhaltens von Beton und Stahl bei tiefen Temperaturen.
Von *Ferdinand S. Rostásy* und *Jochen Scheuermann.*
Verbundverhalten einbetonierten Betonrippenstahls bei extrem tiefer Temperatur.
Von *Ferdinand S. Rostásy* und *Jochen Scheuermann.*
Versuche zur Biegetragfähigkeit von Stahlbetonplattenstreifen bei extrem tiefer Temperatur (1987).
Von *Günter Wiedemann, Jochen Scheuermann, Karl Kordina* und *Ferdinand S. Rostásy.* 19,90 EUR

381: Schubtragverhalten von Spannbetonbauteilen mit Vorspannung ohne Verbund.
Von *Karl Kordina* und *Josef Hegger.*
Systematische Auswertung von Schubversuchen an Spannbetonbalken (1987).
Von *Karl Kordina* und *Josef Hegger.* 21,50 EUR

Heft

448: Veränderung des Betongefüges durch die Wirkung von Steinkohlenflugasche und ihr Einfluss auf die Betoneigenschaften (1995).
Von *Reiner Härdtl.* 18,30 EUR

449: Wirksame Betonzugfestigkeit im Bauwerk bei früh einsetzendem Temperaturzwang (1995).
Von *Peter Onken* und *Ferdinand S. Rostásy.* 20,40 EUR

450: Prüfverfahren und Untersuchungen zum Eindringen von Flüssigkeiten und Gasen in Beton sowie zum chemischen Widerstand von Beton.
Von *Hans Paschmann, Horst Grube* und *Gerd Thielen.*
Untersuchungen zum Eindringen von Flüssigkeiten in Beton sowie zur Verbesserung der Dichtheit des Betons (1995).
Von *Hans Paschmann, Horst Grube* und *Gerd Thielen.* 23,60 EUR

451: Beton als sekundäre Dichtbarriere gegenüber umweltgefährdenden Flüssigkeiten (1995).
Von *Michael Aufrecht.* vergriffen

452: Wöhlerlinien für einbetonierte Spanngliedkopplungen.
– Dauerschwingversuche an Spanngliedkopplungen des Litzenspannverfahrens D & W.
Von *Gert König* und *Roland Sturm.*
– Dauerschwingversuche an Spanngliedkopplungen des Bündelspanngliedes BBRV-SUSPA II (1995).
Von *Gert König* und *Ireneusz Danielewicz.* 16,10 EUR

453: Ein durchgängiges Ingenieurmodell zur Bestimmung der Querkrafttragfähigkeit im Bruchzustand von Bauteilen aus Stahlbeton mit und ohne Vorspannung der Festigkeitsklassen C 12 bis C 115 (1995).
Von *Manfred Specht* und *Hans Scholz.* 23,60 EUR

454: Tragverhalten von randfernen Kopfbolzenverankerungen bei Betonbruch (1995).
Von *Guochen Zhao.* 20,40 EUR

455: Wasserdurchlässigkeit und Selbstheilung von Trennrissen in Beton (1996).
Von *Carola Katharina Edvardsen.* 23,60 EUR

456: Zum Schubtragverhalten von Fertigplatten mit Ortbetonergänzung.
Von *Horst Georg Schäfer* und *Wolfgang Schmidt-Kehle.*
Oberflächenrauheit und Haftverbund.
Von *Horst Georg Schäfer, Klaus Block* und *Rita Drell.*
Zur Oberflächenrauheit von Fertigplatten mit Ortbetonergänzung.
Von *Horst Georg Schäfer* und *Wolfgang Schmidt-Kehle.*
Ortbetonergänzte Fertigteilbalken mit profilierter Anschlussfuge unter hoher Querkraftbeanspruchung (1996).
Von *Horst Georg Schäfer* und *Wolfgang Schmidt-Kehle.* 30,00 EUR

457: Verbesserung der Undurchlässigkeit, Beständigkeit und Verformungsfähigkeit von Beton.
Von *Udo Wiens, Fritz Grahn* und *Peter Schießl.*
Durchlässigkeit von überdrückten Trennrissen im Beton bei Beaufschlagung mit wassergefährdenden Flüssigkeiten.
Von *Norbert Brauer* und *Peter Schießl.*
Untersuchungen zum Eindringen von Flüssigkeiten in Beton, zur Dekontamination von Beton sowie zur Dichtheit von Arbeitsfugen (1996).
Von *Hans Paschmann* und *Horst Grube.* vergriffen

458: Umweltverträglichkeit zementgebundener Baustoffe – Sachstandsbericht – (1996).
Von *Inga Hohberg, Christoph Müller, Peter Schießl* und *Gerhard Volland.* 20,40 EUR

459: Bemessen von Stahlbetonbalken und -wandscheiben mit Öffnungen (1996).
Von *Hermann Ulrich Hottmann* und *Kurt Schäfer.* 26,90 EUR

460: Fließverhalten von Flüssigkeiten in durchgehend gerissenen Betonkonstruktionen (1996).
Von *Christiane Imhof-Zeitler.* 32,20 EUR

461: Grundlagen für den Entwurf, die Berechnung und konstruktive Durchbildung lager- und fugenloser Brücken (1996).
Von *Michael Pötzl, Jörg Schlaich* und *Kurt Schäfer.* 21,50 EUR

462: Umweltgerechter Rückbau und Wiederverwertung mineralischer Baustoffe – Sachstandsbericht (1996).
Von *Peter Grübl* u. a. 32,20 EUR

463: Contec ES – Computer Aided Consulting für Betonoberflächenschäden (1996).
Von *Gabriele Funk.* vergriffen

464: Sicherheitserhöhung durch Fugenverminderung – Spannbeton im Umweltbereich.
Von *Jens Schütte, Manfred Teutsch* und *Horst Falkner.*
Fugen in chemisch belasteten Betonbauteilen.
Von *Hans-Werner Nordhues* und *Johann-Dietrich Wörner.*
Durchlässigkeit und konstruktive Konzeption von Fugen (Fertigteilverbindungen) (1996).
Von *Marko Bida* und *Klaus-Peter Grote.* 31,20 EUR

465: Dichtschichten aus hochfestem Faserbeton.
Von *Martina Lemberg.*
Dichtheit von Faserbetonbauteilen (synthetische Fasern) (1996).
Von *Johann-Dietrich Wörner, Christiane Imhof-Zeitler* und *Martina Lemberg.* 29,00 EUR

466: Grundlagen und Bemessungshilfen für die Rissbreitenbeschränkung im Stahlbeton und Spannbeton sowie Kom-mentare, Hintergrundinformationen und Anwendungsbeispiele zu den Regelungen nach DIN 1045. EC2 und Model Code 90 (1996).
Von *Gert König* und *Nguyen Viet Tue.* 21,50 EUR

467: Verstärken von Betonbauteilen – Sachstandsbericht – (1996).
Von *Horst Georg Schäfer* u. a. 18,30 EUR

468: Stahlfaserbeton für Dicht- und Verschleißschichten auf Betonkonstruktionen.
Von *Burkhard Wienke.*
Einfluss von Stahlfasern auf das Verschleißverhalten von Betonen unter extremen Betriebsbedingungen in Bunkern von Abfallbehandlungsanlagen (1996).
Von *Thomas Höcker.* 26,90 EUR

469: Schadensablauf bei Korrosion der Spannbewehrung (1996).
Von *Gert König, Nguyen Viet Tue, Thomas Bauer* und *Dieter Pommerening.* 16,10 EUR

470: Anforderungen an Stahlbetonlager thermischer Behandlungsanlagen für feste Siedlungsabfälle.
Von *Georg Zimmermann.*
Temperaturbeanspruchungen in Stahlbetonlagern für feste Siedlungsabfälle (1996).
Von *Ralf Brüning.* 36,50 EUR

471: Zum Bruchverhalten von hochfestem Beton bei einer Zugbeanspruchung durch formschlüssige Verankerungen (1997).
Von *Ralf Zeitler.* 17,20 EUR

472: Segmentbalken mit Vorspannung ohne Verbund unter kombinierter Beanspruchung aus Torsion, Biegung und Querkraft.
Von *Horst Falkner, Manfred Teutsch* und *Zhen Huang.*
Eurocode 8: Tragwerksplanung von Bauten in Erdbebengebieten Grundlagen, Anforderungen. Vergleich mit DIN 4149 (1997).
Von *Dan Constantinescu.* 16,10 EUR

473: Zum Verbundtragverhalten laschenverstärkter Betonbauteile unter nicht vorwiegend ruhender Beanspruchung.
Von *Christoph Hankers.*
Ingenieurmodelle des Verbunds geklebter Bewehrung für Betonbauteile (1997).
Von *Peter Holzenkämpfer.* 30,00 EUR

474: Injizierte Risse unter Medien- und Lasteinfluss.
Teil I: Grundlagenversuche.
Von *Horst Falkner, Manfred Teutsch, Thies Claußen, Jürgen Günther* und *Sabine Rohde.*
Teil 2: Bauteiluntersuchungen.
Von *Hans-Wolf Reinhardt, Massimo Sosoro, Friedrich Paul* und *Xiao-feng Zhu.*
Oberflächenschutzmaßnahmen zur Erhöhung der chemischen Dichtungswirkung.
Von *Klaus Littmann.*
Korrosionsschutz der Bewehrung bei Einwirkung umweltgefährdender Flüssigkeiten (1997).
Von *Romain Weydert* und *Peter Schießl.* 27,90 EUR

475: Transport organischer Flüssigkeiten in Betonbauteilen mit Mikro- und Biegerissen.
Von *Xiao-feng Zhu.*
Eindring- und Durchströmungsvorgänge umweltgefährdender Stoffe an feinen Trennrissen in Beton (1997).
Von *Detlef Bick, Heiner Cordes* und *Heinrich Trost.* vergriffen

Heft

476: Zuverlässigkeit des Verpressens von Spannkanälen unter Berücksichtigung der Unsicherheiten auf der Baustelle (1997).
Von *Ferdinand S. Rostásy* und *Alex-W. Gutsch.* 25,70 EUR

477: Einfluss bruchmechanischer Kenngrößen auf das Biege- und Schubtragverhalten hochfester Betone (1997).
Von *Rainer Grimm.* 27,90 EUR

478: Tragfähigkeit von Druckstreben und Knoten in D-Bereichen (1997).
Von *Wolfgang Sundermann* und *Kurt Schäfer.* 29,00 EUR

479: Über das Brandverhalten punktgestützter Stahlbetonplatten (1997).
Von *Karl Kordina.* 25,70 EUR

480: Versagensmodell für schubschlanke Balken (1997).
Von *Jürgen Fischer.* 19,30 EUR

481: Sicherheitskonzept für Bauten des Umweltschutzes.
Von *Daniela Kiefer.*
Erfahrungen mit Bauten des Umweltschutzes.
Von *Johann-Dietrich Wörner, Daniela Kiefer* und *Hans-Werner Nordhues.*
Qualitätskontrollmaßnahmen bei Betonkonstruktionen (1997).
Von *Otto Kroggel.* 21,50 EUR

482: Rissbreitenbeschränkung zwangbeanspruchter Bauteile aus hochfestem Normalbeton (1997).
Von *Harald Bergner.* 25,70 EUR

483: Durchlässigkeitsgesetze für Flüssigkeiten mit Feinstoffanteilen bei Betonbunkern von Abfallbehandlungsanlagen.
Von *Klaus-Peter Grote.*
Einfluss von Stahlfasern auf die Durchlässigkeit von Beton (1997).
Von *Ralf Winterberg.* 22,60 EUR

484: Grenzen der Anwendung nichtlinearer Rechenverfahren bei Stabtragwerken und einachsig gespannten Platten.
Von *Rolf Eligehausen* und *Eckhart Fabritius.*
Rotationsfähigkeit von plastischen Gelenken im Stahl- und Spannbetonbau.
Von *Longfei Li.*
Verdrehfähigkeit plastizierter Trag-werksbereiche im Stahlbetonbau (1998).
Von *Peter Langer.* 37,60 EUR

485: Verwendung von Bitumen als Gleitschicht im Massivbau.
Von *Manfred Curbach* und *Thomas Bösche.*
Versuche zur Eignung industriell gefertigter Bitumenbahnen als Bitumengleitschicht (1998).
Von *Manfred Curbach* und *Thomas Bösche.* 21,50 EUR

486: Trag- und Verformungsverhalten von Rahmenknoten (1998).
Von *Karl Kordina, Manfred Teutsch* und *Erhard Wegener.* 34,30 EUR

487: Dauerhaftigkeit hochfester Betone (1998).
Von *Ulf Guse* und *Hubert K. Hilsdorf.* 19,30 EUR

488: Sachstandsbericht zum Einsatz von Textilien im Massivbau (1998).
Von *Manfred Curbach* u. a. 22,60 EUR

Heft

489: Mindestbewehrung für verformungsbehinderte Betonbauteile im jungen Alter (1998).
Von *Udo Paas.* 23,60 EUR

490: Beschichtete Bewehrung. Ergebnisse sechsjähriger Auslagerungsversuche.
Von *Klaus Menzel, Frank Schulze* und *Hans-Wolf Reinhardt.*
Kontinuierliche Ultraschallmessung während des Erstarrens und Erhärtens von Beton als Werkzeug des Qualitätsmanagements (1998).
Von *Hans-Wolf Reinhardt, Christian U. Große* und *Alexander Herb.* 18,30 EUR

491: Der Einfluss der freien Schwingungen auf ausgewählte dynamische Parameter von Stahlbetonbiegeträgern (1999).
Von *Manfred Specht* und *Michael Kramp.* 31,20 EUR

492: Nichtlineares Last-Verformungs-Verhalten von Stahlbeton- und Spannbetonbauteilen, Verformungsvermögen und Schnittgrößenermittlung (1999).
Von *Gert König, Dieter Pommerening* und *Nguyen Viet Tue.* 26,90 EUR

493: Leitfaden für die Erfassung und Bewertung der Materialien eines Abbruchobjektes (1999).
Von *Theo Rommel, Wolfgang Katzer, Gerhard Tauchert* und *Jie Huang.* 18,80 EUR

494: Tragverhalten von Stahlfaserbeton (1999).
Von *Yong-zhi Lin.* 23,60 EUR

495: Stoffeigenschaften jungen Betons; Versuche und Modelle (1999).
Von *Alex-W. Gutsch.* 29,50 EUR

496: Entwerfen und Bemessen von Betonbrücken ohne Fugen und Lager (1999).
Von *Stephan Engelsmann, Jörg Schlaich* und *Kurt Schäfer.* 25,70 EUR

497: Entwicklung von Verfahren zur Beurteilung der Kontaminierung der Baustoffe vor dem Abbruch (Schnellprüfverfahren) (2000).
Von *Jochen Stark* und *Peter Nobst.* 20,90 EUR

498: Kriechen von Beton unter Zugbeanspruchung (2000).
Von *Karl Kordina, Lothar Schubert* und *Uwe Troitzsch.* 16,70 EUR

499: Tragverhalten von stumpf gestoßenen Fertigteilstützen aus hochfestem Beton (2000).
Von *Jens Minnert.* 29,00 EUR

500: BiM-Online – Das interaktive Informationssystem zu „Baustoffkreislauf im Massivbau" (2000).
Von *Hans-Wolf Reinhardt, Marcus Schreyer* und *Joachim Schwarte.* 21,50 EUR

501: Tragverhalten und Sicherheit betonstahlbewehrter Stahlfaserbetonbauteile (2000).
Von *Ulrich Gossla.* 20,40 EUR

502: Witterungsbeständigkeit von Beton. 3. Bericht (2000).
Von *Wilhelm Manns* und *Kurt Zeus.* 17,80 EUR

Heft

503: Untersuchungen zum Einfluss der bezogenen Rippenfläche von Bewehrungsstäben auf das Tragverhalten von Stahlbetonbauteilen im Gebrauchs- und Bruchzustand (2000).
Von *Rolf Eligehausen* und *Utz Mayer.* 20,90 EUR

504: Schubtragverhalten von Stahlbetonbauteilen mit rezyklierten Zuschlägen (2000).
Von *Sufang Lü.* 24,70 EUR

505: Biegetragverhalten von Stahlbetonbauteilen mit rezyklierten Zuschlägen (2000).
Von *Matthias Meißner.* 29,00 EUR

506: Verwertung von Brechsand aus Bauschutt (2000).
Von *Christoph Müller* und *Bernd Dora.* 24,70 EUR

507: Betonkennwerte für die Bemessung und Verbundverhalten von Beton mit rezykliertem Zuschlag (2000).
Von *Konrad Zilch* und *Frank Roos.* 19,30 EUR

508: Zulässige Toleranzen für die Abweichungen der mechanischen Kennwerte von Beton mit rezykliertem Zuschlag (2000).
Von *Johann-Dietrich Wörner, Pieter Moerland, Sabine Giebenhain, Harald Kloft* und *Klaus Leiblein.* 16,70 EUR

509: Bruchmechanisches Verhalten jungen Betons (2000).
Von *Karim Hariri.* 24,70 EUR

510: Probabilistische Lebensdauerbemessung von Stahlbetonbauwerken – Zuverlässigkeitsbetrachtungen zur wirksamen Vermeidung von Bewehrungskorrosion (2000).
Von *Christoph Gehlen.* 24,20 EUR

511: Hydroabrasionsverschleiß von Betonoberflächen.
Beton und Mörtel für die Instandsetzung verschleißgeschädigter Betonbauteile im Wasserbau (2000).
Von *Gesa Haroske, Jan Vala* und *Ulrich Diederichs.* 27,40 EUR

512: Zwang und Rissbildung infolge Hydratationswärme – Grundlagen Berechnungsmodelle und Tragverhalten (2000).
Von *Benno Eierle* und *Karl Schikora.* 27,40 EUR

513: Beton als kreislaufgerechter Baustoff (2001).
Von *Christoph Müller.* 65,50 EUR

514: Einfluss von rezykliertem Zuschlag aus Betonbruch auf die Dauerhaftigkeit von Beton.
Von *Beatrix Kerkhoff* und *Eberhard Siebel.*
Einfluss von Feinstoffen aus Betonbruch auf den Hydratationsfortschritt.
Von *Walter Wassing.*
Recycling von Beton, der durch eine Alkalireaktion gefährdet oder bereits geschädigt ist.
Von *Wolfgang Aue.*
Frostwiderstand von rezykliertem Zuschlag aus Altbeton und mineralischen Baustoffgemischen (Bauschutt) (2001).
Von *Stefan Wies* und *Wilhelm Manns.* 48,60 EUR

Heft

515: Analytische und numerische Untersuchungen des Durchstanzverhaltens punktgestützter Stahlbetonplatten (2001).
Von *Markus Anton Staller.* 43,50 EUR

516: Sachstandbericht Selbstverdichtender Beton (SVB) (2001).
Von *Hans-Wolf Reinhardt, Wolfgang Brameshuber, Geraldine Buchenau, Frank Dehn, Horst Grube, Peter Grübl, Bernd Hillemeier, Martin Jooß, Bert Kilanowski, Thomas Krüger, Christoph Lemmer, Viktor Mechterine, Harald Müller, Thomas Müller, Markus Plannerer, Andreas Rogge, Andreas Schaab, Angelika Schießl* und *Stephan Uebachs.* 33,80 EUR

517: Verformungsverhalten und Tragfähigkeit dünner Stege von Stahlbeton- und Spannbetonträgern mit hoher Betongüte (2001).
Von *Karl-Heinz Reineck, Rolf Wohlfahrt* und *Harianto Hardjasaputra.* 54,20 EUR

518: Schubtragfähigkeit längsbewehrter Porenbetonbauteile ohne Schubbewehrung.
Thermische Vorspannung bewehrter Porenbetonbauteile.
Kriechen von unbewehrtem Porenbeton.
Kriechen des Porenbetons im Bereich der zur Verankerung der Längsbewehrung dienenden Querstäbe und Tragfähigkeit der Verankerung (2001).
Von *Ferdinand Daschner* und *Konrad Zilch.* 55,90 EUR

519: Betonbau beim Umgang mit wassergefährdenden Stoffen. Zweiter Sachstandsbericht mit Beispielsammlung (2001).
Von *Rolf Breitenbücher, Franz-Josef Frey, Horst Grube, Wilhelm Kanning, Klaus Lehmann, Hans-Wolf Reinhardt, Bernd Schnütgen, Manfred Teutsch, Günter Timm* und *Johann-Dietrich Wörner.* 52,10 EUR

520: Frühe Risse in massigen Betonbauteilen – Ingenieurmodelle für die Planung von Gegenmaßnahmen (2001).
Von *Ferdinand S. Rostásy* und *Matias Krauß.* 39,20 EUR

521: Sachstandbericht Nachhaltig Bauen mit Beton (2001).
Von *Hans-Wolf Reinhardt, Wolfgang Brameshuber, Carl-Alexander Graubner, Peter Grübl, Bruno Hauer, Katja Hüske, Julian Kümmel, Hans-Ulrich Litzner, Heiko Lünser, Dieter Rußwurm.* 31,10 EUR

522: Anwendung von hochfestem Beton im Brückenbau.
Von *Konrad Zilch* und *Markus Hennecke.*
Erfahrungen mit Entwurf, Ausschreibung, Vergabe und Tragwerksplanung.
Von *André Müller, Hans Pfisterer, Jürgen Weber* und *Konrad Zilch.*
Erfahrungen mit der Bauausführung und Maßnahmen zur Gewährleistung der geforderten Qualität.
Von *Markus Hennecke, Gert Leonhardt* und *Rolf Stahl.*
Betontechnologie (2002).
Von *Volker Hartmann* und *Werner Schrub.* 37,60 EUR

Heft

523: Beständigkeit verschiedener Betonarten im Meerwasser und in sulfathaltigem Wasser (2003).
Von *Ottokar Hallauer.* 96,10 EUR

524: Mehraxiale Festigkeit von duktilem Hochleistungsbeton (2002).
Von *Manfred Curbach* und *Kerstin Speck.* 68,30 EUR

525: Erläuterungen zu DIN 1045-1; 2. überarbeitete Auflage (2010) 64,30 EUR

526: Erläuterungen zu den Normen DIN EN 206-1, DIN 1045-2, DIN 1045-3, DIN 1045-4 und DIN EN 12620; 2. überarbeitete Auflage (2011). 88,40 EUR

527: Füllen von Rissen und Hohlräumen in Betonbauteilen (2006).
Von *Angelika Eßer.* 58,40 EUR

528: Schubtragfähigkeit von Betonergänzungen an nachträglich aufgerauten Betonoberflächen bei Sanierungs- und Ertüchtigungsmaßnahmen (2002).
Von *Konrad Zilch* und *Jürgen Mainz.* 20,80 EUR

529: Betonwaren mit Recyclingzuschlägen.
Von *Christoph Müller* und *Peter Schießl.*
Rezyklieren von Leichtbeton (2002).
Von *Hans-Wolf Reinhardt* und *Julian Kümmel.* 32,20 EUR

530: Nachweise zur Sicherheit beim Abbruch von Stahlbetonbauwerken durch Sprengen.
Von *Josef Eibl, Andreas Plotzitza, Nico Herrmann.*
Sprengtechnischer Abbruch, Erprobung und Optimierung (2000).
Von *Hans-Ulrich Freund, Gerhard Duseberg, Steffen Schumann, Helmut Roller, Walter Werner.* 36,50 EUR

531: Großtechnische Versuche zur Nassaufbereitung von Recycling-Baustoffen mit der Setzmaschine.
Von *Harald Kurkowski* und *Klaus Mesters.*
Einflüsse der Aufbereitung von Bauschutt für eine Verwendung als Betonzuschlag (2003).
Von *Werner Reichel* und *Petra Heldt.* 42,80 EUR

532: Die Bemessung und Konstruktion von Rahmenknoten. Grundlagen und Beispiele gemäß DIN 1045-1(2002).
Von *Josef Hegger* und *Wolfgang Roeser.* 62,80 EUR

533: Rechnerische Untersuchung der Durchbiegung von Stahlbetonplatten unter Ansatz wirklichkeitsnaher Steifigkeiten und Lagerungsbedingungen und unter Berücksichtigung zeitabhängiger Verformungen (2006).
Von *Konrad Zilch* und *Uli Donaubauer.*
Zum Trag- und Verformungsverhalten bewehrter Betonquerschnitte im Grenzzustand der Gebrauchstauglichkeit.
Von *Wolfgang Krüger* und *Olaf Mertzsch.* 67,70 EUR

534: Sicherheitskonzept für nichtlineare Traglastverfahren im Betonbau (2003).
Von *Michael Six.* 51,90 EUR

535: Rotationsfähigkeit von Rahmenecken (2002).
Von *Jan Akkermann* und *Josef Eibl.* 43,70 EUR

Heft

537: Zum Einfluss der Oberflächengestalt von Rippenstählen auf das Trag- und Verformungsverhalten von Stahlbetonbauteilen (2003).
Von *Utz Mayer.* 44,20 EUR

538: Analyse der Transportmechanismen für wassergefährdende Flüssigkeiten in Beton zur Berechnung des Medientransportes in ungerissene und gerissene Betondruckzonen (2002).
Von *Norbert Brauer.* 45,40 EUR

539: Alkalireaktion im Bauwerksbeton. Ein Erfahrungsbericht (2003).
Von *Wilfried Bödeker.* 26,30 EUR

540: Trag- und Verformungsverhalten von Stahlbetontragwerken unter Betriebsbelastung (2003).
Von *Thomas M. Sippel.* 27,30 EUR

541: Das Ermüdungsverhalten von Dübelbefestigungen (2003).
Von *Klaus Block und Friedrich Dreier.* 38,80 EUR

542: Charakterisierung, Modellierung und Bewertung des Auslaugverhaltens umweltrelevanter, anorganischer Stoffe aus zementgebundenen Baustoffen (2003).
Von *Inga Hohberg.* 52,40 EUR

543: Mikrostrukturuntersuchungen zum Sulfatangriff bei Beton (2003).
Von *Winfried Malorny.* 19,60 EUR

544: Hochfester Beton unter Dauerzuglast (2003).
Von *Tassilo Rinder.* 37,70 EUR

545: Gebrauchsverhalten von Bodenplatten aus Beton unter Einwirkungen infolge Last und Zwang (2004).
Von *Peter Niemann.* 65,00 EUR

546: Zu Deckenscheiben zusammengespannte Stahlbetonfertigteile für demontable Gebäude (2003).
Von *Georg Christian Weiß.* 39,90 EUR

547: Durchstanzen von Bodenplatten unter rotationssymmetrischer Belastung (2004).
Von *Maike Timm.* 49,10 EUR

548: Die Druckfestigkeit von gerissenen Scheiben aus Hochleistungsbeton und selbstverdichtendem Beton unter Berücksichtigung des Einflusses der Rissneigung (2005).
Von *Angelika Schießl.* 56,30 EUR

549: Zum Gebrauchs- und Tragverhalten von Tunnelschalen aus Stahlfaserbeton und stahlfaserverstärktem Stahlbeton (2004).
Von *Olaf Hemmy.* 74,20 EUR

550: Zur Querkrafttragfähigkeit von Balken aus stahlfaserverstärktem Stahlbeton (2004).
Von *Joachim Rosenbusch.* 47,60 EUR

551: Zur Wirkung von Steinkohlenflugasche auf die chloridinduzierte Korrosion von Stahl in Beton (2005).
Von *Udo Wiens.* 63,30 EUR

552: Randbedingungen bei der Instandsetzung nach dem Schutzprinzip W bei Bewehrungskorrosion im karbonatisierten Beton (2005).
Von *Romain Weydert.* 38,50 EUR

Heft

553: Traglast unbewehrter Beton- und Mauerwerkswände – Nichtlineares Berechnungsmodell und konsistentes Bemessungskonzept für schlanke Wände unter Druckbeanspruchung (2005).
Von *Christian Glock.* 67,70 EUR

554: Sachstandbericht Sulfatangriff auf Beton (2006).
Von *R. Breitenbücher, D. Heinz, K. Lipus, J. Paschke, G. Thielen, L. Urbanos, F. Wisotzky.* 50,80 EUR

555: Erläuterungen zur DAfStb-Richtlinie „Wasserundurchlässige Bauwerke aus Beton" (2006). 18,10 EUR

556: Probabilistischer Nachweis der Wirksamkeit von Maßnahmen gegen frühe Trennrisse in massigen Betonbauteilen (2006).
Von *Matias Krauß.* 52,40 EUR

557: Querkrafttragfähigkeit von Stahlbeton- und Spannbetonbalken aus Normal- und Hochleistungsbeton (2007).
Von *Josef Hegger, Stephan Görtz.* 35,50 EUR

558: Zur Dauerhaftigkeit von AR-Glasbewehrung in Textilbeton (2005).
Von *Jeanette Orlowsky.* 35,50 EUR

559: Herstellungszustand verformungsbehinderter Bodenplatten aus Beton (2006).
Von *Silke Agatz.* 36,00 EUR

560: Sachstandbericht Übertragbarkeit von Frost-Laborprüfungen auf Praxisverhältnisse (2005).
Von *E. Siebel, W. Brameshuber, Ch. Brandes, U. Dahme, F. Dehn, K. Dombrowski, V. Feldrappe, U. Frohburg, U. Guse, A. Huß, E. Lang, L. Lohaus, Ch. Müller, H. S. Müller, S. Palecki, L. Petersen, P. Schröder, M. J. Setzer, F. Weise, A. Westendarp, U. Wiens.* 36,00 EUR

561: Sachstandbericht Ultrahochfester Beton (2008).
Von *M. Schmidt, R. Bornemann, K. Bunje, F. Dehn, K. Droll, E. Fehling, S. Greiner, J. Horvath, E. Kleen, Ch. Müller, K.-H. Reineck, I. Schachinger, T. Teichmann, M. Teutsch, R. Thiel, N. V. Tue.* 39,30 EUR

562: Eigenschaften von wärmebehandeltem Selbstverdichtendem Beton (2006).
Von *Michael Stegmaier.* 54,60 EUR

563: Zur wasserstoffinduzierten Spannungsrisskorrosion von hochfesten Spannstählen – Untersuchungen zur Dauerhaftigkeit von Spannbetonbauteilen (2005).
Von *Jörg Moersch.* 38,80 EUR

564: Experimentelle und theoretische Untersuchungen der Frischbetoneigenschaften von Selbstverdichtendem Beton (2006).
Von *Timo Wüstholz.* 45,40 EUR

565: Zerstörungsfreie Prüfverfahren und Bauwerksdiagnose im Betonbau – Beiträge zur Fachtagung des Deutschen Ausschusses für Stahlbeton in Zusammenarbeit mit der Bundesanstalt für Materialforschung und -prüfung, 11.03.2005 Berlin (2006). 27,80 EUR

566: Untersuchung des Trag- und Verformungsverhaltens von Stahlbetonbalken mit großen Öffnungen (2007).
Von *Martina Schnellenbach-Held, Stefan Ehmann, Carina Neff.* 36,20 EUR

567: Sachstandbericht Frischbetondruck fließfähiger Betone (2006).
Von *C.-A. Graubner, H. Beitzel, M. Beitzel, W. Brameshuber, M. Brunner, F. Dehn, S. Glowienka, R. Hertle, J. Huth, O. Leitzbach, L. Meyer, Ch. Motzko, H. S. Müller, H. Schuon, T. Proske, M. Rathfelder, S. Uebachs.* 24,60 EUR

568: Abschätzung der Wahrscheinlichkeit tausalzinduzierter Bewehrungskorrosion – Baustein eines Systems zum Lebenszyklusmanagement von Stahlbetonbauwerken (2007).
Von *Sascha Lay.* 47,30 EUR

569: Sachstandbericht Hüttensandmehl als Betonzusatzstoff – Sachstand und Szenarien für die Anwendung in Deutschland (2007).
Von *O. Aßbrock, W. Brameshuber, A. Ehrenberg, D. Heinz, E. Lang, Ch. Müller, R. Pierkes, E. Siebel.* 33,30 EUR

570: Einfluss der Mischungszusammensetzung auf die frühen autogenen Verformungen der Bindemittelmatrix von Hochleistungsbetonen (2007).
Von *Patrick Fontana.* 38,20 EUR

571: Konzentrierte Lasteinleitung in dünnwandige Bauteile aus textilbewehrtem Beton (2008).
Von *Manfred Curbach, Kerstin Speck.* 36,50 EUR

572: Schlussberichte zur ersten Phase des DAfStb/BMBF-Verbundforschungsvorhabens „Nachhaltig Bauen mit Beton" (2007). 97,80 EUR

573: Korrosionsmonitoring und Bruchortung vorgespannter Zugglieder in Bauwerken (2008).
Von *Alexander Holst.* 66,60 EUR

574: Zur Validierung quantitativer zerstörungsfreier Prüfverfahren im Stahlbetonbau am Beispiel der Laufzeitmessung (2008).
Von *Alexander Taffe.* 52,90 EUR

575: Verbundverhalten von Klebebewehrung unter Betriebsbedingungen (2009).
Von *Kurt Borchert.* 60,10 EUR

576: Mechanismen der Blasenbildung bei Reaktionsharzbeschichtungen auf Beton (2009).
Von *Lars Wolff.* 52,50 EUR

577: Zusammenfassender Bericht zum Verbundforschungsvorhaben „Übertragbarkeit von Frost-Laborprüfungen auf Praxisverhältnisse" (2010).
Von *Harald S. Müller, Ulf Guse.* 27,40 EUR

578: Experimentelle Analyse des Tragverhaltens von Hochleistungsbeton unter mehraxialer Beanspruchung (2011).
Von *Manfred Curbach, Silke Scheerer, Kerstin Speck, Torsten Hampel.* 126,00 EUR

579: Modellierung des Feuchte- und Salztransports unter Berücksichtigung der Selbstabdichtung in zementgebundenen Baustoffen (2010).
Von *Petra Rucker-Gramm.* 69,00 EUR

580: Zur Korrosion von Stahlschalungen in Fertigteilwerken (2011).
Von *Till F. Mayer.* 51,90 EUR

581: Verwendung von Steinkohlenflugasche zur Vermeidung einer schädigenden Alkali-Kieselsäure-Reaktion im Beton (2010).
Von Karl Schmidt. 65,00 EUR

582: Betonbauteile mit Bewehrung aus Faserverbundkunststoff (FVK) (2010).
Von *Jörg Niewels, Josef Hegger.* 64,30 EUR

583: Beitrag zu den Schädigungsmechanismen in Betonen mit langsam reagierender alkaliempfindlicher Gesteinskörnung (2010).
Von *Oliver Mielich.* 65,30 EUR

584: Verbundforschungsvorhaben „Nachhaltig Bauen mit Beton"
Potenziale des Sekundärstoffeinsatzes im Betonbau – Teilprojekt B.
Von *Bruno Hauer, Roland Pierkes, Stefan Schäfer, Maik Seidel, Tristan Herbst, Katrin Rübner, Birgit Meng.*
Effiziente Sicherstellung der Umweltverträglichkeit von Beton – Teilprojekt E (2011).
Von *Wolfgang Brameshuber, Anya Vollpracht, Joachim Hannawald, Holger Nebel.* 87,70 EUR

585: Verbundforschungsvorhaben „Nachhaltig Bauen mit Beton"
Ressourcen- und energieeffiziente, adaptive Gebäudekonzepte im Geschossbau – Teilprojekt C (2011).
Von *Josef Hegger, Tobias Dreßen, Norbert Will, Hartwig N. Schneider, Christian Fensterer, Norbert Hanenberg, Marten F. Brunk, Thorsten Bleyer, Konrad Zilch , Christian Mühlbauer, Roland Niedermeier, André Müller, Andreas Haas, Ingo Heusler, Herbert Sinnesbichler.* 69,40 EUR

586: Verbundforschungsvorhaben „Nachhaltig Bauen mit Beton"
Lebenszyklusmanagementsystem zur Nachhaltigkeitsbeurteilung – Teilprojekt D (2011).
Von *Peter Schießl, Christoph Gehlen, Marc Zintel, Ernst Rank, André Borrmann, Katharina Lukas, Harald Budelmann, Martin Empelmann, Gunnar Heumann, Tilman W. Starck, Sylvia Keßler.* 50,00 EUR

587: Verbundforschungsvorhaben „Nachhaltig Bauen mit Beton"
Informationssystem „NBB-Info" – Teilprojekt F (2011).
Von *Hans-Wolf Reinhardt, Joachim Schwarte, Christian Piehl.* 38,80 EUR

588: Der Stadtbaustein im DAfStb/BMBF-Verbundforschungsvorhaben „Nachhaltig Bauen mit Beton" – Dossier zu Nachhaltigkeitsuntersuchungen – Teilprojekt A.
Von *Carl-Alexander Graubner, Thorsten Bleyer, Marten F. Brunk, Tobias Dreßen, Christian Fensterer, Christoph Gehlen, Andreas Haas, Norbert Hanenberg, Bruno Hauer, Josef Hegger, Ingo Heusler, Sylvia Keßler, Torsten Mielecke, Christian Piehl, Hans-Wolf Reinhardt, Carolin Roth, Peter Schießl, Hartwig N. Schneider, Joachim Schwarte, Herbert Sinnesbichler, Udo Wiens, Konrad Zilch.* 56,20 EUR

Hinweis auf überarbeitete und ergänzte Hefte der Schriftenreihe des DAfStb:

Heft 220: 2. überarbeitete Auflage 1991
Heft 240: 3. überarbeitete Auflage 1991 (vergriffen)
Heft 400: 4. Auflage 1994 (3. berichtigter Nachdruck) vergriffen
Heft 425: 3. ergänzte Auflage 1997
Heft 525: 2. überarbeitete Auflage 2010
Heft 600: 2. überarbeitete Auflage 2020